人工智能的未来

（第二版）

何 明 等 著

科 学 出 版 社
北 京

内 容 简 介

当前，人工智能作为一项引领未来的颠覆性战略技术，已在经济、军事、社会等各领域广泛用，成为世界各国科技竞争和战略布局的重中之重。本书以人工智能的"起点、拐点、奇点、看不见的终点"为线，突出认知新思维、技术新发展、应用新构想，从人工智能前世今生、思维方法、大模型、机器学习、感知认知、人机交互、脑科学、机器人，以及无人智能作战和未来发展等多维度、多层次、多领域进行全面深入剖析。

本书适合人工智能的爱好者、从业者和军地相关人员阅读，可作为热爱科技、心系国防的广大师生和民众的科普读物，也可作为相关行业和学术领域研究者的参考书，以及大学相关课程的教材。

图书在版编目（CIP）数据

人工智能的未来 / 何明等著. -- 2 版. -- 北京 ：科学出版社，2025.1. -- ISBN 978-7-03-079865-7

Ⅰ. TP18

中国国家版本馆 CIP 数据核字第 2024UV6252 号

责任编辑：许　健 / 责任校对：谭宏宇

责任印制：黄晓鸣 / 封面设计：殷　靓

科 学 出 版 社 出版

北京东黄城根北街 16 号

邮政编码：100717

http：//www.sciencep.com

南京展望文化发展有限公司排版

广东虎彩云印刷有限公司印刷

科学出版社发行　各地新华书店经销

*

2020 年 5 月第　一　版　开本：B5（720×1000）

2025 年 1 月第　二　版　印张：15 3/4

2025 年 5 月第十二次印刷　字数：300 000

定价：90.00 元

（如有印装质量问题，我社负责调换）

第二版序一

《人工智能的未来》是一部引人深思的著作,作者以清晰的思路阐释了人工智能的发展脉络,以扎实的理论综述了人工智能的关键技术,以丰富的示例展现了人工智能的应用前景。

此次再版,着重于站在历史长河中,哲思人工智能发展的“起点-拐点-奇点-看不见的终点”,更是将“人工智能的思维”这一深层次问题进行提炼和升华,进一步揭示了人工智能与人类智能的差异与补益关系,思想深刻、发人深省。其在未来无人智能作战方面的思考,具有前瞻性和启发性,提出的畅想突破常规思维。

全书中,作者通过生动的语言、科幻的故事,让读者轻松理解抽象的技术概念,展现了一个充满不确定性的战场。无论是对人工智能技术发展感兴趣的人,还是希望了解其对社会、经济、军事影响的读者,都能从这本书中获得宝贵的信息。

中国工程院院士 费爱国

第二版序二

此次再版的《人工智能的未来》，犹如一枚思维的火种，点燃了通往未来智能世界的导火索。作者以其渊博的知识与敏锐的洞察力，为我们编织了一个既真实可感又激动人心的未来愿景。它不是对技术发展的简单阐述，而是人类与人工智能的一次心灵对话，充分展现了两者思维上的不同和互补性。尤其值得一提的是，此书并未止步于理论层面的探讨，而是立足打赢未来战争，满怀憧憬地展望了无人智能作战的无限可能性和杀伤力，启发我们以更理性的态度，发展和利用人工智能。

这是一本能够激发广泛共鸣的作品，无论你是科研工作者、军事爱好者，还是对科技进步怀有无限想象的普通读者，都能从中找到启发和答案。它提示我们，在这个智能爆炸的时代，应始终保持对术发展的谦逊态度与批判思维。

中国工程院院士

第二版序三

在这个科技飞速发展的时代，人工智能已经成为我们生活中不可或缺的一部分。《人工智能的未来》这本书，以技术为基点，重点探索了从思维的视角认识人工智能。其重要观点是：要想真正掌握和运用人工智能，必须从思维方式上进行深刻的转变。

书中还提出了人工智能的拐点、奇点和看不见的终点等概念，观点独特，引人深思。拐点代表着人工智能技术发展的关键时刻，奇点则是人工智能超越人类智能的临界点，而看不见的终点则预示着人工智能发展的无限可能。这些概念的提出，使我们更加清晰地认识到人工智能的发展趋势和潜在影响。

值得一提的是，书中用大量科幻电影中的场景来展现技术内容，既生动形象，又易于理解，让我们在轻松愉快的阅读过程中，对人工智能有了更加深入的感悟。

中国工程院院士 樊邦奎

第二版序四

在这个智能化浪潮翻涌的新时代，人工智能已经深深地融入了我们的日常生活。《人工智能的未来》这部著作展望了人工智能的发展趋势与未来图景，从信息的提炼到知识的构建，透彻分析了智能的多维层面，构建了一个较为全面的知识体系。

本书对大模型、机器学习、感知认知等前沿技术进行了剖析，并深入探究思维层面的核心问题，让我们深刻认识到，要真正掌握和运用人工智能，必须经历一场思维方式的深刻变革。书中描绘的人工智能拐点、奇点以及看不见的终点，不仅新颖独到，更引发了深层次的思考。值得一提的是，书中的案例丰富、分析透彻、见解前瞻，多处以科幻电影中的经典场景为引，生动形象地揭示了技术内涵，让我们在轻松愉快的阅读中，对人工智能有了更为深刻的理解。

《人工智能的未来》以其结构严谨、论述精准、内容均衡，突出了对基础理论与概念的清晰阐释，无论是高校师生还是对人工智能充满热情的探索者，都能从中获得宝贵的知识和灵感。它不仅是一部教材，更是一本指南，引导我们洞察人工智能的过去、现在与未来，把握技术发展的脉搏，为智能化社会的到来做好准备。

中国科学院院士　**王金龙**

第一版序

人工智能是一项赋能技术,渗透到各行各业。探讨人工智能的未来是一个热门话题,由于涉及面广,争议点多,全方位解读有一定难度。几年前计算机视觉专家 Filip Piekniewski 预言人工智能的第三次寒冬必将到来,人工智能专家李德毅院士对通用人工智能技术提出 10 项质疑。本书作者与大多数专家学者的观点相近,对人工智能的前景持谨慎乐观态度。目前,尽管人工智能的基础理论没有取得重大突破,在应用推广上还存在一些泡沫,但人们对人工智能的期望始终不渝,并形成基本共识:当前的弱人工智能必将向强人工智能演进,或者说,通用人工智能(artificial general intelligence, AGI)是人工智能技术的发展方向。AGI 能面向不同场景,为普遍性的智力问题提供解决方案,届时机器将不仅具有计算智能、感知智能,还将拥有可与人类相媲美的认知智能和推理功能。幻想是创新的源泉,正如本书所介绍的,人们在电影院中观看的科幻大片未来有望日渐搬下荧屏,演变成现实场景。

人工智能的前景令人憧憬,也使人感到一丝不安。知名科学家霍金曾警告说:人工智能可能是人类最大的灾难,如果管理不当,会思考的机器可能会终结人类文明。科学家们对通用人工智能的担忧是严肃认真的,是在伦理道德方面对科技工作者的警告和提醒。霍金担忧的前提是:从现在起 100 年内,计算机将比人类更聪明。这与未来学家库兹韦尔十多年前提出的奇点理论有相似之处。库兹韦尔甚至预测 2040~2045 年人工智能的奇点将会到来。实际上谁也不知道奇点到来的确切日期,甚至人工智能的技术性能是否呈指数级增长,是否遵循加速回报定律,至今仍无定论。

本书用通俗易懂的文字和图表,深入浅出地阐述了深度学习、增强现实等抽象概念,并借助《碟中谍》《钢铁侠》等科幻电影,生动形象地描述了人工智能技术的愿景。由于略去了深奥的理论和繁琐的公式,全书给人以一泻千里之感,文笔流畅,雅俗共赏,老少咸宜,趣味性和可读性俱佳。

虽说未来将至,但未来毕竟是一个模糊概念,未来永远是可望而不可及。本书描述的人工智能未来,也许二三十年以后才能逐渐成为现实。从这个意义上讲,探讨人工智能的未来是一个恒久弥新的话题。

中国工程院院士 戴浩

前　言

人工智能是新一轮科技革命和产业革命的重要驱动力量，人工智能赋能新质生产力将对全球经济社会发展和人类文明进步产生深远的影响。特别是随着军事革命加速演进，无人智能作战正在深刻改变战争面貌和战场规则。

人工智能是世界各国科技竞争的重中之重，美国将人工智能上升至国家战略地位，持续更新发布战略文件，例如，美国国土安全部发布了《2024 年人工智能路线图》，美国战略与国际问题研究中心发布《2024 年人工智能政策预测》等；英国、欧盟、日本等相继发布相关行动计划。党的二十大报告指出，"推动战略性新兴产业融合集群发展，构建新一代信息技术、人工智能、生物技术、新能源、新材料、高端装备、绿色环保等一批新的增长引擎"。2024 年度的国家政府工作报告亦提出"深化大数据、人工智能等研发应用，开展'人工智能+'行动，打造具有国际竞争力的数字产业集群。"

镜鉴近几场局部战争的经验启示，结合新兴领域战略能力思考，军事智能正在由自主化向智能化、由单体智能向群体智能迈进，呈现出敏捷多能、集群赋能等新特点。智能无人系统日益成为驱动作战能力升级的关键变量，亦是打赢未来智能化战争的物质基础。

作者及其科研团队历时 10 余年，深耕无人智能技术及应用，在国家安全、指挥控制等领域，主持了国家自然科学基金（无人机仿鸟群的群体行为相变控制方法，62273356）、卓越青年基金、学科拔尖人才项目，以及重大工程和重大任务等研究，获得江苏省科学技术一等奖（高效视觉内容表示与识别）、江苏省科学技术二等奖（面向重大突发事件的敏捷指挥控制技术及应用）、公安部科学技术二等奖、中国指挥与控制学会科技进步一等奖（军地联动应急指挥体系研究及关键技术；公共安全视域下社会治理的赋能技术研究；反恐情报智能分析研判技术及应用）、吴文俊人工智能科学技术二等奖（水下机器人高可靠群智感知与导航技术及应用）。本书是上述研究成果的系统归纳总结，也是作者及其团队在无人智能领域最新研究进展的体现。

未来已来，将至已至。自从 2020 年 1 月《人工智能的未来》问世以来，陆续出现了 ChatGPT 大模型、大算力等颠覆性技术,感叹技术发展之快、科技之变,该书阶段性成果可以说已成为人工智能的前世。一个阶段有一个阶段的使命,我们作为无人智能科技工作者,本着解放思想、守正创新、担当使命,为加快推进大模型等颠覆性技术落地应用,前瞻探索无人智能作战理论与技术。对未来既要辨准方向,又要看清方向,这不是一件容易的事,团队虽竭力想把人工智能的未来呈现出来,但受限于"快与变的迷雾",借助科幻电影小说场景拓展思路,出版《人工智能的未来》第二版,谱写人工智能前世、今生和未来三部曲。

第二版内容体现在"调、增、合、减",例如增加第 2 章(人工智能的思维)、第 3 章(大模型与人工智能)、第 9 章(无人智能作战)等,删减原来的"智能+应用"等内容。区别于其他人工智能领域著作,本书具有"高、低、新、军"等特点,即立起高质量发展站位、强调集约建设低成本、打造新质战斗力增长极、突出军事应用特色。

本书以人工智能的"起点-拐点-奇点-看不见的终点"为主线,深入浅出地分析了人工智能的理论、思维、技术、应用、构想,并将重大事件、战场案例、影视作品引为例证,增强了本书的科普性、综合性和实用性。

本书共 10 章,第 1 章追溯人工智能的前世今生;第 2 章提出人工智能的思维方法;第 3 章至第 8 章剖析大模型、机器学习、感知认知、人机交互、脑科学、机器人等关键技术及应用;第 9 章探究无人智能作战的系统及构想;第 10 章刻画人工智能的拐点、奇点和终点。

感谢我的博士后导师中国工程院戴浩院士,他以严谨的学术态度认真审阅了书稿,提出了细致且有针对性的修改意见,使本书增色不少。感谢中国科学院王金龙院士、郝跃院士,中国工程院费爱国院士、刘泽金院士、廖湘科院士、樊邦奎院士,为本书提出了宝贵修改意见。

强军之道,要在得人。我们再版本书以飨心系国防、热爱科技的广大读者,希望能够助力国防科技科普教育、提升全民军事科技素养,为实现强国梦、强军梦贡献团队的绵薄之力。

尽管本书编写时投入了大量的时间和精力,但仍难免存在错误和疏漏之处,敬请广大读者批评指正。

何　明

2024 年 11 月

目　录

第 1 章　人工智能的前世今生

人工智能是新一轮科技革命和产业革命的重要驱动力量，其赋能新质生产力将对全球经济社会发展和人类文明进步产生深远的影响。观大模型、大算力的出现，感叹技术发展之快、科技之变，可谓每一月每一天都可能已成为人工智能的前世；立足现在，人工智能在社会经济、国防军事等领域的应用，极大改变了传统生产力与生产方式，也正在深刻改变着战争面貌和战场规则。本章回顾了人工智能的孕育历程，重点剖析了对人工智能的理解，立足研究现状，并结合未来，展望分析了人工智能的关键技术，打开认识人工智能的一扇大门。

1.1　从数据到智慧

如图 1－1 所示，按照 DIKW(Data, Information, Knowledge, Wisdom)体系的观点，数据(Data)处理的关键是提炼信息(Information)，而信息的关联是知识

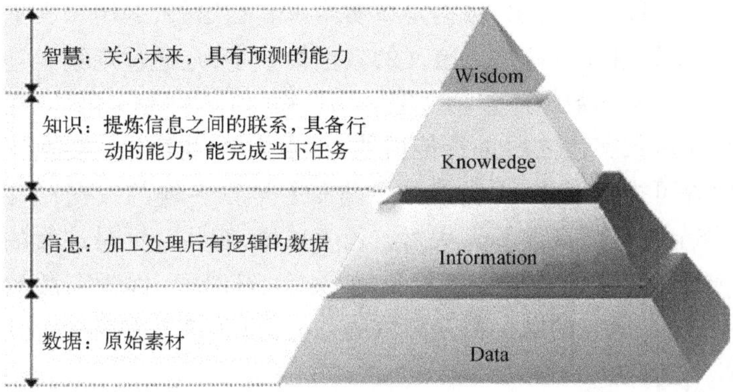

图 1－1　DIKW 体系

(Knowledge)。当提炼信息、提炼知识能做到“自动化”时,知识的完备性将大大加强,就可以实现信息感知、决策和执行的自动化,也就开始具备智慧(Wisdom)。此时,机器就可以代替人类做很多工作,人类真正迈进“自由”时代。

1.1.1 数据

数据是文明的基石,人类文明最初就伴随着对数据的使用。早期人类获取的数据都是通过观察周围的客观事物而来的。

公元前26世纪,古埃及人已经具备从数据中构建数学模型的初步能力。古埃及人根据洪水暴发的规律进行数据分析,选择在尼罗河畔耕作,因为每年尼罗河暴发洪水,洪水退却后可留下大量富饶的土地。为了精确预测洪水的时间及规模,古埃及人观察天象,以观察数据为基础创立了天文学。他们根据天狼星和太阳同时出现等现象来判断农耕的时间和节气,以此判定洪水可能漫及的边界和时间。古埃及人观察到一年的时间并非恰好都是365天,但在当时历法中又没有闰年,于是使用一个长达 $365 \times 4 + 1 = 1\,461$ 天的“时间周期”,因为每隔这样一个“周期”,太阳和天狼星就同时升起。现代天文学证明,以天狼星和太阳一起作为参照系比单独以太阳作为参照系更精确。这实际上也证明了数学模型要与数据相吻合才能发挥最佳效用。

中东两河流域的苏美尔人进一步发展了天文学,他们发现月亮每隔28~29天就完成“新月-满月-新月”的周期,同时还观察到每经过12~13个月亮周期,太阳就归到原位,据此发明了太阴历。苏美尔人观测到金、木、水、火、土五大行星的运行轨迹不是简单绕地球运转,而是波浪形运转,还观测到行星在近日点移动得比远日点快。苏美尔人利用所获得的天文观测数据建立数学模型,能够计算出月亮和五大行星的运行周期,并且能预测日食和月食。

从以上示例可以分析得出,数据是事实或观察的结果,是用来表示客观事物的素材,是对客观逻辑规律的归纳。狭义的数据指数字,是通过观察、实验、测量等手段得到的数值。广义的数据还包括文字、语音、图像、视频等。例如,互联网上可浏览的内容都是通过数字化之后进行传播的,日常生活和工作中接触到的数据一般是图纸和影像等可视化形式,大自然中也蕴藏着丰富多样的数据,如山川的高度、河流的长度、季节变化的规律等。从离散程度来说,有些数据是连续的,如语音、视频等,称为模拟数据;有些数据是离散的,如文字、符号等,称为离散数据。在当前电子计算机系统中,所有的数据都是离散的,并且只用二进制0和1组成的比特流来表示。

由于过去数据量不足,积累大量数据需要的时间太长,以至于在较短的时间里数据发挥的作用并不显著。同时,数据和所需信息间的联系一般是间接的,需分析不同数据之间的相关性才能发掘出来,通过概率论和统计学等构建数学模型,间接地获取目标信息。

当有可能获得大量的、具有代表性的数据之后,就可以更准确地描述数学模型,或者更深刻地认识已知规律。例如,天文学家开普勒就是从他的老师手上继承到大量的天文数据之后,通过数据分析和建模,终于建立了准确描述行星围绕太阳运动轨迹的模型——椭圆模型,为天文学进一步发展作出了重要贡献。在信息时代,海量数据的运用,最大的意义在于可以让计算机完成很多过去只有人类才能做到的事情,最终将掀起大数据驱动的人工智能革命。

数据在军事领域中也扮演着至关重要的角色,对现代战争的影响日益凸显(表 1－1)。

表 1－1　数据在军事中的作用

军事领域	数据作用	实施途径	影响
军事指挥	决策的基础	收集、处理; 分析各类战场数据	为指挥官提供实时、准确的战场态势; 帮助指挥官制定出合理、高效的作战策略
情报收集	关键的支撑	现代战争情报涵盖领域广, 数据量庞大且复杂	在海量数据中迅速筛选出有价值的情报; 提高情报分析的效率; 为决策者提供有力支持
装备研发	创新的源泉	对大量试验数据的分析	帮助科研人员发现装备性能的不足; 为改进和优化提供依据
作战训练	战斗力的关键	分析作战数据	为部队提供有针对性的训练方案; 提高训练效果

1.1.2　信息

信息是指通信系统传输和处理的对象,是关于世界、人和事的描述,比数据更为抽象。信息既可以是人类自身创造的事物,如文字记录,也可以是天然存在的客观事实,如树木的高度。不过信息有时隐藏在事物的背后,需要挖掘和分析才能得到,如地球重力加速度参数、行星运转周期等。人类社会的一切活动都离不开信息,只要事物之间存在相互作用,就会产生信息。

信息论创始人克劳德·艾尔伍德·香农(Claude Elwood Shannon)认为:信息是用来消除随机不确定性的东西,物质、能量、信息是组成现实世界的三大要素。控制论之父诺伯特·维纳(Norbert Wiener)认为:信息就是信息,不是物质也不是能量,它是区别于物质和能量的第三种资源。哈佛大学的研究团队给出了著名的资源三角形:没有物质,什么都不存在;没有能量,什么都不会发生;没有信息,任何事物都没有意义。

信息是可以被度量的,信息论创始人香农在《通信的数学原理》中提出"信息熵"这一概念,可以量化信息的作用。即对于任意一个随机事件 X,其信息熵定义为

$$H(X) = -\sum_{x \in X} P(x)\log_2 P(x)$$

其中,x 为事件 X 可能发生的结果,$P(x)$ 为其发生的概率。也就是说,事件的不确定性越大,对应的信息熵就越大,如果要把事件确定下来,需要的信息量也就越大。由此可见,信息熵将信息和世界的不确定性(或者说无序状态)联系了起来。

数据和信息虽有相通之处,但还是各有区别。数据是信息的载体,但并非所有数据都承载有用的信息。数据可以任意制造,甚至可以伪造,没有信息的数据没有意义,而伪造的数据则有反效果,比如为了优化网页搜索排名而人为制造出来的各种作弊数据。实际上,有用的数据、无意义的数据和伪造的数据常常是良莠混杂的。后两种数据会干扰人们获取有用的信息,因此如何处理数据、筛除无用的噪声、删除有害的数据、发掘数据背后的有用信息,就成为关键技术。

信息化战争、具备智能化特征的信息化战争以及智能化战争这三个阶段(图 1-2),代表了军事领域中信息技术应用和发展的不同阶段,依次对信息的处理和分析提出了更高的要求。信息化战争阶段主要是指在战争中广泛运用信息技术和信息系统,通过信息网络进行指挥、控制、通信和情报处理等,特点是信息成为战斗力的重要组成部分,信息战成为战争中的一种作战样式。具备智能化特征的信息化战争阶段,信息化战争开始融入更多的智能化技术,如人工智能、大数据分析等,这些技术不仅用于提升信息战的效率和效果,还在指挥控制、决策支持等方面发挥重要作用。这个阶段的战争更加依赖智能化的信息系统和算法,以实现更快速、更准确的决策和行动。智能化战争是信息技术和智能化技术进一步深度融

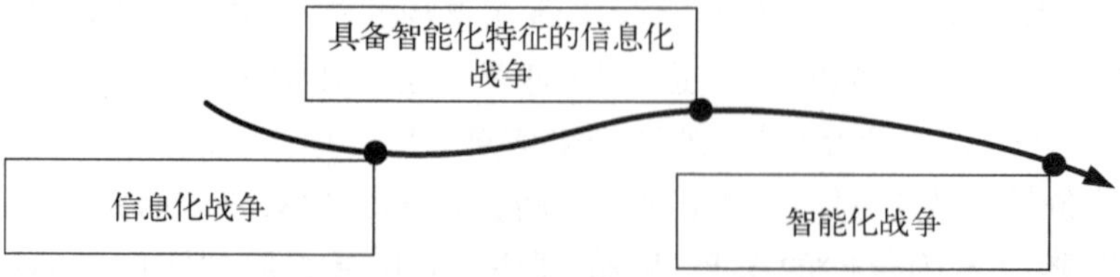

图 1-2　军事领域中信息技术应用和发展的三个阶段

合的阶段，智能化成为战争的核心特征。在这个阶段，智能无人系统在无人智能作战中发挥关键作用，如自主无人系统、智能武器系统等，这些系统能够自主感知、自主决策、自主行动，极大地提高了战争的感知透明度、决策科学性、行动敏捷性和打击精准度。

1.1.3　知识

一般认为，知识是人类在实践中认识客观世界及自身的成果，包括事实、信息的描述或在实践中获得的技能，并具有一致性和公允性，也可以视作构成人类智慧的最根本因素。知识的获取过程涉及感觉、交流、推理等复杂手段。柏拉图对知识有一个经典的定义：一条陈述能称为是知识必须满足三个条件，一是被验证过的，二是正确的，三是被人们相信的。

知识比信息更加抽象，通过对数据和信息进行处理，就可以获得知识。比如通过观察测量行星的位置和时间获得数据；通过对数据的统计分析得到行星运动的轨迹，即信息；通过信息提炼挖掘得到开普勒三定律（图1－3），就是知识。

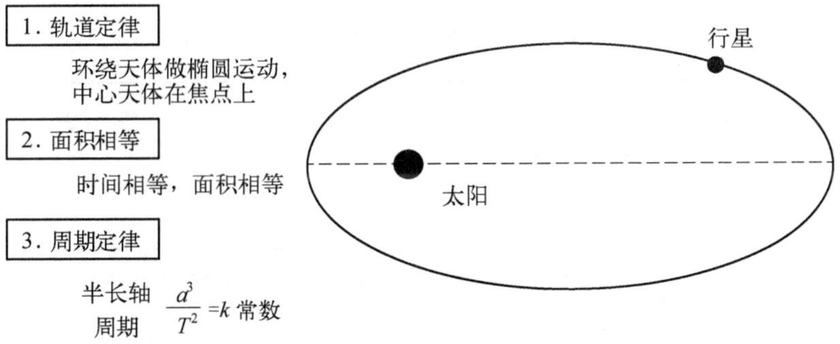

图1－3　行星运动轨迹和开普勒三定律

人类社会的进步就是总结并善用知识，不断地改造世界、改变生活，而数据和信息就是知识的基础。

同时，知识不是信息的单纯叠加，通常还需要基于以往经验进行判断。因此，知识可以解决更加复杂的问题，回答“如何做”的问题。特殊背景或语境下，知识将数据与信息、信息与信息在行动中建立起有意义的联系，体现信息的本质、原则和经验。

知识中心战是美军在信息化战争背景下提出的一种新型作战理念，不仅关注信息技术和网络平台的建设,更加注重作战人员的知识水平和创新能力,提升应对不确定性威胁的能力,要求作战人员具备更强的适应能力和创新能力,以应对各种复杂情况。这一概念是在网络中心战和信息中心战的基础上发展而来的,进一步强调了知识在战争中的重要性。在近几场局部战争中,美军已经开始运用知识中心战理念。例如,在伊拉克战争中,美军通过收集和分析大量情报信息,形成对伊拉克的知识优势。美军还通过推行“学习型组织”建设、加强教育培训等措施,不断提升军队的整体素质。俄乌冲突中,知识中心战是美军在网络中心战向信息中心战方向发展之后的又一次深化,其核心目标是从“占据信息优势”向“占据知识优势”转变。

1.1.4 智力、智能与智慧

在人工智能领域,智力、智能、智慧这三个名词经常混淆视听,其实它们之间既有区别又有联系。为了更好地理解它们的内涵,表1-2对三者的特征与应用进行辨析。总的来说,智力是人的特征,智能是机器的特征,智慧目前是人的特征,机器未来是否会具有智慧是需要探讨的问题。

表1-2 智力、智能与智慧

比较项	智力	智能	智慧
定义	个体学习、理解问题的综合心智能力	利用知识解决问题的能力	更深层次的理解和洞察力,包含多个因素的综合体
主要特征	观察力、记忆力、想象力、判断力、注意力	学习、推理、规划、知识理解、语言理解	道德判断、生活经验、价值观念、情感智慧
衡量方式	智商指数(IQ)	弱智能、强智能、超智能	小智慧、大智慧
量化程度	人类	机器/人工智能系统	主要是人类,机器是否具备仍有争议
核心能力	认知功能、思维过程	复杂任务处理	处理关系、高层次知识运用
军事应用示例	情报工作的收集、分析、评估和预测	智能化武器系统、指挥控制系统	指挥员的战略决策
学习特点	能更快地学习更多知识,总结经验	通过算法和数据进行学习和优化	从经验中获取深刻理解
思考范围	主要针对具体问题	特定领域或任务	人、事、物、社会、宇宙、现状、过去、未来

1.2　人工智能的发展

1.2.1　起源

人工智能的概念最早发源于哲学。哲学家迈克尔·波兰尼(Michael Polanyi)在其著作《默会的维度》中提出：我们知道得越多,那么我们知道得越少。同时他还认为,人们知道的远比说出来的要多。波兰尼的观点体现了隐藏的知识牵引着人类不断向显性的知识递进和演化。

诺贝尔经济学奖获得者弗里德里希·奥古斯特·冯·哈耶克(Friedrich August von Hayek),一生涉猎政治、社会、经济、文化、艺术、哲学和心理学等领域,在认知科学方面著有《感觉的秩序》,提出"Action more than design"的观点,即行为远胜于设计,指人的感觉是通过行为来体现的,而不是故意设计出来的,后期演化导致了设计的出现。

哲学家卡尔·波普尔(Karl Popper)提出了物理、精神和人工三世界的观点。波普尔在著作《科学发现的逻辑》中提出,科学是证伪而不是证实,认为科学是提出问题进行猜想,然后进行反驳,不断试错的证伪机制,而不是一般的总结归纳,然后证实的实证机制。

人工智能的技术起源,要追溯到 1950 年。当时四年级大学生的"人工智能之父"马文·李·明斯基(Marvin Lee Minsky)和同学,一起设计制造了第一台神经网络计算机。同年,"计算机之父"艾伦·麦席森·图灵(Alan Mathison Turing)提出了"图灵测试"：如果一台机器能够与人类正常对话而没被识别出机器身份,则这台机器就能被称为具有智能,同时图灵还率先预言了真正具备智能的机器出现的可行性。

人工智能的正式诞生,始于美国达特茅斯会议。1956 年,信息论创始人香农和其他九名学者在达特茅斯学院召开了头脑风暴式研讨会,讨论了当时计算机科学未解决,甚至没有开展研究的问题,包括人工智能、自然语言处理和神经网络等。达特茅斯会议正式确立了人工智能(artificial intelligence, AI)这一术语,从此人工智能走上了快速发展的道路。

1.2.2　历程

人工智能的发展并非一帆风顺,在 60 多年的时间里经历了三次高峰和两次低谷,如表 1－3 所示。

表 1-3 人工智能发展历程中的高峰与低谷

阶 段	时 期	主 要 事 件	阶段特征
第一次高峰	1956~1974 年	1956 年,达特茅斯会议,AI 一词诞生; 1957 年,感知器发明; 1960 年,LISP 语言开发; 1965 年,Eliza 对话系统; 1970 年,第一届国际人工智能联合会议	人工智能步入第一个快速发展期
第一次低谷	1974~1980 年	资金削减,AI 研究陷入困境; Lighthill 在报告中批评 AI; 专家系统局限性显现	人工智能遭遇寒冬期
第二次高峰	1980~1987 年	专家系统商业化; 1982 年,日本“第五代计算机”计划; 1986 年,反向传播算法重新流行	人工智能产业的价值上升
第二次低谷	1987~1993 年	AI 公司倒闭;专家系统泡沫破裂; 资金再次枯竭;“AI 冬天”一词出现	人工智能一时风光不再
第三次高峰	1993 年至今	1997 年,“深蓝”击败国际象棋冠军; 2011 年,IBM Watson 系统; 2012 年,深度学习突破; 2016 年,阿尔法狗击败围棋冠军; 大数据、云计算推动 AI 快速发展; 2020 年,GPT-3 发布; 2023 年,大型语言模型 LLaMA 发布; 2024 年,诺贝尔物理学奖授予两位人工智能领域先驱 John J. Hopfield 和 Geoffrey E. Hinton	人工智能再次进入快速发展期

人工智能的第三次高峰,算法、算力和数据量不断提升,促使人工智能再次进入快速发展期,主要事件如下。

1. 深度学习的突破与应用

2012 年,深度卷积神经网络(AlexNet)在视觉对象识别数据库(ImageNet)竞赛中取得了显著的成绩,大幅度超过了以往的传统图像识别方法,引起了工业界和学术界对深度学习的广泛关注。随后,深度学习模型(如 VGGNet、GoogLeNet、ResNet 等)在图像识别领域不断刷新纪录,推动了计算机视觉的发展。同时,深度学习在语音识别和自然语言处理领域也取得了显著进展,例如,2014 年微软的深度学习语音识别系统达到了人类的水平。

2. 强化学习与游戏人工智能的突破

强化学习作为机器学习的一个重要分支,在 21 世纪初也取得了重要进展。特别是 DeepMind 的 AlphaGo 程序在 2016 年战胜了世界围棋冠军李世石,成为人工智能领域的一个里程碑事件。此后,DeepMind 继续推动游戏人工智能的发展,其

AlphaStar在星际争霸Ⅱ中展现出人类顶尖玩家的水平，进一步证明了强化学习在复杂决策领域的能力。

3. 自动驾驶和机器人技术飞速发展

自动驾驶汽车技术在算法、计算平台、传感器技术等方面取得了显著进步，为自动驾驶车辆的实用化和商业化奠定了坚实基础。机器人技术，特别是人形机器人和四足仿生机器人等前沿领域的研发取得了显著进展，应用范围从传统制造业扩展到农业、建筑、医疗、能源、军事等多个领域。

4. 人工智能在医疗、金融等领域的深度融入

人工智能在医疗领域的应用继续扩展，特别是在辅助诊断、个性化治疗计划、药物发现、疾病预测、疫苗研发等方面发挥了重要作用。在金融领域，人工智能技术被用于风险管理、欺诈检测等方面，提高了金融服务的效率和安全性。

5. 大型语言模型的横空出世

在人工智能大模型技术的推动下，智能计算迈向新的高度。从OpenAI的GPT模型到Google的BERT模型，大型语言模型在自然语言处理领域展现出惊人的能力，推动了文本生成、翻译、问答等任务的进步。另外，多模态大模型融合多种感知途径与表达形态，将图像、文本、视频、音频等建模为token的序列，采取与大语言模型相同的方法进行学习，并与语言中的语义进行对齐，以多模态的方式表达输出。

6. 智能化科研(AI4R)

图灵奖获得者Jim Gray在《科学发现的四个范式》一书中将科学发现的历程分为四个阶段——千年前的经验科学、百年前的理论科学、几十年前的计算科学，以及十几年前的数据科学。而人工智能驱动的科学研究(AI for Science)的出现将会成为前四种范式的有机结合和升华，预示着一种全新的科学发现范式[1]。2023年8月，*Nature*刊载了一篇综述文章《人工智能时代的科学发现》，由来自世界各地的30位顶尖科学家和人工智能专家联合撰写。这篇文章重点讨论了人工智能对科学研究的革命性影响，深入分析了15个具体应用方向，包括AI辅助数据收集与管理、基于AI生成科学假设、AI驱动的模拟实验等，为AI在科学发现中的应用提供了全面视角和深刻洞察，展示了AI如何成为科学研究的重要工具，并指出了AI进一步发展的挑战和机遇。通过构建统一的科学基座模型，AI for Science将消除不同科学领域之间的壁垒，实现通过一个模型解决众多科学难题的目标。它还有望推动更加普及的科学探索范式，通过与基座模型交互，让每个人都能参与到科学发现的过程中。

当前科学发现主要依赖于实验和人脑智慧,由人类进行大胆猜想、小心求证,信息技术无论是计算和数据,都只是起到一些辅助和验证的作用。相较于人类,人工智能在记忆力、高维复杂、全视野、推理深度、猜想等方面具有较大优势,是否能以 AI 为主进行一些科学发现和技术发明,大幅提升人类科学发现的效率,比如主动发现物理学规律、预测蛋白质结构、设计高性能芯片、高效合成新药等。因为人工智能大模型具有全量数据,具备"上帝视角",通过深度学习的能力,可以比人向前看更多步数,如能实现从推断(inference)到推理(reasoning)的跃升,人工智能模型有潜力具备爱因斯坦一样的想象力和科学猜想能力,极大提升人类科学发现的效率,打破人类的认知边界。这才是真正的颠覆所在[2-4]。

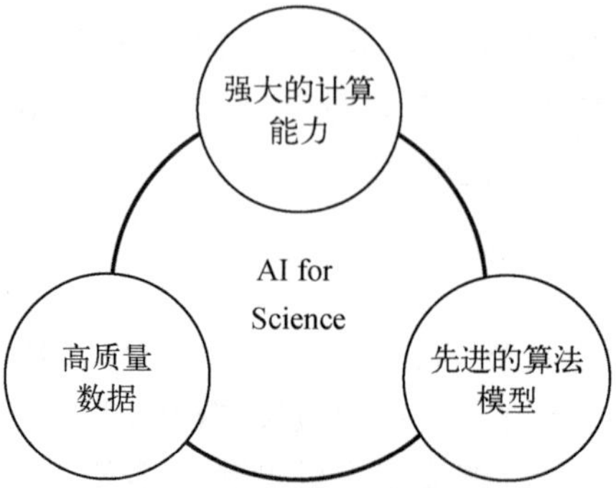

图 1-4　AI for Science 的三个要素

AI for Science 应该包含三个要素,即高质量数据、先进的算法模型和强大的计算能力(图 1-4)。利用合成数据,构建科学基座模型,实现科学研究的闭环。

合成数据在自然科学中的应用,可通过求解薛定谔方程和斯托克斯方程等,无限制地生成微观属性和流体场数据。这些数据训练的 AI 模型,能高效求解科学方程,推动自我进化,深化科学理解,拓宽科学边界。AI for Science 应借鉴大模型设计,统一解决科学问题,挖掘共通规律,构建科学基座模型,促进跨学科知识融合,降低科学门槛。实现科学研究闭环,AI 需结合实验室自动化,从理论到实验验证,全天候加速科学发现。

这里列举了部分影响人工智能发展的关键大事件,如表 1-4 所示。

表 1-4　影响人工智能发展的关键大事件

时　间	事　件	内　　容
1950 年	阿兰·图灵提出"图灵测试"	如果机器能在 5 分钟内回答由人类测试者提出的一系列问题,且其超过 30% 的回答让测试者误认为是人类所答,则通过测试
1956 年	达特茅斯会议	"人工智能"概念首次提出
1959 年	首台工业机器人诞生	美国发明家乔治·德沃尔与约瑟夫·英格伯格发明了首台工业机器人,借助计算机控制一台多自由度机械,但对外界环境没有感知
1964 年	首台聊天机器人诞生	美国麻省理工学院 AI 实验室的约瑟夫·魏岑鲍姆教授开发了 Eliza 聊天机器人,能与人实现文本交流

续 表

时 间	事 件	内 容
1965 年	“专家系统”首次亮相	美国科学家爱德华·费根鲍姆等研制出化学分析专家系统 DENDRAL,用来判断未知化合物的分子结构
1968 年	首台人工智能机器人诞生	美国斯坦福研究所研发的机器人 Shakey,可以感知人的指令,发现并抓取积木,拥有类人的触觉、听觉
1970 年	能够理解语言的系统诞生	美国斯坦福大学维诺格拉德教授开发的人机对话系统 SHRDLU,能够正确理解语言,被视为人工智能研究的一次巨大成功
1976 年	专家系统广泛使用	美国斯坦福大学肖特里夫等发布的专家系统 MYCIN,用于诊断传染性血液病。同时期还有用于生产制造、财务会计、金融等领域的专家系统
1980 年	专家系统商业化	美国卡内基·梅隆大学为数字设备公司制造出 XCON 专家系统
1981 年	第五代计算机项目研发	日本率先拨款支持,制造能够与人对话、翻译语言、解释图像,像人一样推理的机器。随后,英美等国也开始为 AI 领域的研究投入大量资金
1984 年	大百科全书项目启动	大百科全书(CYC)的目标是让人工智能应用能够以类似人类推理的方式工作,成为人工智能的全新研发方向
1997 年	“深蓝”战胜国际象棋世界冠军	IBM 公司的国际象棋电脑“深蓝”(DeepBlue)战胜国际象棋世界冠军卡斯帕罗夫,其运算速度为每秒 2 亿步棋,并存有 70 万份大师对战的棋局数据,可搜寻并估计随后的 12 步棋
2011 年	“沃森”参加智力问答节目	IBM 开发的人工智能程序“沃森”(Watson)参加了智力问答节目,并战胜了两位人类冠军。Watson 已被 IBM 应用于医疗诊断领域
2016~2017 年	AlphaGo 战胜围棋冠军	AlphaGo 是由 DeepMind 开发的人工智能围棋程序,具有自我学习能力。DeepMind 已进军医疗保健等领域
2017 年	深度学习发展空前	AlphaGo Zero(第四代 AlphaGo)在无任何数据输入的情况下开始自学围棋,3 天后便以 100∶0 横扫了第二版本的“旧狗”
2018 年	人工智能程序击败 DOTA2 人类顶级选手	OpenAI 在全球 10 万多名观众的直播见证下,战胜了 DOTA2 Top 0.5%的玩家
2019 年	Alpha Star 在游戏“星际争霸”中达到人类顶级选手水平	DeepMind 开发的 Alpha Star 利用自我学习智能体的开放式学习系统,在“星际争霸Ⅱ”中达到宗师级水平,战网积分超越 99.8%的玩家
2020 年	GPT3 发布	GPT3 的模型规模进一步扩大,达到了 1 750 亿个参数,远超过 GPT2。由于使用了更多的数据,GPT3 展示出强大的零样本学习的能力,即在不需要任何微调的情况下,能够处理各种自然语言处理任务
2021 年	AI 开启多模态模式	OpenAI 通过 CLIP(实现图像与文本匹配)和 Dall-E(根据输入文本生成对应图像)开启了多模式学习的开端
2022 年	ChatGPT 发布	OpenAI 公司推出一款人工智能对话聊天机器人 ChatGPT,其出色的自然语言生成能力引起全世界范围的广泛关注,2 个月突破 1 亿用户,国内外随即掀起了一场大模型浪潮
2023 年	GPT-4 的发布	GPT-4 是一个大型多模态模型,它可以接受文本和图像输入,并输出文本。GPT-4 的发布标志着人工智能在自然语言处理和多模态学习方面的重要进步,为未来的研究和应用提供了更多的可能性

续 表

时 间	事 件	内 容
2023 年	Llama 模型发布	由 Meta AI 团队研发,在自然语言领域引起了广泛关注,尤其是在开源社区中,因为它提供了一个与 GPT-4 竞争的替代方案
2023 年	Meta AI 多模态大模型发布	融合 7 种模态(图像、文本、视频、音频、深度、红外、惯性测量单元),使用 12 亿参数的模型,实现多种模态的对齐涌现(Emergent Alignment),模态特征之间可互相替换,且可借助生成式人工智能生成彼此
2024 年	OpenAI 发布 Sora 生成式视频模型	Sora 能够将简短的文本描述转换成详细、高清晰度的视频片段,最长可达一分钟。这一技术的发展,不仅展示了 OpenAI 在文本到视频生成领域的显著进步,也推动了人工智能技术的前沿发展
2024 年	OpenAI 发布新一代旗舰生成模型 GPT-4o、桌面 APP	从产品效果看,GPT-4o 在实时语音交互领域实现突破性进展,为用户提供了更为自然、准确的交互体验;从技术层面看,GPT-4o 采用全新技术,所有的输入和输出都由同一个神经网络处理,从而实现了文本、视觉和音频端到端的训练。GPT-4o 的发布,有望助推语音交互类 AI 应用的落地进程,其中在社交、游戏、教育领域有望率先落地
2024 年	OpenAI o1 模型发布	具备自我内部思维链,在复杂任务推理方面比 GPT 系列模型提升了一个水平
2024 年	诺贝尔物理学奖授予两位人工智能领域先驱	John J. Hopfield 和 Geoffrey E. Hinton 因利用人工神经网络进行机器学习方面的基础性发现和发明而获诺贝尔物理学奖

1.2.3 战略

在当前不进则退的信息智能时代,人工智能技术不断突破人类早期的想象,科技与产品的智能化创新井喷式涌现,世界各国都在大力发展人工智能。近年来,随着人工智能理论研究和关键技术的不断突破,其在各个领域都开始发挥巨大威力,智能化已经成为工业发展、社会进步的新动力。世界主要国家纷纷开始对人工智能进行系统性布局,推出相关国家战略(表 1-5),将人工智能作为提升国家核心竞争力的重要手段,从而抢占全球战略制高点。

表 1-5 国内外人工智能领域重要战略部署

时 间	国 家	部 署	主要内容或影响
2016 年	美国	《国家人工智能研究和发展战略计划》	提出了保护公民在 AI 时代权利的指导原则
2016 年	美国	《人工智能、自动化与经济》	全球首个国家层次面的人工智能战略
2017 年	中国	《新一代人工智能发展规划》	提出新一代人工智能发展分为三步走战略目标
2017 年	英国	《无人系统综合路线图 2017—2042》	重点关注互用性、自主性、网络完全、人机合作发展

续　表

时 间	国　家	部　　署	主要内容或影响
2018 年	美国	《人工智能与国际安全》报告	分析人工智能在网络信息安全、经济金融、国土安全等方面的应用
2019 年	美国	“维护美国人工智能领导地位”行政命令	正式启动美国人工智能计划
2019 年	美国	《国家人工智能研究与发展战略规划》更新版	将原来的七大战略更新为八大战略优先投资研发事项
2020～2024 年	英国、法国、德国、日本、俄罗斯、印度等	各国国家层面的人工智能战略	加大人工智能专业人才培养力度和相关技术研究的资金投入
2021 年	美国	《2020 年国家人工智能倡议法案》	确保美国在全球 AI 技术领域的领先地位
2021 年	中国	《中国关于规范人工智能军事应用的立场文件》	倡导负责任地使用 AI 军事技术，强调国际法和伦理约束，对全球军事 AI 应用规范产生了积极推动作用
2022 年	中国	中国共产党第二十次代表大会报告	强调人工智能为推动战略性新兴产业融合集群发展的关键因素之一
2022 年	中国	《中国关于加强人工智能伦理治理的立场文件》	强调构建以人为本、公正合理、安全可控的 AI 伦理体系，对全球 AI 伦理治理的推进和实践产生了重要影响
2023 年	中国	《全球人工智能治理倡议》	提出共商共建共享的全球 AI 治理原则，旨在推动国际共识，促进 AI 安全、公平、健康发展，对全球 AI 治理体系的构建产生了深远影响
2023 年	中国	《网络安全标准实践指南——生成式人工智能服务内容标识方法》	提出了针对文本、图片、音频、视频四类生成内容的具体标识方法，旨在指导生成式人工智能服务提供者提升安全管理水平，对全球 AI 生成内容的标识规范化和安全管理产生了重要影响
2023 年	中国	中国在联合国大会提出《加强人工智能能力建设国际合作决议》	强调人工智能发展应以人为本、智能向善、造福人类，鼓励国际合作，帮助各国特别是发展中国家加强人工智能能力建设，提升其在全球治理中的代表性和发言权，助力实现联合国 2030 年可持续发展议程，对全球人工智能合作与治理、缩小数字鸿沟、共享发展成果具有重要意义
2024 年	中国	《生成式人工智能服务安全基本要求》	确立了针对生成式人工智能服务在语料安全、模型安全、安全措施和安全评估等方面的基本要求，为服务提供者提供了安全评估和提高安全水平的具体指引，对中国乃至全球生成式人工智能服务的安全监管和健康发展产生了深远影响
2024 年	中国	《人工智能全球治理上海宣言》	强调共同促进人工智能技术的发展和应用，同时确保其安全性、可靠性、可控性和公平性，以及通过国际合作发挥人工智能的潜力，为人类带来更大福祉，对全球人工智能的发展和安全产生了深远影响
2024 年	中国	“人工智能+”行动	促进人工智能在各行业的应用落地，提升产业自动化水平

与此同时,随着人工智能技术的飞速发展,人们对其可能带来的负面影响日益担忧,人工智能的伦理、安全性、可信性得到广泛关注。伦理问题涉及人工智能在决策过程中可能出现的道德困境,例如利用人工智能技术伪造新闻、扰乱社会秩序、引起国际争端等。安全性问题则关注人工智能系统数据泄露的安全威胁,例如黑客将人工智能系统作为重要敏感数据的诱捕器,以获得公开渠道覆盖不到的信息;可信性问题则关注人工智能系统的可解释性、透明度和可靠性难题,以确保人工智能系统在决策过程中能够得到人类的信任。研究人员和政策制定者更加重视AI 的公平性、透明度和可解释性,除了技术手段外,人工智能安全保障需要相关立法工作,目前国内外人工智能领域的重要法律法规等见表 1-6。

表 1-6　国内外人工智能领域重要法律规范

时　间	国家/地区/组织	法　律　规　范	主　要　内　容
2020 年	美国	《生成式人工智能网络安全法案》	旨在确定供应链风险并制定风险降低方案
2021 年	中国	《新一代人工智能伦理规范》	制定人工智能伦理指导原则
2022 年	美国	《人工智能权利法案蓝图》	提供人工智能治理支持框架包括安全、防止歧视、保护隐私等
2022 年	中国	《信息安全技术 机器学习算法安全评估规范》	规范机器学习算法的安全评估
2022 年	中国	《互联网信息服务算法推荐管理规定》	管理互联网算法推荐服务
2022 年	中国	《互联网信息服务深度合成管理规定》	规范深度合成技术的使用
2023 年	美国	《人工智能风险管理框架》	帮助降低 AI 开发和部署风险,提高可信度,保护公民权利
2023 年	中国	《生成式人工智能服务管理暂行办法》	管理生成式 AI 服务
2023 年	中国、美国等 28 国、欧盟	《布莱切利宣言》	强调了以人为本的 AI 发展理念,呼吁在 AI 的设计、开发和使用过程中始终以人的福祉为出发点和落脚点,确保 AI 技术为人类带来实际利益,同时警示了 AI 发展可能带来的伤害,并要求通过法规等手段防范和化解相关风险
2024 年	美国	美国联邦机构设立首席人工智能官(CAIO)	履行技术治理、创新监管、风险管控智能
2024 年	联合国	《抓住安全、可靠和值得信赖的人工智能系统带来的机遇,促进可持续发展》	为全球人工智能治理确立共识方法
2024 年	欧盟	《人工智能法》	全球首部人工智能法案生效
2024 年	美国	《人工智能国家安全备忘录》	旨在推动联邦政府在国家安全领域广泛应用人工智能技术,并确保这一应用与美国的民主价值观相契合,同时重视对人权、民权、公民自由及隐私的保护

1.3　人工智能的理解

1.3.1　人工智能的内涵与外延

人工智能作为一门前沿学科，其概念和定义一直没有统一的结论。综合现有多家观点，人工智能是指数字计算机或其控制的软件、机器或系统模拟、延伸和扩展人的智能，用于感知环境信息，提炼、获取知识，并利用知识进行推理、决策，主动或辅助执行任务，以期获得最佳效果的理论、方法、技术及应用系统。

人工智能的本质是对人思维的信息过程的模拟，是人的智能的数字化。目前来看，人工智能虽然能够模拟人脑的某些活动，甚至在某些方面超过人脑的功能，但人工智能很难超越人类智能，并取代人的意识。因此，人工智能的终极目标，是创造出与人类智能相当的，具有独立思考能力或者能独立处理事件的智能机器或系统。

人工智能涉及哲学、计算机科学、心理学、语言学、认知科学和神经学等学科，其范围已远远超出了计算机科学的范畴。根据人工智能能否真正实现思考和解决问题，可以将人工智能分为弱人工智能和强人工智能。

弱人工智能是指不能真正实现推理和解决问题的智能机器，这些机器看起来像是智能的，但是并不真正拥有智能，也不会有自主意识。目前的人工智能系统只是实现特定功能的专用智能，并不能像人类智能那样适应复杂的新环境并不断创造出新的功能，因此都属于弱人工智能。学术界和产业界的主流研究仍然聚焦于弱人工智能，已在机器学习、机器感知、人机交互等方面取得了显著进步，并在语音识别、视觉处理、机器翻译等应用领域取得重大突破，甚至可以接近或超越人类水平。

强人工智能是指真正能推理和解决问题的智能机器，这样的机器被认为是有知觉和自我意识的，也称为通用人工智能，可分为类人（机器的思考和推理与人的思维一样）与非类人（机器产生了与人完全不一样的知觉和意识，使用和人完全不一样的推理方式）两大类。强人工智能不仅在哲学层面存在诸多争议，在技术研究上也面临不可逾越的挑战。强人工智能研究目前处于停滞不前的状态，众多专家认为其至少在未来几十年内难以实现。

超人工智能是一种假设性的智能，它在几乎所有领域（包括科学创意、通用问题解决、社会技能等）的表现都远远超过人类最聪明的大脑。超人工智能的出现可能会带来巨大的变革，但也引发了许多关于其潜在风险的讨论。超人工智能目前还属于科幻领域，是未来可能出现的一种情景。

人工智能的目的是促使智能机器会听(语音识别等)、会看(图像理解、人脸识别等)、会说(语音合成、人机交互等)、会思考(定理证明、博弈等)、会学习(专家系统、自动程序设计等)、会行动(机器人、智能控制、自动规划等)。因此,人工智能核心技术主要包括环境感知(听、看)、机器学习(学习、思考)、人机交互(说)、机器人(行动)等。

目前的人工智能还处于研究专用智能的阶段,如何实现从专用智能向通用智能和自主智能的跨越式发展,既是未来人工智能发展的必然趋势,也是研究与应用领域的重大挑战。同时,借鉴脑科学和认知科学的研究成果,向人机混合智能发展,也是人工智能的一个重要研究方向。

1.3.2 感知与模式识别

模式识别是机器学习的研究内容,其研究重点集中在对数据中的模式和规律的识别。在许多情况下,模式识别是根据标记的数据进行训练(有监督学习),但是当没有标记数据可用时,可以使用其他算法来发现以前未知的模式(无监督学习)。

在实际研究过程中,模式识别、机器学习、数据挖掘三者界限模糊,相互重叠。机器学习是人工智能下的有监督学习;数据挖掘侧重于无监督学习,并与业务结合;模式识别起源于工程领域,在计算机视觉中得到广泛应用,注重形式化、解释和可视化,而机器学习传统上追求识别率。随着人工智能、工程学和统计学的交融,这些方法日益趋同。

模式识别理论主要方法包括统计模式识别、句法模式识别、人工神经元网络模式识别和其他现代模式识别方法等。学术界于 20 世纪 30 年代提出统计分类,奠定了统计模式识别理论基础;50 年代提出形式语言模型,奠定了句法模式识别理论基础;60 年代提出模糊集理论,模糊模式识别方法有一定规模应用;六七十年代统计模式识别快速发展,并遇到“维数灾难”问题;七八十年代句法模式识别快速发展;80 年代提出神经元网络反馈模型,基于神经元网络的模式识别方法得到广泛应用;90 年代提出小样本学习、支持向量机(support vector machine, SVM)等机器学习方法,推动了模式识别方法更广泛的应用。

作为人工智能基础技术的模式识别,在基础平台设施与其他相关技术的双重加持下,必将获得巨大的发展空间。

1.3.3 自然语言处理

自然语言处理是人工智能研究的领域之一,目的是使计算机能够分析和理解人类语言,研究内容是构建生成和理解自然语言的软件,使用户可以与计算机进行自然对话,而不是通过编程语言进行对话。

自然语言处理将人工智能与计算语言学和计算机科学相结合,以处理人类自然语言和语音,如表 1－7 所示。

表 1－7　自然语言处理

任务顺序	任务名称	任　务　描　述
第一项	语音文本	理解计算机接收到的自然语言;使用统计模型进行语音识别;将语音分解为小单位并与学习过的单位进行比较;输出最可能匹配的文本
第二项	词性标注/词类消歧	将词识别为名词、动词、形容词和过去式等;初步理解语句意义
第三项	结果到语音转换	将计算机处理结果转换为音频或者文本格式;形成对人类语言的反馈

自然语言处理试图让人类相信自己正在与另一个人互动,从而使计算机变得智能化。图灵提出的“图灵测试”就是对这一愿望的判断标准之一,但目前并没有哪台计算机能完全达到智能化要求。这并不是说智能机器是不可能建造的,而是说明了让计算机像人类一样思考或转换的内在困难。由于同一文字在不同的语境中具有不同的语义,而且计算机没有人类在语言中传递和描述实体的真实生活经验,因此可能需要足够的时间才能完全实现计算机自主智能化。

早期的自然语言处理系统都是通过手工编码来设计的,例如通过编写语法或设计启发式规则,但这对于自然语言的变化缺乏鲁棒性。而机器学习可以使用统计推断,通过对大型系统的分析,自动学习这样的规则。一些最早使用的算法(如决策树系统)利用“如果-然后”硬性规则来处理自然语言。随后,越来越多的研究集中于使统计模型变得“柔软”,主要利用概率为计算机处理的每个输出结果赋予一定的权重。这种模型的优点是,可以表达许多不同的可能答案的相对确定性,而不仅仅是提供一个答案。当将这种模型作为一个较大系统的组成部分时,会产生更可靠的结果。

与手工生成的规则相比,基于机器学习的自动学习系统使用的学习过程自动地集中在处理最常见的情况上,而手工生成规则时,通常根本不清楚应该重点处理哪方面工作,只能人工指派。自动学习过程可以利用统计推理算法产生不熟悉的输入和错误输入的鲁棒性模型。而用手工规则来准确地处理这类输入,或者创建出软决策的规则系统是极其困难的。

因此,产生了基于自动学习规则的系统,只要提供更多的输入数据,就可以使规则更加精确。但一方面,只有通过增加规则的复杂性才能使基于手工规则的系统更加精确;另一方面,手工规则系统的复杂性上限是有限的,规则超过一定数量会导致系统难以管理。对于机器学习系统,在创建更多的数据输入时只需要相应增加工时,通常不会显著增加注释过程的复杂性。

1.3.4 知识工程

1977 年,在第五届国际人工智能联合会议上,美国斯坦福大学计算机系教授费根鲍姆(Feigenbaum)提出了"知识工程"的概念,并提出知识工程是应用人工智能理论,对需要专家知识才能解决的应用难题提供求解方法的技术。构建与描述专家知识的获取、表达和推理过程,是知识工程的重要技术问题。

知识工程的发展主要经历了三个阶段:第一阶段(1965~1974 年),为实验性系统时期。1965 年,费根鲍姆等研制出 DENDRAL 专家系统,用来推断化学分子结构,解决问题的能力达到专家水平。DENDRAL 标志着"专家系统"的诞生。第二阶段(1975~1980 年),为 MYCIN 系统时期。MYCIN 专家系统研制成功,用于医学诊断治疗感染性疾病。MYCIN 是规范性计算机专家系统的代表,是许多专家系统的研制基础。MYCIN 使用了知识库和不确定推理技术,具有较高的性能,能够解释和获取知识,用语言文字回答用户提出的问题,还可以在专家干预下学习医疗知识。第三阶段(1980 年至今),为知识工程"产品"在产业界逐步应用的时期。

人工智能的研究历程表明,专家能够指导任务和解决复杂问题,主要由于专家拥有大量的专业领域知识,尤其是大量长期从领域实践中积累的经验、技能和知识。从知识工程的发展历程来看,知识工程的发展离不开"专家系统"的研究。知识工程主要包括知识获取、知识表示和推理方法等研究内容,其目标是获取并描述人类知识,能被计算机理解、操作,使计算机具有人类的一定智能。

1.3.5 智能系统与机器人

智能系统通常具有计算、推理、感知和类比能力,能从经验中学习,从记忆中存储和检索信息,解决问题,理解复杂的思想,流利地使用自然语言,举一反三,并概括和适应新情况。

美国发展心理学家霍华德 · 加德纳(Howard Gardner)认为,智力有多种形式。因此智能系统也可以分为几类,如表 1-8 所示。当一个系统具备了以下中的一个或几个能力时,可称为智能系统。

表 1-8　智能系统分类

智能类型	具体描述	示例
语言智能系统	说话、识别和使用语音句法和语义机制的能力	智能演说系统、智能翻译系统
音乐智能系统	创造、交流和理解由声音构成的意义，理解音高和节奏的能力	智能作曲系统
逻辑数学智能系统	在没有行动或对象的情况下使用和理解关系，理解复杂而抽象的思想的能力	智能推理系统
空间智能系统	能够感知视觉或空间信息，在不引用对象的情况下重新创建视觉图像，构造三维图像，并可移动和旋转的能力	智能感知系统、三维重建系统
身体运动智能	使用身体的整体或部分来解决问题，控制精细和粗糙的运动技能，以及操纵物体的能力	跳舞机器人、投篮机器人
个人内部智能	辨别自己的感情、意图和动机的能力	自我情感感知机器
人机智能	识别和区分他人的感情、信仰和意图的能力	智能面试官

可以预见，在不久的将来，机器人会越来越像人，甚至人类难以区分人与机器人。

1.4　问题与挑战

新技术产生巨大效益的同时，往往也会遇到许多问题，甚至产生巨大的危害。人工智能已经引起人们的一系列重大关切，包括隐私、透明、安全、幻觉、偏见、篡改、经济萎缩、可信等问题和挑战。

1.4.1　问题

1. 隐私

人工智能系统对数据有着巨大的需求，物联网将产生大量的数据。在一个智能化的环境中，每个人的过去和现在的位置都很容易确定，以及他们见过谁，甚至是他们讨论的内容。许多人担心这些信息被各种组织使用和误用，这是可以理解的。正如一群活动人士所说的那样，网络正包围着我们，我们对越来越不透明的组织越来越透明。

有些人希望可以用“反监视”来报复这种“贴身监测”。由于摄像头(包括无人机等)无处不在,当权者的行为受到限制,因为他们知道自己的行为会被公众观察和记录。这种情况已经在执法部门上演,如美国的警察因渎职而受到起诉,而这在以前是可以免受监督的。因此,许多国家要求警察在任何时候都要戴上摄像头,以防出现虚假指控。随着无人机摄像头的普及,普通民众监督的范围持续扩大,可能达到一种“共同监督”的平衡。

当被迫在隐私和分享机会之间做出选择时,人们通常选择分享。无论走到哪里,都会留下一串数字“面包屑”,无论是在现实世界还是在网上,只不过大多数人并不注意。在某种程度上,这是因为许多人觉得自己没什么可担心的,因为没有什么可隐瞒的。但在搜索引擎中输入一个特定的词之前,人们可能会三思而后行,或者在和一个明显反主流文化的人交朋友之前犹豫不决。最近的研究表明,当人意识到自己可能被监视时,即使知道自己在说什么、写什么都不违法时,也会自我审查。

越来越多的人认为,隐私是不能被保留的,或者更确切地说,是不能被恢复的。科技通常是一把双刃剑,制造致命病原体、部署恐怖的微型杀人无人机以及释放破坏性数字病毒正变得越来越容易。当一个可以令一百万人死亡的物品出现在一个问题少年的预算之中时,隐私又有多少价值呢?也许人们别无选择,只能放弃自己的隐私,而不是保守秘密,人们的权利是知道自己的秘密被用来做什么。这些都是复杂的问题,随着新的可能性和威胁的出现,这些问题将被反复讨论。

谷歌和微软的研究人员正在试验一种有前途的方法,在共享数据的同时保护隐私。谷歌与康奈尔大学合作,试图让一些组织(如医院)在各自独立的数据文件上训练深度学习算法,然后分享训练数据的输出。微软正在使用同态加密技术对加密的数据进行分析。它可以不需要分析人员以非加密的形式获得敏感数据来进行解密,从而获得加密的结果。

2. 透明

人工智能系统,尤其是使用深度学习的系统,通常被描述为“黑匣子”系统。它们产生了有效和有益的结果,但使用者不知道它们是如何得出答案的。当人们要对自己的生活做出重要决定时,这就是个问题。比如,当你问为什么你的贷款申请被拒绝时,若系统仅仅说“不”,则是无法接受的回答。

很明显,这一问题在金融和军事两个领域尤为突出。为了使深度学习系统更透明,解释深度学习的工作正在进行中。如果成功了,一个由人工智能做出许多决定的世界将比今天所处的世界更加透明。现如今,大多数组织机构往往不愿或无法告诉人们为什么要做出某些决定。人类自己在做决定时,经常没有能力或者不愿意解释其真正的动机。

3. 安全

网络犯罪可能是全球增长最快的犯罪类型之一，罪犯及某些组织利用人们传播的海量数据来窃取信息并操纵事或人。目前，大部分的网络犯罪未被发现，而被发现的大部分也未被解决。

对黑客行为另一个日益关注的问题是蓄意破坏。随着物联网的建立，越来越多的车辆、建筑物和电器依赖于人工智能，如果控制系统被黑客入侵，可能造成的问题就会非常严重。例如，黑客有可能控制一个城市的每一辆自动驾驶汽车，并让它们在同一时刻向左转弯，这种可能性令人恐惧。

程序员说没有 100%安全的东西：IT 系统是由人设计的，而人是容易犯错的。系统越来越不透明，也越来越难以调试。乐观主义者会说，尽管复杂的、防御良好的系统经常受到攻击，但很少被黑客成功攻击。还没有黑客控制发射过核弹，当然这并不意味着永远不会发生。为避免灾难，人类必须保持永远的警惕，而目前并没有这样做。许多人在保护自己的互联网密码方面都很松懈，许多公司的安全配置也远远达不到最佳实践要求。

4. 幻觉

常见的大模型幻觉有以下三类：和用户输入冲突的幻觉（input-conflicting hallucination），即大模型生成的回复违背了用户输入的任务指示；和已生成的上下文冲突的幻觉（context-conflicting hallucination），即大模型生成的回复出现了自我矛盾；和事实知识冲突的幻觉（fact-confilicting hallucination），即大模型生成的回复与公认的事实知识出现了冲突。在上述三类幻觉中，和事实知识冲突的幻觉是目前大模型幻觉研究的核心热点。研究人员认为这一类幻觉的研究难度更大，对用户实际使用体验的干扰也最大。例如，大模型在生成医疗建议时可能会给出错误的药品剂量，误导缺少专业医学知识的用户产生风险。

大模型产生幻觉的原因有以下几点：大模型缺乏相关知识或者记忆错误知识，即在大模型回答用户问题或者解决更复杂的下游任务时，如果缺少了所需要的知识或者从训练数据中记忆了错误的知识，则有可能出现幻觉；大模型高估了自己的能力，即一些工作发现，大模型往往无法准确地估计自己的能力边界，因此大模型在回复超出自己能力的问题时，往往会高估自己，从而自信地给出幻觉回复；对齐过程中引入幻觉，即大模型在预训练阶段外，还需要进行对齐，包括指令微调和人类反馈强化学习（reinforcement learning from human feedback，RLHF），这些步骤可能误导大模型出现幻觉；生成过程中引入幻觉，一些工作认为，不恰当的生成策略也可能导致大模型出现幻觉[5-7]。例如，基于采样的解码生成方式中引入的随机性被证明可能导致幻觉,而大模型常用的自回归生成方式也可能导致幻觉的累积传播现象。

为了尽可能减少大模型的幻觉现象,从而促进大模型的落地应用,近来出现了大量新的研究工作尝试缓解幻觉。尝试缓解幻觉的方法贯穿了包括预训练、指令微调、强化学习以及推理在内的整个大模型生命周期,使得大模型幻觉现象有所缓解。此外,大模型幻觉问题的研究也有着一些新的研究方向和挑战,包括:可靠评估,大模型的幻觉问题的评估仍然留有大量挑战,比如怎样设计健壮的、和人类偏好对齐的自动指标,以及判别式和生成式评估方式的取舍和关系等;多语言和跨语言幻觉,大模型往往可被用于多语言和跨语言场景,但研究人员发现,在英文上表现良好的大模型,在其他语言上可能出现幻觉;多模态幻觉,大语言模型的到来使研究者们开始研究多模态大模型,如语言和图像、视频、语音的结合,在这些多模态场景下,幻觉问题的研究迎来了新的定义和挑战;模型编辑,模型编辑技术通过直接编辑大模型参数,来改变它蕴含的知识,从而改变其行为,模型编辑可能是缓解幻觉的一种有潜力的方法;面向幻觉的攻防,尽管现有的商业大模型,如 GPT4,已经在面向事实性问题时展现了良好的可靠性,但已有研究表明可以通过一些方式来绕过大模型的安全策略。面向幻觉的攻防也可能是一个有趣的研究方向[3]。

1.4.2 挑战

1. 偏见

人们倾向于认为机器冷酷无情,精于算计,不带感情色彩。但机器实际上也存有偏见,不是因为机器有什么内在信仰,而是因为机器从人的身上发现了偏见。机器从人所给的句子中学习单词的含义和内在联系,偏见在人类的思想和语言中根深蒂固。机器建立了语言的数学表示,在这个过程中,意义基于与其最常关联的其他词语,被数字或向量所代替。有时这是无伤大雅的,比如把花和积极的感觉联系在一起,把昆虫和消极的感觉联系在一起。但当把“男”与“教授”联系起来,把“女”与“助理教授”联系起来时,就会产生不必要的影响。

这里有一个带有偏见机器的极端例子。2016 年 3 月,微软在推特上发布了名为 Tay 的聊天机器人。在 24 小时内,淘气的人类(也许在某些情况下是邪恶的)将 Tay 变成了一个咄咄逼人的种族主义者,导致微软最后关闭了 Tay。

人类在无意中使机器受到现有偏见的影响,但这并不一定会让世界变得更糟。因为在许多情况下,机器只是在延续已经存在的问题,至少不会试图掩盖或事后合理化其偏见。如果能观察到这些偏见,就能解决它,通过解决机器中的偏差,也许就能解决人类自己的偏差。

2. 篡改

人工智能正在扩展合成媒体(文本和音视频)的生产能力,并使得个人更容易创作出篡改的内容。比如,臭名昭著的 deepfake 技术,即使用生成对抗性网络等机器学习技术将现有图像和视频组合并叠加到源图像或视频上,主要示例是将知名演员的头像进行替换,篡改出演员“拍摄”的不健康假视频等。这导致许多令人关切的影响,造成日益严重的人身安全威胁。随着公众越来越多地意识到人工智能的能力和潜在威胁,这个主题在 2019 年暴发。自从公开以来,deepfake 技术的发展以及可能的解决方案得到了更多报道。甚至还有一个案例,诈骗犯利用人工智能来模仿 CEO 的声音,要求进行 22 万欧元的欺诈性交易。

自从 deepfake 技术公开以来,一些主要的科技公司已经开始投入资源以解决这个问题。大众都希望看到各利益相关方之间更多的合作,以设计出合适的解决方案来应对人工智能合成媒体带来的挑战。联合国也在致力解决这些问题,联合国区域间犯罪和司法研究所通过其人工智能和机器人中心以及海牙市的数据科学计划,于 2019 年主办了一场关于 deepfake 和合成视频的黑客马拉松与研讨会,此类活动将会陆续增加。但视频篡改问题不仅需要从技术的角度来解决,还需要从道德的角度解决人类自身的问题。

3. 经济萎缩

这里有一个通俗的经济学道理,如果没有人赚钱,那么所有人都不能购买商品,甚至所有商品根本卖不出去,最终经济陷入停滞,每个人都要挨饿。

当然,生活永远不会黑白分明。经济也不会在一夜之间从运行完好到彻底崩溃。即使是灾难性的下滑也不会像从悬崖上跌落那样突然。它更像是从斜坡滚落,并在撞到岩石时出现停顿。但很显然,严重的经济萎缩是相当严酷的,如果可能的话应当尽量避免。

同样的道理,如果人工智能造成越来越多的人失业,那么在其他条件不变的情况下,人们的购买力较之以前将会下降,而商品的产量还在——仅仅是生产者由人换成了机器。随着需求下降而供应保持稳定,价格将下跌。起初,价格下跌对公司及其所有者来说可能不是太大的问题,因为机器比被其取代的工人的效率更高,并且随着它们以指数级的速度改进,这种现象将越来越多。但随着越来越多的人失业,随之而来的需求下降损失将超过效率提高所带来的成本下降收益。这时经济萎缩几乎是不可避免的,而且可能严重到必须采取措施的地步。

但在政策制定者被迫采取措施解决经济萎缩问题之前,他们将面临一个更为严重的问题:该如何处理所有那些不再有收入来源的人?

4. 可信

人工智能的可信度问题,可包括以下八个关键方面,即真实性、安全性、公平性、鲁棒性、隐私性、机器伦理、透明度、可追溯性,如表 1-9 所示。

表 1-9 人工智能的可信度问题

可信度方面	在大模型中的体现或挑战
真实性	生成内容可能不准确或缺乏事实精确性,源于不完美的训练数据
安全性	可能被恶意攻击,生成有害内容;或者用于网络攻击、诈骗等
公平性	可能在性别、种族、文化等方面存在偏见
鲁棒性	需要有效处理多样化输入、噪声、干扰、对抗性攻击和数据分布变化
隐私性	处理用户数据时需要保护用户隐私,避免数据泄露
机器伦理	行为需符合伦理标准,做出符合人类道德观念的决策
透明度	决策过程应透明,用户理解模型的运作机制
可追溯性	出现问题时能追溯原因,对相关负责人进行问责

1.5 人工智能关键技术

人工智能领域的技术有多种分类。不失一般性,遵循"感知、表示、推理、决策、执行输出"的信息链过程,并结合综合应用和跨学科融合等因素,本书分别从感知认知、机器学习、人机交互、机器人和脑科学等方面讨论和展望人工智能关键技术的现在和未来。

1.5.1 大模型

大模型并不是一个全新的技术概念,它历经了长期的发展历程。早期的语言模型主要面向自然语言的建模和生成任务,而最新的语言模型(如 GPT-4o 等)则侧重于复杂任务的求解。从语言建模到任务求解,这是人工智能科学思维的一次重要跃升,是理解语言模型前沿进展的关键所在。

首先,早期的统计语言模型主要被用于(或辅助用于)解决一些特定任务,主要以信息检索、文本分类、语音识别等传统任务为主。随后,神经语言模型专注于与学习任务无关的语义表征,旨在减少人类特征工程的工作量,可以大范围扩展语言模型可应用的任务。进一步,预训练语言模型加强了语义表征的上下文感知能力,并且可以通过下游任务进行微调,有效提升下游任务(主要局限于自然语言处理任务)的性能。随着模型参数、训练数据、计算算力的大规模扩展,最新一代大语言模型的任务求解能力有了显著提升,能够不再依靠下游任务数据的微调进行通用任务的求解。综上所述,在语言模型的演化过程中,可以解决的任务范围得到了极大扩展,所获得的任务性能得到了显著提高,这是人工智能历史上的一次重要进步。

目前,大模型不仅在学术界引起了巨大的关注,在艺术、工业、教育等领域都产生了深远的影响,例如,大模型可以创作音乐、绘画、小说和电影剧本,为艺术家提供灵感和工具;可以帮助设计师生成别出心裁的设计方案;在教育领域,可以用来创建个性化的教学材料,提供定制化的学习体验,为未来提供了广阔的可能性。

1.5.2　机器学习

在很多情况下,机器学习和人工智能常被混用,实则有所区别。人工智能的目的是使机器能够模拟人类思维,并实现学习的能力。人工智能的研究不仅需要学习,还需要知识表示、推理,甚至需要研究者的抽象思维。与人工智能不同,机器学习主要侧重于软件系统,这些软件可以从过去的数据或者经验中学习。如果深入研究机器学习,会发现机器学习与数据挖掘和统计分析的关系实际上比人工智能更密切。

如果计算机程序可以通过使用以前的经验来提高执行任务的能力,那么可以说它已经会学习了。这与能够执行任务的程序非常不同,因为普通程序是程序员已经定义了执行任务所需的所有参数和数据。例如,一个计算机程序可以玩某个游戏,这是因为程序员用内置的获胜策略编写了代码。然而,如果一个程序没有预先定义的策略,并且只有一套关于合法动作的规则,以及什么是成功的场景,那么它就需要通过反复玩游戏来学习,直到它能够获胜为止。这不仅适用于游戏,也适用于执行分类和预测的程序。分类是指机器可以从数据集中识别和分类事物的过程。预测(在统计中称为回归)指机器可以根据以前的值猜测(预测)某物或某时的值。例如,给定一套房子的特性,根据以前的房屋销售情况,预测它的价值是多少。

机器学习主要包括有监督学习、无监督学习和强化学习。

有监督学习就是用标签很好的数据来训练机器。这意味着数据已经用正确的答案(结果)进行了标记。例如,这是字母 A 的图片;这是英国国旗,有三种颜色,其中一种是红色的;诸如此类。数据集越大,机器可以了解的主题就越多。在机器训练之后,给定其新的、以前未知的数据,机器就可以通过学习算法,利用过去的经验给出结果。

无监督学习使用没有任何标记的数据集来训练机器。学习算法从不被告知数据代表什么。例如,"这是一封信",但没有给出关于这封信的其他信息;"以下是一个特定标志的特征",但没有命名该标志。无监督学习就像让人听陌生的外语播客一样,没有字典,也没有老师解释听到了什么。如果只听一个小时播客,并不会有多大的用处,但如果听几百个小时的播客,大脑就会开始形成一个关于语言运作的模型,并开始建立识别模式,期待某些声音。当然,如果能找到一本字典或一位老师,就会学得更快。无监督学习的关键是一旦对未标注的数据进行处理,只需一个标记数据就能使学习算法完全有效。处理了数千个字母图像后,处理一个字母 A 将立即标记整个处理后的数据。

强化学习类似于无监督的训练,因为训练数据是没有标签的,但是当被问到关于数据的问题时,结果会被评分。一个很好的例子就是玩游戏。如果机器赢了这场比赛,那么结果就会通过一系列的动作被传回来,以加强这些动作的有效性。需要强调的是,如果只玩一两场游戏的话,是没有多大用处的,但是如果机器玩成千上万甚至数百万场游戏,那么强化的累积效应就会创造出一种获胜的策略。

目前,很多大公司都在使用机器学习技术来帮助改进服务。比如,Facebook 网站利用机器学习技术,为用户上传的每个图片进行文字描述。

另一个有趣的例子是教机器写字,如图 1-5 所示。图中的笔迹样本是机器学习中的递归神经网络学习后写出的字体。为了训练这台机器,其创造者要求 221 位不同的作家使用"智能白板",并抄写一些文字。在写作过程中,作家用笔的位置被红外传感器跟踪,这就产生了一组坐标轨迹,用于监督训练。这台机器可以写几种不同风格的字体,结果令人印象深刻。

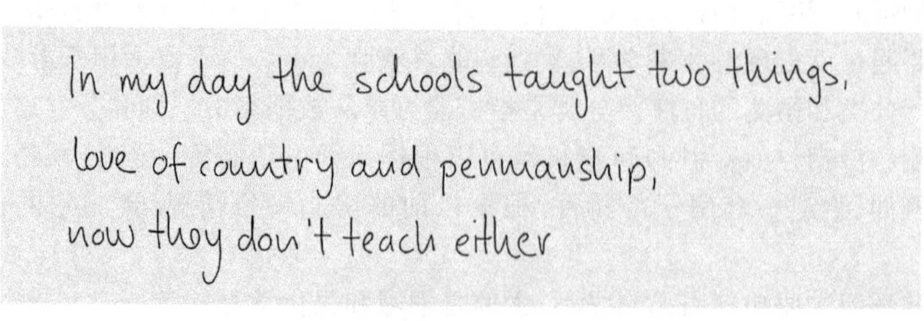

图 1-5　机器自动学习写字后书写结果

此外，机器学习越来越依赖于用量化指标来描述复杂的社会现象，在关于机器学习的公平性和偏差的讨论中尤其如此。目前研究的重点是开发更多的定量修复来解决数据集不平衡和约束优化问题，而不是追求机器学习技术的公正和公平应用。

与前两次人工智能的热潮相比，第三次人工智能浪潮更加贴近实际，图像识别、自然语言处理、语音识别、决策规划等已不再停留在理论研究上，在商业中起到越来越重要的支撑作用，其中起到最重要作用的就是机器学习。机器学习和人工智能是什么关系，机器学习技术本身的发展以及它们为何有效，未来机器学习技术如何发展，都是我们理解近年来机器学习技术和应用突破的关键。

1.5.3　感知认知

人类的智慧来自对模式的感知，这种感知通过视觉、声音、触觉、嗅觉、味觉等感官获得。许多动物和人类一样拥有相同的感知器官，但也有些动物能够拥有完全不同的感知器官。而感知就是通过感官看到、听到或意识到事物的能力。

在人类的众多感官中，视觉和听觉是最重要的感官。正是通过这两个能力，人类收集了几乎所有驱动解决问题行为的知识。视觉和听觉所涉及的各种生理成分统称为视觉或听觉系统，是语言学、认知科学和神经科学研究的热点。

此外，感知不仅是对信号的被动接收，还受接收者的学习、记忆、期望和注意力的影响。一般情况下，感知可以分为两个过程：首先，通过感知器官处理感官输入，将这些低级信息转换为更高层次的信息；其次，与一个人的概念和期望、恢复性和选择性机制共同影响认知。

感知的过程从现实世界中的一个物体开始，该物体通常称为远端刺激或远端物体。通过光、声音或其他物理过程，物体刺激身体的感官。感觉器官将输入的能量转化为神经活动，这种原始的神经活动模式被称为近端刺激。神经信号被传送到大脑并被处理，由此产生的远侧刺激的精神再创造是感知。视觉的例子如一只鞋，鞋本身就是远端刺激物，当鞋子反射的光进入一个人的眼睛并刺激视网膜时，这种刺激就是近端刺激，而由人的大脑重建的鞋的图像是视觉感知的过程。听觉的例子如电话铃声，电话铃声是远端刺激，声音刺激一个人的听觉感受器是近端刺激，而大脑对此的解释是电话铃声的感知。

人工智能领域的感知，即机器感知，用来模拟人类感知周围世界的方式。任何模拟人类感觉的技术，无论是模拟视觉、听觉、味觉、触觉，还是模拟感觉，都可以被贴上机器感知与人工智能的标签。但机器感知和人类感知还存在很大的差异，因此其处理手段也不同。在人体中，两只眼睛中的每一只都将自己的视觉数据传递给大脑，大脑将这两种数据流结合在一起，并处理成一个统一的整体。随着现代传感器的融合,基本过程变得更加简单。工程师在一个物理监视区域部署多个传感器,利用人工智能原理,融合和解释多个合并的数据流,其方式类似于人类视觉进入人脑的方式。机器感知的进步推动了手写识别、图像处理、文档分析等领域的进步。

此外,机器感知是机器人学习过程的第一阶段。如果智能机器人无法收集准确和信息丰富的数据,也就无法进化以应对环境的挑战。这既需要复杂的系统来解释输入,也需要有效的感官系统收集数据。为了学习和进化,机器人必须能够处理新的输入,这都要依赖于感官系统。然而,机器人概念化数据的能力还是相当原始的。机器感知仍旧是人工智能算法的研究重点,目前虽已取得了一些进步,但仍然难以复制人类大脑的复杂性。

借助人工智能的感知认知能力,人类可以更好地认识世界,同时让外部世界了解自己,从而更好地和外部世界进行交互,提升自己的生活质量。

1.5.4 人机交互

人机交互(human-computer interaction, HCI),是指人与计算机系统之间使用某种对话语言,以一定的交互方式,为完成确定任务的人与计算机系统之间的信息交换过程。人工智能时代下,人机交互是在机器学习与感知认知等人工智能技术的基础上,智能化达到的一种新阶段,包括脑机接口、智能芯片、虚拟现实、增强现实等热点研究领域。

脑机接口是当前人工智能与神经工程领域的热门研究方向之一,在生物医学、神经康复和智能机器人等应用中极具潜力。目前,消费级脑机接口设备主要使用非侵入式技术,信号分辨率更高,但还存在高风险和高成本。而侵入式脑机接口,如果能解决排异反应及传输信息减损等问题,结合大脑神经元研究,将有助于实现思维意识的实时准确识别。

智能芯片指面向人工智能应用的芯片,主要分为专门用于机器学习的加速芯片、类脑仿生芯片和通用智能芯片。从算法和适用场景固定的加速芯片向灵活性更高、适应性更强的通用智能芯片发展是芯片技术发展的未来趋势。人工智能急需一个“撒手锏”级别的 CPU 类通用智能芯片。

虚拟现实(virtual reality, VR),指计算机模拟虚拟环境,使人获得环境沉浸感。虚拟现实可以同时提供视、听、触等直接自然的实时交互手段,具有多感知性、存在感、自主性等特点,最受欢迎的是头戴式显示器等沉浸式虚拟现实系统。目前,虚拟现实还难以突破体验眩晕感、“沉浸体验”与“真实感”矛盾以及屏幕刷新率低等瓶颈。

增强现实(augmented reality, AR),是通过数字技术将现实与虚拟信息进行无缝对接的技术。增强现实由于其具有能够对真实环境进行增强显示输出的特性，在医疗研究与解剖训练、精密仪器制造与维修、军用飞机导航、工程设计和远程机器人控制等领域，比虚拟现实技术有更明显的优势。

混合现实(mixed reality, MR)，是一种将数字化现实与虚拟数字画面相结合的技术，利用全息图将虚拟、真实的环境结合起来，将虚拟环境引入现实场景中，在视觉上构建一个新的“世界”。该技术的关键在于感知系统和 3D 建模，它依靠图像识别和同步位置映射技术来创建和理解环境，这些技术允许混合现实设备识别和跟踪用户的位置，同时生成环境的三维映射。目前，混合现实技术已经在学科教学、在线虚拟课堂创设、医疗、建筑与电气工程等领域应用。

此外，传统的研究人机系统的两个领域是人机交互以及科技与社会，后者的根源主要是科学技术的政策、历史和哲学领域。目前，其他领域，如经济学、政治学、生物学和心理学等，正在丰富对人机系统的理解。

尽管得益于人工智能技术的发展，脑机接口、智能芯片、虚拟现实、增强现实等人机交互领域取得了极速发展，然而人机交互带给人类跨虚实体验的同时，人类需要思考“到底什么才叫真实”，他们的边界在哪里。

1.5.5　脑科学

狭义的脑科学，指神经科学，是研究神经系统的细胞状态及变化过程，以及在中枢功能控制系统内的整合作用的科学。广义的脑科学，是研究脑的结构和功能的科学，包括认知神经科学等。

大脑是人体最大、最复杂的器官之一，由超过 1 000 亿个神经细胞组成，这些神经细胞在数以万亿计的突触连接中进行交流。大脑由许多共同工作的专门领域组成：皮层是大脑的最外层，思考和调节运动开始于大脑皮层；脑干位于脊髓和其他脑区下方，控制呼吸和睡眠等基本功能；基底节区是大脑中心的一簇结构，协调多个其他脑区之间的信息；小脑位于大脑的底部和后部，负责协调和平衡。大脑也被分成几个叶：额叶负责问题解决、判断和运动功能；顶叶负责感觉空间轨迹和身体位置；颞叶与记忆和听觉有关；枕叶包含大脑的视觉处理系统。

虽然人类对于大脑的认知已经取得了长足的进步。但总体来讲，对于大脑的理解还十分缺乏，要想实现真正的智能，如果对人类大脑理解不足，则对于制造智能体本身来讲就是十分困难的。

发达国家相继启动了各自有所侧重的脑科学计划。美国启动“创新性神经技术大脑研究”计划，意在了解大脑记录、处理、应用、存储和检索信息的过程，2019 年该研究进入第二阶段，通过使用先进的通用信息数据库，将脑的结构和功能、微观和宏观的研究结果联系起来,绘制出健康、疾病状态下脑内部功能、结构、神经网络、细胞和分子的图谱。欧盟启动预期10年的"人类脑计划",侧重于通过超级计算机技术模拟脑功能来实现人工智能。日本发布神经科学研究计划 Brain/Minds,主要通过融合灵长类模式动物(狨猴)多种神经技术的研究,弥补仅利用啮齿类动物研究人类神经生理机制的缺陷,已取得用于神经科学研究的狨猴实验模型、首创的基因修饰技术、综合的大规模狨猴脑结构和功能绘图、分子分类技术和用于数据整合的计算机平台等研究成果。

我国发布了"中国脑计划"(2016—2030年),总体布局为"一体两翼",即以研究脑认知的神经原理,开发脑研究平台为"主体",以研发脑重大疾病诊治新手段和脑机智能新技术为"两翼",即脑科学与类脑智能。2018年,北京脑科学与类脑研究中心和上海脑科学与类脑研究中心相继成立,标志着"中国脑计划"研究正式落地启动。同年,教育部批准成立了复旦大学脑科学前沿科学中心和浙江大学脑与脑机融合前沿科学中心。民间资本注入的脑科学研究院和其他国家级、省级、市级脑科学实验室建设也如火如荼,我国脑科学研究的战场正在急速扩张。

在人工智能领域,与脑科学的交叉研究主要是脑机智能技术、类脑研究。未来的发展方向,是脑机接口和脑机融合的新技术,脑活动的刺激、调控新方法,以及新一代人工神经网络、计算模型。尽管现在的深度神经网络效能很好,但与人脑相比,差距还很大。如果能在类脑的新型模型和类似神经元的新硬件方面有实质性发展,与新一代计算机结合,可能实现能耗更低、效率更高的计算机,获得更接近人类大脑的计算能力。

人工智能对脑科学发展起到了极大推动作用,然而目前来看,无论在理论研究还是现实应用上,巨大鸿沟依然存在。在脑科学取得真正突破之前,人工智能仍然难以突破"思维模拟"的属性束缚,如何从"思维模拟"跨向"思维本身",正是人类今后较长一段时期需要挑战的方向。

1.5.6 机器人

机器人是依靠自身动力和控制能力来实现各种功能的智能机器。机器人是人工智能的载体,致力于创造智能和高效的机器,目的是通过感知、获取、移动、修改物体的物理属性、改变物体或产生效果来操纵物体,从而使人力从重复的功能中解放出来。

机器人既可以接受人类指挥,也可以运行既定程序,还可以依据人工智能的技术原则纲领行动,执行协助或取代人类工作的任务,例如制造业、建筑业、仓储业等。机器人和人工智能程序之间存在联系,但也有区别,如表1-10所示。

表1-10　人工智能程序与机器人的比较

人工智能程序	机　器　人
通常在计算机程序世界里工作	在真实的物理世界中运作
程序的输入是以符号和规则表示的	机器人的输入是语音波形或图像形式的模拟信号
需要通过计算机来操作	需要带有传感器和执行器的特殊硬件

目前,机器人已发展到第三代,即智能机器人。智能机器人有多种传感器,融合多传感器信息后,能够自适应环境变化,具有感知能力及识别、判断与规划功能,还具有很强的学习能力和自治功能。智能机器人涉及多传感信息融合、导航和定位、路径规划、机器人视觉、人机接口等关键技术。目前智能机器人研究处于初级阶段,面临两个挑战:一是提高智能机器人的自主性,即增强智能机器人的独立性,改善机器人与人的交互界面;二是提高智能机器人的适应性,即适应环境变化的能力,加强机器人与环境之间的交互关系。

在交互方面,机器人越来越多地与人类合作、与其他机器人合作。随着企业意识到人工智能和机器人系统如何从人工参与的循环中获益,合作机器人、人机交互、深度学习和云机器人等子领域研究不断增长并日益重叠,这一趋势得到了发展。麻省理工学院的HERMES(高效机器人机械和机电系统)项目就是一个例子,该项目利用人类本能的平衡反应来远程控制一个人形机器人。机器人与人类的交互,可以视作一种"互补性",即人工智能和机器人补充人类技能,以便让人类能够专注于自己最擅长的事情——敏捷、创造力、直觉、同情心和沟通。

在机器人材料和设计方面,高通量材料科学、材料建模、先进的加法和减法制造技术,使机器人制造成为可能,也为设计基于大量可选材料的各种形态结构的机器人提供了可能。如何将材料的发现和选择吸收到机器人设计中,是不断出现的问题。可以在基于机器学习的材料发现和基于机器学习的机器人设计之间架起桥梁,有学者提出"多级进化"的可行架构框架,即一种受自然启发的方法,结合材料发现、进化机器人和基于多样性的机器学习来设计机器人。这种架构在让机器人在具有挑战性的自然环境中自然而稳健地行动方面能够有所作为,目前这仍然是一个具有挑战性的未解决的研究问题。

此外,随着单体智能向群体智能发展,机器人领域也由单体机器人逐渐演化到无人集群。无人集群系统采用开放的网络化体系,通过信息共享、自主决策和协同控制,形成高级集群智能涌现现象和完成复杂作战任务的能力,具有高抗毁性、低成本、智能化和分布式等特点。集群智能与协同控制技术是实现无人集群系统分布式作战的关键使能技术。未来，随着强人工智能时代的到来，无论是单体机器人还是无人集群，会具备超强的学习、决策甚至情感能力，广泛应用于人类生产生活及军事领域。

参考文献

[1] 何明，禹明刚，何红悦，等.人工智能的未来[M].北京：科学出版社，2020.

[2] Calum C. 人工智能：技术与经济的双重奇点[J].何明等译.西安：西安交通大学出版社，2022.

[3] 许元云，何明，刘锦涛，等.碰撞锥检测改进的多智能体避障算法[J].计算机工程与应用，2020，56(18)：63-68.

[4] 袁国栋，何明，马子玉，等.基于K-means聚类的多智能体跟随多领导者算法[J].系统仿真学报，2023，35(3)：616-622.

[5] 吴士忠.迎接人工智能的安全挑战[EB/OL]. https://mp.weixin.qq.com/s/9R4MQWIdPTlooJCHpFKi3w[2024-05-21].

[6] Huang L, Yu W J, Ma W T, et al. A survey on hallucination in large language models: Principles, taxonomy, challenges, and open questions[J]. arxiv preprint arxiv: 2311.05232, 2023.

[7] Liu Y, Yao Y S, Ton J F, et al. Trustworthy LLMs: A survey and guideline for evaluating large language models' alignment[J]. arxiv preprint arxiv: 2308.05374, 2023.

第 2 章　人工智能的思维

思维方法和观念的变革比技术变革更重要，技术是指所做的事，常见与之相对的是管理，而思维是做事的方式方法，二者相得益彰[1]。本章在第 3 章～第 8 章人工智能关键技术之前阐述，就是为了体现思维比技术更重要的理念。坚持机械化、信息化、智能化融合发展，思维是推动军队数智化转型、提升智能化作战能力的先导，具备技术思维比掌握技术能力更重要，本章遴选与无人智能作战相关的体系思维、计算思维、数据思维、可信思维、逆向思维、模型思维 6 种思维。技术是实现思维变革的手段和工具，为更清晰地阐述人工智能相关思维内涵，采用事例进行说明，更希望在实际应用中，牢固树立思维理念方法论，灵活运用多种思维，更好地指导人工智能技术的落地应用。

2.1　军事思维的演变

从农业时代到智能化时代，每一次技术革命都推动了战争形态的演变。新型武器装备的出现，改变了战争的手段和方式，更要求军事思维理念不断更新。

冷兵器时代，从史前时期一直延续到中世纪，以使用刀、剑、弓箭、战车等非火药武器为特征，如图 2－1(a)所示。这个时期的军事理论有中国的《孙子兵法》与《六韬》，以及古希腊的《战术》等。军事思维中强调地形、地理位置的重要性，如“地形者，兵之助也”，意味着军事行动需要充分利用地理优势；重视敌我双方的力量对比，注重通过策略和战术来弥补自己的不足，或利用敌人的弱点；强调军队的纪律性和组织性，如罗马军团的龟甲阵、中世纪欧洲的骑士阵。

机械化时代，从工业革命开始，特别是 19 世纪末到 20 世纪，以坦克、飞机、舰艇和其他机械化武器的发展为标志，如图 2－1(b)所示。这个时期出现了“闪电战”与“深度防御”等军事理论。军事思维中重视速度与机动性，例如闪电战理论

(a) 冷兵器时代　(b) 机械化时代

(c) 信息化时代　(d) 智能化时代

图 2－1　不同时代的战争形态演变示意图

侧重于用速度和机动性来打乱敌人的阵脚；强调穿透与深度，即穿透敌人的防线，深入敌后进行作战，以破坏敌方的指挥和后勤系统；关注集中与分散，即如何合理地集中和分散兵力成为关键，既要集中力量于关键点实现突破，也要分散兵力以控制更大的区域。

信息化时代，20 世纪后半叶至今，信息技术的发展带来了精确制导武器、网络战、电子战等新型战争形式，如图 2－1(c)所示。这个时期出现了“网络中心战”与“精确打击”等军事理论。军事思维中强调信息优势，即通过信息技术获取、处理和利用信息来提高作战效能；注重系统对抗，即将战场视为一个复杂的系统，通过破坏敌方的信息系统和指挥控制系统来削弱其整体战斗力；倡导精确打击，即使用精确制导武器打击敌方的关键节点，以最小的代价实现战略目标。

随着人工智能、大数据、云计算等技术的发展，军事装备和战术开始向智能化发展，无人机、巡飞弹等自主武器系统等成为新的军事技术发展方向，如图 2－1(d)所示。这个时期“多域作战”与“算法战”等军事理论如雨后春笋般层出不穷。军事思维中突出以模型算法为核心，强调算法的精确性和实时性，作战双方在模型算法上的较量，成为战争胜负的关键。军事人员要树立智能化战争的思维理念，强化善谋打仗的思维能力，切实提高适应打仗、打胜仗需要的思维能力，本章总结了智能化战争中军事人员需要更加关注的 6 种军事思维，即体系思维、计算思维、数据思维、可信思维、逆向思维、模型思维，以帮助军事人员破解难以运筹的工作。

2.2　体 系 思 维

体系思维强调系统中各个组成部分之间的相互作用和依赖关系，以及这些相互作用如何影响整个系统的行为和功能。体系思维的核心在于认识到在任何系统中，各个部分都不是孤立存在的，而是相互关联、相互影响的。体系思维的关键特征包括：整体性，体系思维关注整体，而不仅仅是各个部分的属性，它强调整体大于部分之和，即系统的行为和特性不仅仅是单个组成部分行为的简单叠加；互联性，在体系思维中，各个组成部分之间的联系和相互影响被看作是系统行为的关键因素，这些联系可以是直接的，也可以是间接的，包括反馈循环、相互依赖和相互制约等；动态性，体系思维认识到系统是动态变化的，系统的行为和特性随时间而变化，受到内部和外部环境的影响；开放性，许多系统都是开放的，意味着它们与外部环境相互作用，交换能量、物质和信息；可持续性和适应性，体系思维关注系统的长期行为和可持续性，以及系统在面对变化时的适应能力。

在解决复杂问题时，体系思维要求我们不仅要分析问题的症状，还要深入理解问题的根本原因，以及各个因素如何相互关联。这种方法有助于我们识别问题的潜在后果，预测未来的发展趋势，并制定更全面、更有效的解决方案。战争中的体系思维通常涉及对整个军事、政治、经济和社会环境的综合考量。抗日战争时期，毛主席站在全球角度，从国土、人口、民心、军队、外援等多个方面对中日进行分析，准确预见日本必败、中国必胜，驳斥了“亡国论”和“速胜论”，对战争阶段进行了科学划分，为抗战指明了方向，这是对比分析+合理预判的体系思维。伊拉克战争中，体系思维的不足使得美军未能充分考虑到战后重建、地区稳定和伊拉克复杂的社会结构,导致了长期的不稳定和冲突。

人工智能时代,体系思维更强调从全局视角理解和构建人工智能系统。这意味着要考虑模型在整个数据生态系统中的角色,以及它们对社会和技术的影响;要求我们能够有效管理复杂系统,包括理解模型的决策逻辑、识别潜在的风险和制定相应的风险管理策略;要求我们关注人工智能的伦理和责任问题,并考虑到人工智能对人类社会的影响。无人机集群作战是现代战争中体系思维应用的典型例子,如图2-2所示。无人机群通常由多种不同类型的无人机组成,这些无人机要求具有不同的功能,如侦察功能、电子战功能、打击功能、中继功能等,体系思维要求将这些无人机整合在一起,使它们能够协同作战,形成整体作战能力[2]。例如,侦察无人机发现目标,攻击无人机根据目标信息执行打击任务等。

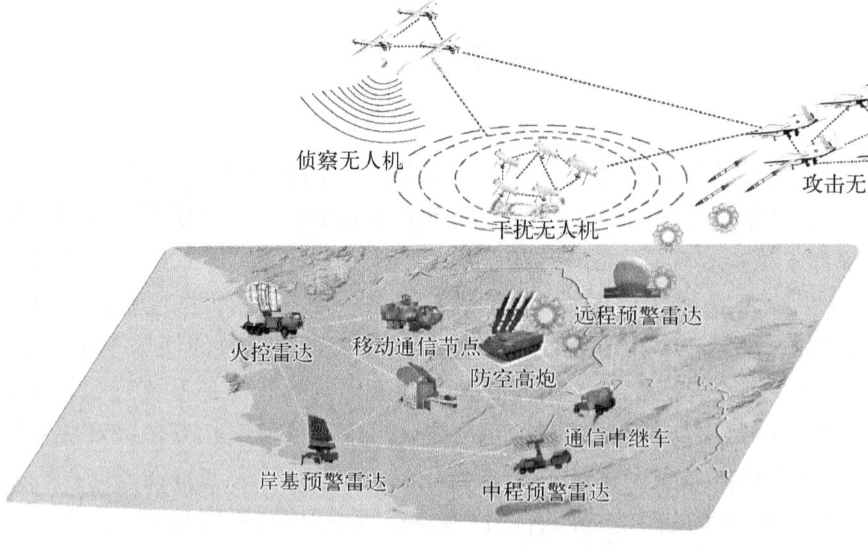

图2-2　无人机集群作战中的体系思维示意图

2.3 计算思维

计算思维是运用计算机科学领域的相关基础概念进行问题求解的过程,通过算法的思想来识别、分析问题,形成适合用计算机来处理问题的解决方案。

1. 抽象思维

如果要将鸡、苹果、香蕉、鸭分成两类，大家都会将鸡和鸭分成一类，将苹果和香蕉分成另一类，因为前者是家禽，后者是水果。用家禽概括鸡和鸭反映了人们的抽象思维方式。抽象思维是人们在认识、处理事物的过程中用概念的形式，对客观事物进行间接总结和概括的过程。抽象思维通过科学合理的概念抽象来获取事物的本质，其核心思想就是去除多余和细节，保留关键要素[3]。

在运用抽象思维时，首先从要解决的问题中抽取关键要素，然后根据这些信息来筛选数据。抽取的关键要素就构成了解决该问题的一个概念模型。最终抽取的关键要素取决于解决的具体问题、应用的具体场景等。例如，都是导航服务，地铁导航服务和自驾导航服务所抽取的关键要素就不同。在地铁导航服务中，抽取的关键要素是地铁站点信息、站点换乘信息，而对站点之间的具体距离等物理环境信息不作过多要求；而在自驾导航服务中，则要关注道路的具体宽度、路口距离、红绿灯等物理环境信息，从而根据用户的不同要求来规划路线。

抽象思维正确与否一定要经过社会实践的检验，只有经过验证的抽象思维才是正确的。抽象思维指导人们认识并开展相关的社会实践，同时社会实践的结果又可以巩固并拓展抽象思维。空洞、不切实际的抽象思维是毫无意义的，而科学的抽象思维一定是建立在充分的社会实践基础上的。

俄乌冲突中出现的派单式打击新模式，就是将共享单车、美团外卖、滴滴打车这些商用互联网订单式服务模式抽象为军用订单式打击模型，如图 2－3(a)所示。侦察小组火力呼叫“下单”指挥机构分配任务“派单”，作战单元执行任务“接单”，上传打击效果“结单”的“订单”模式[4]。

2. 并行思维

在现实中，我们面对的问题大多数是串行的，但许多问题其实可以并行处理。学者洪加威就并行处理曾讲述了“证比求易算法”童话。故事讲的是某国的国王向邻国的公主求婚，公主问了一个问题，如果国王在一天之内能够求出 48 770 428 433 377 171 的一个因子，她就接受国王的求婚。可是国王试了 3 万多个数，还是没有得到结果。国王恳求公主告诉他答案，公主说，223 092 827 就是一个因子。国王请求公主再给他一次机会，公主答应了。为了把握住这次来之不易的机会，国王向宰相求教。宰相认真思考后认为这个数是 17 位，如果这个数存在因子，那么最小的一个因子不会超过 9 位。于是，宰相向国王建议：按照自然数的顺序发给全国的每个百姓一个编号，等公主给出数之后，立即将这个数通报给全国，每个百姓用这个数除以自己对应的编号，如果没有余数，则立刻将自己的编号上报国王。果然国王很快就求婚成功了。

在这个故事中,国王使用的是串行方法,宰相提出的是并行方法。显然,在处理这个问题上,并行方法比串行方法的效率要高很多。并行思维的智慧在于把一个人无法完成的任务分配给其他人,让其他人参与进来共同完成。例如,查询操作可能涉及海量数据集,为了高效地获取查询结果,可以先把海量数据集水平切分,放置到多个存储器数据库中,然后将查询请求分发到这些数据库引擎中,再将这些数据结果合并,就可以得到实际的结果。

多域指挥控制强调在不同领域(陆、海、空、天、电、网)的同步和协调行动,体现了并行思维的特点,如图 2-3(b)所示,具体体现在:① 跨领域整合,多域指挥控制要求指挥官和战略规划者同时考虑和整合来自不同领域的信息和资源。这意味着决策者不能仅专注于单一领域,而是需要并行地处理和协调跨领域的行动,如地面部队的移动,可能需要空中的支援、海上的补给以及网络空间的保护。② 实时数据处理,在多域作战中,指挥控制系统需要处理来自各种传感器、平台的海量实时数据,并行处理技术使系统能够同时分析这些数据流,快速识别威胁和机会,并提供决策建议。③ 多任务并行执行,多域指挥控制允许不同领域的部队并行地执行多项任务,如空军可以执行空对地打击任务,同时海军可以在海上进行封锁,网络部队进行电子战干扰,而特种部队则在陆地上执行秘密行动。所有这些行动都需要并行规划和协调。④ 快速决策循环,多域指挥控制强调快速决策循环,并行思维在这里体现为指挥官能够在观察到新情况后,迅速重新定位和调整战略,做出决策,并付诸行动,而不必等待一个任务完成后再开始下一个任务。

3. 分解思维

分解就是将一个复杂的问题分解成若干个较小的、更简单的子问题加以解决,然后对子问题的结果进行合并,得到最终的答案。我们都熟悉曹冲称象的故事。将无法分解的大象替换为可以分开称量的石头,同时借用木船和水的组合代替大秤,从而逐一称出石头的重量,最后求得大象的重量。这其实就是典型的分解思维。

分解思维运用的最著名案例是谷歌的 MapReduce 数据处理工具。MapReduce 的设计初衷是实现对大规模网页数据进行高效、快速的并行检索。这个过程可以简单概括为:通过 Map(映射)操作获取海量网页的内容并建立索引,将大任务拆分成小的子任务,并且完成子任务的计算;通过 Reduce(规约)操作根据网页索引处理关键词,最后将中间结果合并成最终结果。

无人自主作战的任务规划与执行是一个复杂的过程,涉及多个步骤和子任务,如图 2-3(c)所示。以下展示了分解思维如何应用于无人自主作战的任务规划与执行:① 任务定义,明确无人作战系统的任务目标。② 环境分析,对作战环境进行分析,包括地形、天气、敌方防御、友军位置和其他相关因素。③ 任务分解,将整个任务划分为更小、更具体的子任务。例如，一个侦察任务可能被分解为路径规划、目标识别、数据收集和数据传输等子任务，每个子任务都分配给特定的无人作战系统或有人作战单元。④ 资源分配，在任务分解后，需要确定执行每个子任务所需的资源，包括无人机、传感器、武器和其他装备。资源分配基于任务需求、可用性和效率考虑。⑤ 路径规划，无人作战系统需要规划从起点到目标区域的路径，同时考虑避开障碍物、敌方防御和最佳侦察点。⑥ 自主行为编程，无人作战系统的自主行为需要通过编程来定义，这包括对传感器数据的处理、决策逻辑、反应模式和通信协议。⑦ 任务评估与反馈，任务完成后，需要对执行结果进行评估，并收集反馈以改进未来的任务规划和执行。每个子任务都被独立处理，然后将结果合并以完成整个任务，这种方法提高了任务的成功率，同时减少了复杂性和风险[5]。

4. 迭代思维

“迭”是反复、屡次的意思，“代”是替换、替代的意思，“迭代”合在一起就是反复替换。迭代方法是一个不断用变量的旧值递推新值的过程。迭代的核心思想基于这样一个事实：序列项由前一项的值可以得到后一项。按照这个法则，如果从一个已经知道的第一项开始，经过有限次的重复，最后会产生一个序列。著名的斐波那契数就是迭代方法的经典例子。1202 年，意大利数学家斐波那契在其《计算之书》中描述了“兔子问题”。假设一对兔子一个月即可发育成熟，两个月开始产下一对小兔子。如果农户在年初有一对刚出生的小兔子，那么到了年末该农户有多少对兔子？每个月的兔子对数可以组成一个数列，这个数列就是 1，1，2，3，5，8，13，21，34，…

迭代是为了接近目标而不断重复过程与反馈的工作，这是在工作中不断追求更好结果的一种典型做法，如图 2－3（d）所示。迭代思维有两个要点：一个是由小到大，从小处和细节入手，逐步构建全局；另一个是迭代的速度要快，要能快速构建出全局，即快速迭代。例如，各种互联网产品运用的就是典型的迭代思维。在产品发布以后，商家根据用户的使用反馈来评估产品和升级产品。基于用户反馈的大数据分析，为产品的升级提供了可靠的依据。人工智能战争中的决策系统，迭代思维是至关重要的，因为它需要能够处理大量的不确定性和动态变化的信息。例如，战场态势分析系统，它的任务是帮助指挥官理解战场情况，预测敌方行动，并推荐友军的应对策略。这个系统需要实时处理来自侦察无人机、卫星、侦察部队和情报机构的数据。一是收集实时的战场数据，包括敌方和友军的位置、移动、战斗能力、支援状态、天气、地形等。二是系统使用初始数据进行分析，识别敌方和友军的力量分布，评估潜在的威胁和机会，并预测敌方可能的下一步行动。三是基于初始分析，系统制定初步的战术和战略策略，可能包括建议友军进行特定区域的侦察、发动攻击、防御某个关键点或撤退等。四是指挥官根据系统的建议执行初步策略,并监控战场反应,同时系统继续收集新的实时数据,人工智能系统使用新收集的数据来更新其对战场态势的理解,重新评估敌方行为模式,并调整其预测模型。五是基于迭代分析的结果,系统改进战术和战略策略,可能包括改变攻击目标、调整防线、请求额外的支援等。系统根据改进后的策略再次提供建议,并继续收集数据。这个过程可以实时进行,每次迭代都基于新的数据和反馈来优化策略。随着战斗的进行,系统不断学习和适应,能够更快地响应战场上的变化(如敌方的新战术、突然的天气变化等),并实时更新策略以保持战术优势。

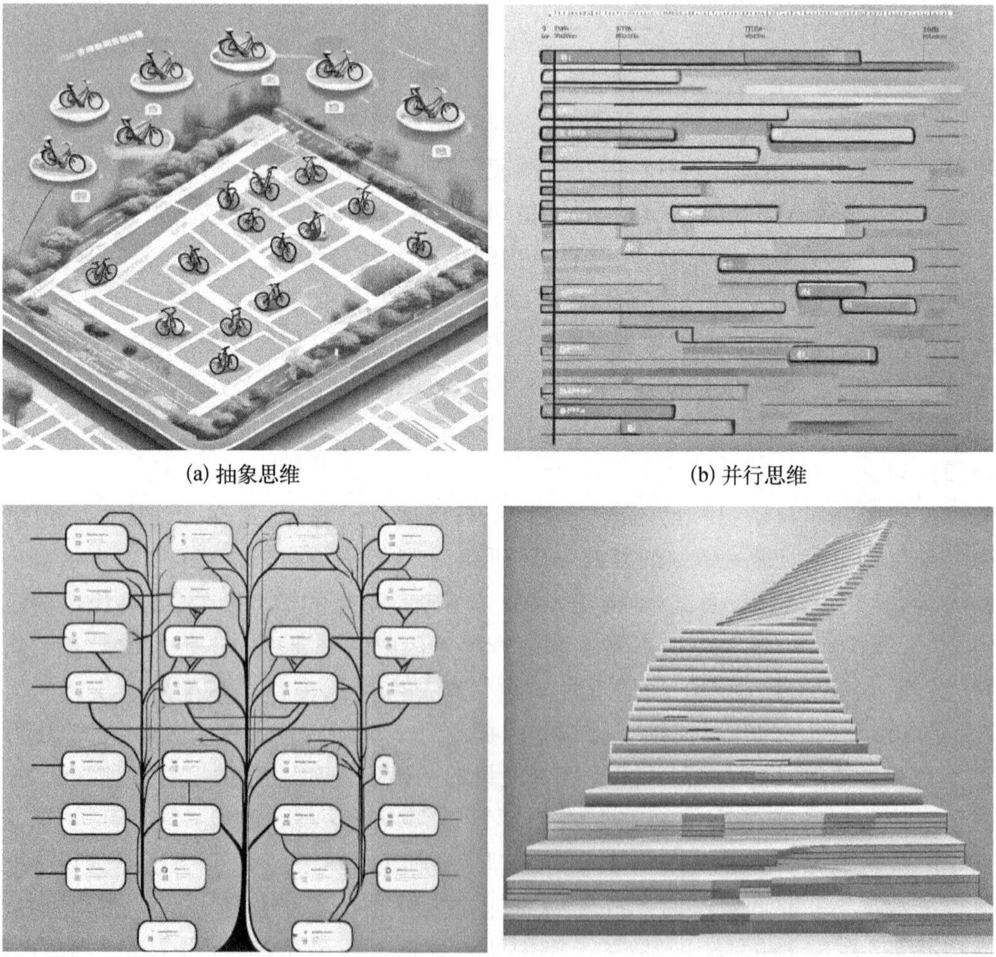

(a) 抽象思维　(b) 并行思维

(c) 分解思维　(d) 迭代思维

图2-3　计算思维分类示意图

2.4 数据思维

数据是生产要素。著名数学家毕达哥拉斯说“万物皆数”。数据思维就是从海量的、冗杂的数据中发现潜在价值。大数据思维是一种在处理和分析大规模、复杂数据集时采用的思维方式。它与小数据思维有显著的不同,主要体现在以下几个方面:

整体性(holistic approach),大数据思维强调整体性,意味着在分析数据时不仅仅关注局部或特定样本,而是尽可能考虑所有可用的数据。这种方法可以提供更全面、更准确的见解。

关联性(associative),在大数据思维中,重点在于发现数据之间的关联性,而不是仅仅寻找因果关系。通过分析数据之间的关联性,可以预测未来的趋势或行为,即使这些关联背后的原因尚不明确。

容错性(tolerance for imperfection),由于数据量巨大,大数据思维接受一定程度的数据不精确性。这种思维认为,即使数据存在噪声或不完整,通过大规模数据的分析,仍然可以得出有价值的结论。

预测性(predictive),大数据思维强调预测分析,即利用历史数据来预测未来的趋势或事件。这种预测性分析可以帮助企业和组织做出更明智的决策。

实时性(real-time),大数据思维也关注实时数据的处理和分析。在许多应用场景中,能够快速地从实时数据中提取信息并作出响应是非常关键的。

多样性(variety),大数据思维认识到数据来源和类型的多样性。在大数据时代,数据不仅包括传统的结构化数据,还包括非结构化数据,如图像、视频和文本等。

价值导向(value-focused),大数据思维强调从数据中提取价值。这意味着在分析数据时,需要关注如何将数据转化为实际的业务价值或社会效益。

技术驱动(technology-driven),大数据思维依赖于先进的技术和工具来处理和分析数据。这包括云计算、分布式计算、机器学习和数据挖掘等技术。

美军发现并击毙本・拉登的行动是一个典型数据思维的例子,展示了数据思维在军事行动中的重要作用,如图 2-4 所示。美国情报机构长期以来一直在收集和分析大量关于本・拉登的情报。这些情报被集中起来,形成庞大的数据库。最终,美国情报机构通过大数据分析,发现了一个与本・拉登保持长期联系的信使。这位信使被追踪到巴基斯坦的阿伯塔巴德的一座大院,通过卫星图像和通信拦截对这座大院进一步分析,形成了对本・拉登藏身于此的判断。

通过数据分析发现本·拉登藏身处

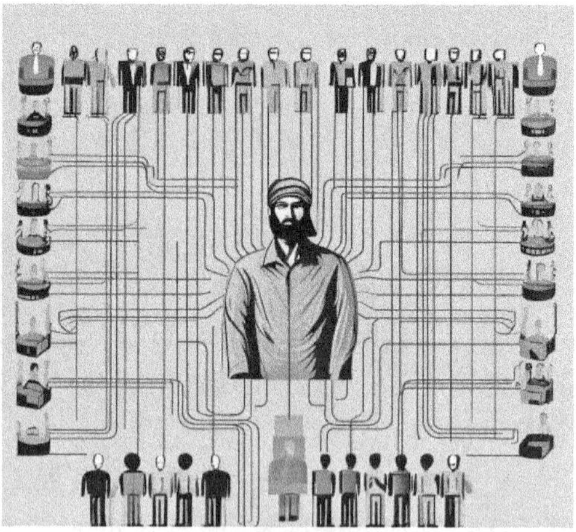

本·拉登关系网

图 2－4　击毙本·拉登行动中的数据思维

2.5　可信思维

人工智能时代,数据是决策的基石。然而,数据本身并不会说话,它需要通过科学的方法和严谨的思维来解读。可信思维,作为人工智能思维的重要组成部分,强调的是数据和分析结果的可信度和可靠性,主要体现在以下五个方面:一是可信思维首先要求对数据的质量进行严格的管理,这包括数据的收集、存储、处理和使用的全过程;二是可信思维要求分析方法是透明和可验证的,这意味着我们需要清楚地记录分析过程,包括使用了哪些数据、哪些方法,以及为什么选择这些方法,这样我们的分析结果才能被其他人审查和复制;三是可信思维要求分析结果是可解释的,这意味着需要清楚地解释分析结果是如何得出的,以及它们意味着什么;四是可信思维要求在处理个人或敏感数据时,应考虑到隐私保护和伦理问题,这意味着我们需要遵守相关的法律和道德标准,确保数据的处理过程是合法和道德的;五是可信思维还要求确保数据的安全性,防止数据泄露或被未授权访问,并遵守相关的数据保护法规,这意味着我们需要采取适当的技术和管理措施,保护数据不受损害。

一个关于数据质量管理的小故事发生在中国的一家电商企业。该企业发现,其销售预测模型总是高估需求,导致库存积压。经过调查,发现问题出在数据质量上——销售数据中包含了大量的重复记录和错误数据。通过改进数据清洗和验证流程，企业成功地提高了数据的准确性，从而提高了预测模型的准确度。一个关于结果可解释性的小故事发生在美国的一家医疗保险公司。该公司使用了一个复杂的机器学习模型来预测患者的健康状况。然而，医生发现这个模型的结果很难解释，因此他们不愿意使用它。后来，公司聘请了一位数据科学家来帮助解释模型的结果。他通过可视化技术，将模型的结果以一种更直观的方式展示给医生，从而使他们能够更好地理解和接受这些结果。

如图 2-5 所示，人工智能时代，指挥控制系统、自主武器系统更需要依赖于可信思维，来确保数据的准确性和分析结果的可靠性，以更好地理解和利用数据，从而在现代战争中取得优势。

指挥控制系统

无人机集群

无人车集群

无人艇集群

图 2-5　指挥控制系统、自主武器系统更依赖于可信思维

2.6 逆向思维

逆向思维,又称为反向思维,它通过从不同的角度、相反的方向或者非传统的视角来考虑问题,以寻求创新的解决方案或新的见解。逆向思维鼓励人们跳出传统的思维模式,挑战常规,寻找那些通常被忽视或被认为不合理但可能有效的解决方案。逆向思维的特点包括:反其道而行之,在解决问题时,不是沿着常规的思路前进,而是尝试相反的方向或方法;质疑假设,对问题背后的基本假设提出质疑,考虑是否存在不同的假设,这可能导致完全不同的解决方案;打破传统,不局限于传统的思维框架,敢于尝试新的角度和方法;寻找替代方案,在看似不可能或无效的方案中寻找潜在的价值和可能性。长征过程中,四渡赤水是毛主席的得意之作,打破了蒋介石对红军东去湘西和北进入川的判断。毛主席指挥红军一渡赤水,集结扎西;二渡赤水,重占遵义;三渡赤水,引敌川南;四渡赤水,南渡乌江,兵临贵阳逼昆明,随后转身北渡金沙江,彻底跳出敌人包围圈,堪称逆向思维的典范。

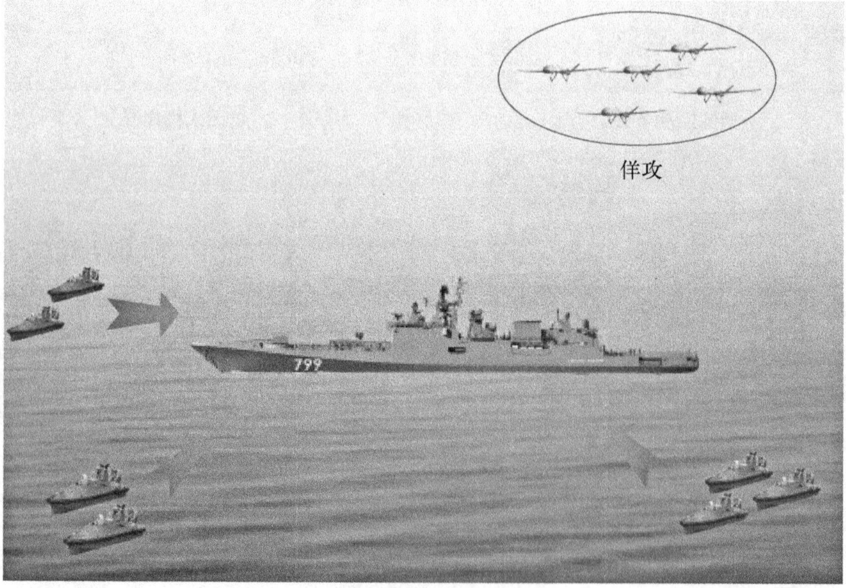

塞瓦斯托波尔无人集群战

图 2-6 体现逆向思维的示意图

人工智能时代，逆向思维的应用可能更加微妙，因为它涉及对数据和算法的创造性使用。例如，在无人机作战中，传统的思维可能是利用无人机进行直接的侦察和打击，而逆向思维可能会引导指挥官考虑如何利用无人机进行诱敌深入的战术，或者通过无人机模拟大规模的攻击来分散敌方资源。再如，一方利用了人工智能进行常规的作战分析，预测敌方的行动并制定相应的对策。而逆向思维的运用可能体现在，这一方故意泄露虚假的作战计划给敌方，诱导敌方根据这些虚假信息调整其作战策略，从而为己方创造有利的战斗条件。如图 2－6 所示，俄乌战场中的塞瓦斯托波尔无人集群战，乌军无人机、无人舰艇利用运粮走廊突破俄拒止空间，无人机集群采用佯攻战术，吸引俄防空火力；无人艇载弹量大，对俄海军实施自杀式袭击。这种思维方式要求指挥官和决策者能够跳出传统的思维框架，从不同的角度来审视问题，并寻找非传统的解决方案。

2.7 模型思维

人们基于自己的知识体系来解决工作、学习和生活中的各种问题。同样的信息，由于受众方的知识体系不同，采取的评价模型不同，可能得出大相径庭的结果。模型是人工智能时代的动力，其更易实现大数据时代的事件挖掘、用户行为分析[6]。

1. 博弈思维

企业在管理数据的时候，只存储而不分析和应用数据，意味着存储成本的不断增加。这时可以使用一些低价的存储方案来存储使用量较少的数据，以减少存储成本。但是，如果数据继续呈指数级增加，那么存储成本也会增加。以前，由于数据量小，这一问题造成的影响还不太明显。现在，存储和使用数据成为很多企业在决策中不得不面对的问题。如果不大量存储数据，企业就可能因为没有存储需要的数据而错失发展良机；如果大量存储数据而不能应用，也会给企业的运营成本带来压力。这就是企业数据管理面临的“博弈”。

要解决企业面临的上述问题，就需要用到博弈思维。在运用博弈思维时，首先要确定博弈的参与者及其行动，然后建立相关的博弈模型，如标准博弈模型、序贯博弈模型、合作博弈模型等。

人工智能时代，企业之间的合作和竞争更加频繁，企业之间既是合作关系又是竞争关系，此时采取博弈思维来指导企业战略决策是一个不错的选择，可参考其中的合作博弈模型。假设有 N 个相关企业，它们之间可以是竞争关系，也可以是合作关系。在某次经济活动中,合作者要承担的合作成本为 C,其他企业可以获得的相关收益为 B。如果企业之间是竞争关系,则不会产生任何成本和收益。而企业合作的潜在收益可以通过合作优势比率 B/C 来衡量。这就是简单的合作博弈模型。利用博弈理论还可有效地分配有限的安全资源,以实现最优的安全保护方案。例如,在面对保护关键公共基础设施和目标的挑战时,可通过博弈论方法随机调度安全部门的保护行为(如警察巡逻、行李检测等),来降低对手的观察侦查能力,并提高资源分配有效性。这种方法已被应用于多个安全领域,如机场安保、空中警察调度、海岸警卫队巡逻调度和野生动物保护等。

2. 推理思维

人工智能时代,全数据集中的数据元素是繁多的,难以建立所有数据元素之间的关系,因为数据元素之间的关系随着数据元素数目的变化呈指数级变化。这时可以采用推理思维,基于构建的某种基本知识,通过现存的数据元素之间的关系推理出未知的数据元素之间的关系。例如,如果数据元素 a 和 b 是夫妻关系,而数据元素 a 和 c 是父子关系,根据人类的家庭关系知识,可以推理数据元素 b 和 c 是母子关系。现有的推理模型有基于逻辑的推理模型、基于图的推理模型和基于表示的推理模型。在推理思维中,一般先将数据元素知识化,即用某种形式化的语言表示相应的数据元素,如逻辑元素、图节点等。这种表示方法就是符号化。符号化的缺点是难以进行计算,推理的复杂程度较高。因此,基于表示的推理模型采用向量来对数据元素进行知识化表示,将对未知的推理转化为对相关向量的操作。对向量的操作计算模型有距离模型、翻译模型和矩阵模型。距离模型用向量的距离表示数据元素之间的某种关系。而翻译模型则建立了向量之间的语义关系,将三元组 $\langle h,r,t\rangle$ 分别用向量表示,如果该三元组成立,则 h、r、t 在向量空间上会有几何关系。矩阵模型则根据向量中的数据构建与其对应的矩阵,通过对矩阵的操作进行学习推理。典型的矩阵方法是 Nickel 等提出的 RESCAL。例如,纳卡冲突中,阿塞拜疆使用了装备有导弹和传感器的哈洛普反辐射无人机,这些无人机一旦识别出敌方雷达发射的信号,便能够有效地推理出亚美尼亚防空系统的位置,并利用无人机进行精确打击,大大削弱了亚美尼亚的防空能力。

3. 大模型思维

小模型通常是指参数量较小、针对特定场景进行学习训练的智能模型,专业性强、通用性较差。大模型是百亿级参数以上的深度神经网络模型,通过不断增加模型参数、训练数据量来提升性能。大模型"大"在超大预训练模型、超多高质量数据、超强算力支撑三个方面,实现量变到质变,解决更通用的问题[7]。

大模型的优势有以下三点：一是通用性，通过大量参数记忆足够多通用知识，对未接触过的新场景、新问题，即便数据少，也可快速“继续教育”，少量输入任务描述和样例后可获得预期结果，而不像小模型一样，针对新场景需重新训练新模型；二是创造性，可按需自动生成新内容；三是涌现性，能力出现非线性指数级增长，涌现小模型所不具备的能力，包括思维链等。目前业内主要利用大模型思维链来理解、认知和拆解复杂任务，按照逻辑推理将其分解为子任务，并结合专用模型、软件工具的任务执行能力解决各个子任务，从而共同完成一个复杂任务。俄乌冲突期间美国 Palantir 公司发布国防人工智能平台（AIP）产品宣传视频，通过人机多轮对话，完成一个地面目标侦察研判和一个陆战小分队的行动规划与控制。指挥员全程用自然语言与系统对话，系统基于大语言模型充当“翻译官”，准确响应用户指令，并按照思维链进行推理、拆分任务，充当“调度员”，按需组织调用小模型，完成各子任务后合并执行。

图 2－7 分别展示了博弈思维、推理思维、大模型思维在安防、军事等领域的应用。

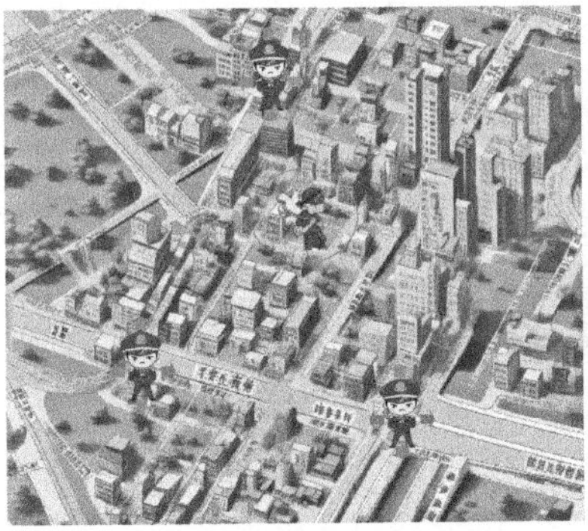

博弈论应用于安防领域

利用反辐射无人机精确打击目标

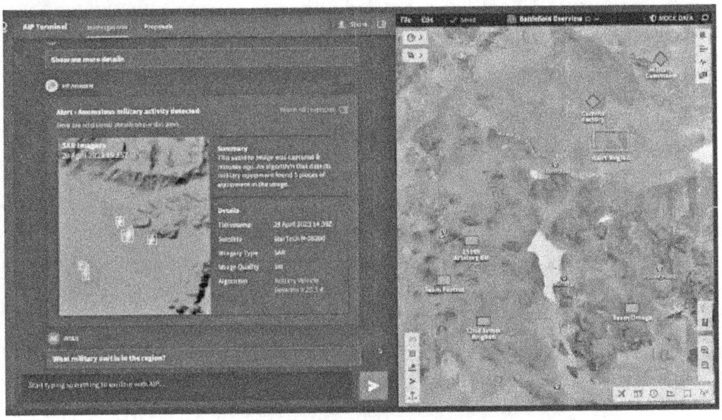

俄乌冲突中的Palantir大模型

图 2－7　体现模型思维的示意图

参考文献

[1] 何明.互联网+思维与创新[M]. 南京：江苏科学技术出版社，2017.

[2] Yu M M, Niu Y, Liu X, et al. Adaptive dynamic reconfiguration mechanism of unmanned swarm topology based on an evolutionary game[J]. Journal of Systems Engineering and Electronics, 2023, 34(3): 598－614.

[3] 何明,何红悦,罗玲,等.大数据导论——大数据思维、技术与应用[M].2版.北京：电子工业出版社,2022.

[4] 赵国宏.基于作战场景的时间敏感目标杀伤网设计[J].指挥与控制学报,2022,8(4): 414－421.

[5] 赵彦杰,袁莞迈,梁月乾.智能无人集群——改变未来战争的颠覆性力量[M].北京：电子工业出版社,2024.

[6] 斯科特·佩奇.模型思维[M].杭州：浙江科学技术出版社,2023.

[7] 龙志勇,黄雯.大模型时代：ChatGPT开启通用人工智能的浪潮[M].北京：中译出版社,2024.

第3章　大模型与人工智能

大模型的出现给通用人工智能带来了曙光，它在赋能各行各业时可极大地提高工作效率，有望打造新质生产力和新质战斗力。但也有人认为，大模型强大的处理能力并不代表它有复杂的决策推理能力，甚至有人担忧，人类的某些工作被人工智能取代，人类的创造性遭到破坏，信息伪造及超人工智能带来的人类存亡风险，仁者见仁，智者见智。本章辨析模型大与小的哲学关系，围绕自然语言、计算机视觉、语音和多模态四类大模型，学习其基本思想、技术及应用；通过设问对大模型未来进行畅想，尤其是无人智能作战中大模型的军事应用百家争鸣，试问花落谁家？还需要场景为道、模型为核、数据为王。

3.1　大模型与小模型

在人工智能领域，大模型与小模型各自有其独特的应用场景和优势(图3-1)，其特征如表3-1所示。大模型，以其庞大的参数量和复杂的结构设计，主要应用于需要处理和分析大规模数据集的复杂任务，如自然语言处理、计算机视觉、医疗诊断、自动驾驶和科学研究等，它们依赖于大量的标注数据和高性能计算资源，展现出卓越的性能。而小模型则以其较小的参数量和计算需求，在资源受限的环境中展现出显著的应用优势，适合于移动设备、物联网设备、嵌入式系统等场景，强调简洁性和效率，通过模型压缩技术实现快速推理和实时响应，同时在设计和实现上差异显著，但它们在某些方面也存在联系，如小模型可通过知识蒸馏等技术从大模型中学习，未来技术的发展可能会带来更多平衡两者优势的模型设计和训练方法。

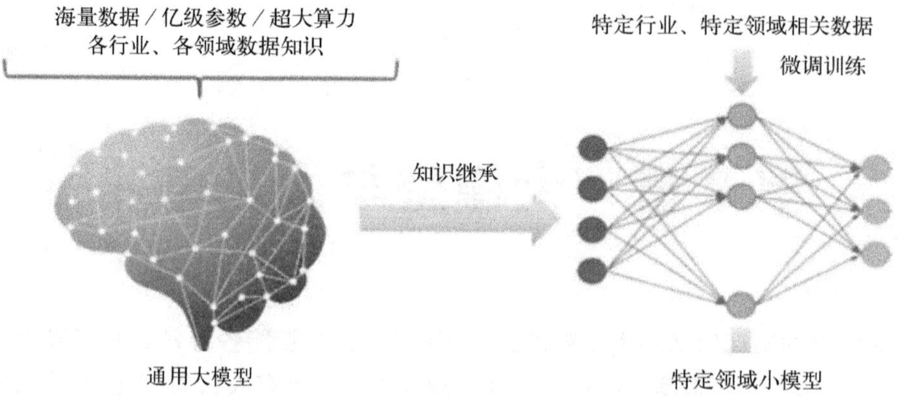

图3-1　大模型与小模型关系示意图

表3-1　人工智能大模型和人工智能小模型特征表

特　征	人工智能大模型	人工智能小模型
参数规模	数百万至数十亿	几千至几万
结构复杂性	多层神经网络,复杂链接模式	较少神经网络层,简单连接模式
训练数据需求	大规模数据集,数百万至数亿样本	有限数据集,数据需求较低
计算资源需求	高性能图形处理单元(graphics processing unit, GPU)和张量处理器(tensor processing unit, TPU),大量电力和计算资源	低端硬件,资源受限设备
算法复杂性	反向传播、梯度下降等复杂数学和统计方法	轻量级神经网络结构,如MobileNet和ShuffleNet
模型优化	随机梯度下降及其变体,如Adam和RMSprop	模型压缩,如剪枝、量化、知识蒸馏
模型验证	交叉验证和其他统计方法	实时推理和可解释性
设计哲学	高度创新和精细调整	简洁性和效率
应用场景	复杂任务处理,如自然语言处理	资源受限环境,如移动设备和嵌入式系统
实时推理	可能需要较长时间	快速推理,适合实时响应
可解释性	较低,结构复杂	较高,结构简单

3.1.1　概念内涵

人工智能大模型(large-scale AI model)是指那些在设计和实现上具有显著规模和复杂性的系统,它们通过深度学习技术构建,能够处理和分析大规模数据集,并在多种复杂任务中展现出卓越的性能。这些模型的核心特征包括庞大的参数规模,通常达到数百万甚至数十亿,这些参数通过训练过程不断优化,使得模型能够捕捉到数据中的复杂模式和关系。例如,自然语言处理中的变换器(Transformer)模型,其参数量可以达到数十亿,从而能够处理复杂的语言理解和生成任务。此外,大模型的结构设计通常非常复杂,包含多层的神经网络层和各种复杂的连接模式,这种复杂的结构设计使得模型能够处理高维度的数据,并在多个抽象层次上进行学习和推理。为了训练这些大模型,需要大量的标注数据,数据的多样性和质量对于模型的训练至关重要,会直接影响到模型的泛化能力和准确性,因此,大模型的训练往往依赖于大规模的数据集,这些数据集可能包含数百万甚至数亿的样本。同时,大模型的训练和推理需要大量的计算资源,高性能的 GPU 和 TPU 等硬件设备是训练这些模型的必备条件,训练过程可能需要数天甚至数月的时间,消耗大量的电力和计算资源。大模型不仅在参数规模上具有显著的特点,其算法设计同样需要高度的创新和精细的调整,通常采用先进的深度学习技术,如卷积神经网络(convolutional neural network, CNN)、循环神经网络(recurrent neural network, RNN)和变换器(Transformer),这些技术能够处理高维度的数据,并在多个抽象层次上进行学习和推理。大模型的算法设计涉及复杂的数学和统计方法,如反向传播、梯度下降和优化算法,这些算法需要精心设计以确保模型能够有效地从训练数据中学习,并在推理过程中做出准确的预测。此外,大模型还需要考虑过拟合和正则化等技术,以提高模型的泛化能力。在大模型的训练过程中,模型优化是一个关键的环节,优化算法如随机梯度下降(stochastic gradient descent, SGD)和其变体,如 Adam 和 RMSprop,被广泛用于调整模型参数,以最小化损失函数,这些优化算法的选择和调整对模型的最终性能有着直接的影响。最后,大模型的训练过程中,验证模型的性能是至关重要的,这通常涉及交叉验证和其他统计方法,以确保模型不仅在训练数据上表现良好,也能在未见过的数据上表现出良好的泛化能力,模型验证是确保模型在实际应用中有效性的关键步骤。

人工智能小模型(small-scale AI model)指的是那些设计和实现上具有较小规模和较低复杂性的人工智能系统。它们在资源受限的环境中,例如移动设备或嵌入式系统,展现出显著的应用优势。这些小模型的核心特征包括:参数规模较小,通常在几千到几万之间,使得它们在训练和推理时对计算资源的需求较低;更注重效率和实用性;适合在资源受限的环境中运行。结构设计上,小模型通常包含较少的神经网络层和简单的连接模式,这种简单的结构设计不仅使得模型更容易理解和实现,也减少了模型的计算复杂性。对训练数据的需求相对较低,小模型可以在有限的数据集上实现较好的性能,适合在数据稀缺的情况下使用,特别是在数据获取成本较高的应用场景中。小模型还可以在较低端的硬件上运行,甚至在一些资源受限的设备上实现实时推理,这使得它们在移动应用、物联网设备和实时系统中具有广泛的应用前景。设计哲学上,小模型强调简洁性和效率,通常采用轻量级的神经网络结构,如 MobileNet 和 ShuffleNet,这些结构在保持性能的同时,显著减少了模型的参数量和计算需求。模型压缩技术,如剪枝、量化和知识蒸馏,是小模型的关键技术之一,通过这些技术可以显著减少模型的大小和计算需求,同时保持模型的性能,使其更适合在移动设备和嵌入式系统中部署。小模型的另一个显著优势是其在实时推理中的应用,由于其较低的计算需求,小模型可以在资源受限的设备上实现快速的推理,这对于需要实时响应的应用场景,如自动驾驶和移动医疗,具有重要的意义。此外,由于小模型的规模较小和结构简单,它们通常更容易理解和解释,这对于需要透明度和可解释性的应用场景,如金融风险评估和医疗诊断,具有重要的价值。小模型的可解释性有助于增强用户对模型决策的信任,并有助于发现和纠正模型的潜在偏差。

3.1.2 本质特征

在人工智能领域,大模型的核心特征之一是其庞大的参数数量,通常达到数百万甚至数十亿,使得模型能够捕捉到数据中的复杂模式和关系。例如,变换器模型在自然语言处理中的表现,依赖于其能够通过大量参数学习语言的深层结构。此外,大模型的结构设计往往非常复杂,包含多层的神经网络层和各种复杂的连接模式,这种复杂的结构设计使得模型能够处理高维度的数据,并在多个抽象层次上进行学习和推理。例如,卷积神经网络在图像识别中通过多层卷积和池化层提取特征。

人工智能小模型在参数数量、结构复杂性以及计算需求方面具有显著的差异。它们的本质特征主要体现在参数规模相对较少,通常在几千到几万之间,这使得模型在训练和推理时对计算资源的需求较低,设计更注重效率和实用性,适合在资源受限的环境中运行。结构设计方面,小模型通常包含较少的神经网络层和简单的连接模式,这种简单的结构设计不仅使得模型更容易理解和实现,还减少了模型的计算复杂性。此外,小模型对训练数据的需求相对较低,由于模型的规模较小,它们可以在有限的数据集上实现较好的性能,使得小模型在数据稀缺的情况下也能发挥作用，适合在数据获取成本较高的应用场景中使用。最后，小模型可以在较低端的硬件上运行，甚至在一些资源受限的设备上实现实时推理，这使得小模型在移动应用、物联网设备和实时系统中具有广泛的应用前景。

3.1.3　应用场景

人工智能大模型以其庞大的参数量和复杂的结构设计，主要应用于需要处理大量数据和解决复杂问题的领域。这些模型在自然语言处理（natural language processing，NLP）、计算机视觉、医疗诊断、自动驾驶和科学研究等多个领域展现出卓越的性能。在自然语言处理领域，如机器翻译、文本摘要、情感分析和语言生成等任务中，变换器模型，尤其是 BERT（bidirectional encoder representations from transformers）和 GPT（generative pretrained transformer）系列，通过深度理解语言的语义和结构，实现了前所未有的语言处理能力。在计算机视觉领域，大模型通过深度卷积神经网络能够进行图像识别、物体检测、场景重建和行为识别等任务，从高分辨率的图像中提取丰富的特征，实现高精度的视觉识别。在医疗领域，大模型通过分析医学影像数据，如 X 光片、磁共振成像（magnetic resonance imaging，MRI）和 CT 扫描，辅助医生进行疾病诊断，识别微小的异常，提高诊断的准确性和效率。自动驾驶系统需要处理大量的传感器数据，包括视觉、雷达和激光雷达信号，大模型在此领域中通过综合分析这些数据，实现对车辆周围环境的精确感知和决策。在物理、化学和生物学等科学研究中，大模型通过模拟复杂系统的行为，辅助科学家进行理论预测和实验设计，处理大量的实验数据，发现新的科学规律。

与大模型相比，人工智能小模型主要因其较小的参数量和较低的计算需求，被广泛应用于资源受限的环境和需要快速响应的场合。在移动设备应用中，小模型的较低计算需求和快速推理速度使其在智能手机和其他移动设备上被广泛用于图像识别、语音识别和推荐系统等任务，这些模型能够在设备本地运行，减少对网络的依赖，从而提高用户体验。在物联网（IoT）设备领域，小模型通过实现设备端的数据处理和决策，提高了智能家居设备和工业传感器等系统的响应速度和可靠性。此外，在无人机、机器人和其他嵌入式系统中，小模型通过实现实时的数据处理和控制，提高了系统的灵活性和效率，这些模型能够在设备上直接运行，减少了对外部计算资源的依赖。在一些资源受限的环境中，如偏远地区或发展中国家，小模型因其较低的资源消耗，更易于部署和维护，能够提供基本的人工智能服务。在一些轻量级应用中，如简单的图像分类或语音命令识别，小模型因其简单性和高效性，能够快速实现功能,满足用户需求,这些模型在不需要复杂计算的情况下,提供了足够的性能。

3.2 大语言模型

尽管 ChatGPT 系列是当下最受欢迎的大模型产品,但它只展现了大语言模型功能的冰山一角,得益于深度学习、自然语言处理的进展及数据处理能力的日益强大,语言大模型成为生成式人工智能的技术基础,可与视觉、语音等大模型一起,创造出诸如 Sora 等生成式人工智能产品。究其技术本源,大语言模型仍是多项专业人工智能技术融合后的产品,其在人工智能领域所处位置如图 3-2 所示。

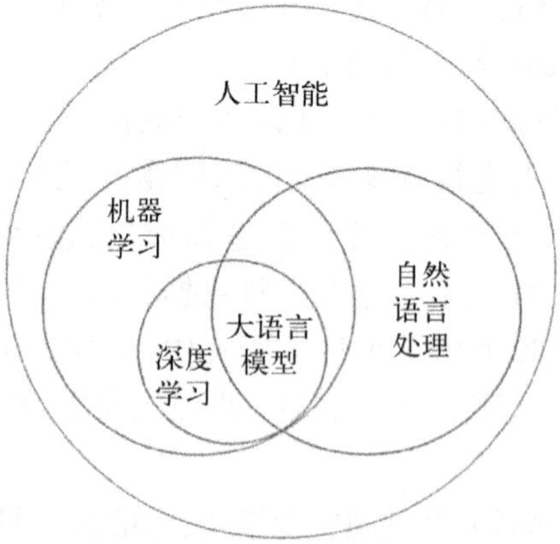

图 3-2　大语言模型在人工智能领域所处位置[1,2]

3.2.1　大语言模型技术

自然语言处理是人工智能和计算语言学的一个分支,发展重点是使计算机能够以一种既有意义又有用的方式来理解、诠释和生成人类语言,主要目标是消除人类语言和计算机理解之间的隔阂,使机器能够处理、分析和响应自然语言数据。实现大语言模型功能一般需要以下几个步骤。

1. 分词

分词是自然语言处理中一项必不可少的预处理步骤。它是将文本或文字序列分解为更小的单元词的过程，在自然语言处理中，词通常是指构成语言处理任务的基本模块的词语或字。以"我喜欢自然语言处理!"这句话为例，词级别的分词输出为:"我""喜欢""自然""语言""处理""!"。可见，分词过程将句子拆分成若干个词，去掉标点符号，就可组成一张分词表，供后续步骤使用。常见的分词技术还有空白字符分词、标点符号分词、语义分词等，具体选择哪一项，取决于自然语言处理任务的具体实例和需求。

2. 词嵌入

分词之后，可以得到一个词语向量，此时就可以通过词嵌入技术将每个词语与语料库中的词语和语义进行相关性分析，使得模型能够发现词语之间的语义关系，理解这句话的完整意思，为后续的文本分类、机器翻译、情感分析提供可能。此外，它还可以处理新词和罕见词，通过相似性分析去推断它们的含义。常见的词嵌入模型有 Word2Vec、GloVe、ELMo、BERT 等[3]。

3. 序列处理

自然语言通常是以单词、句子或段落等序列形式出现的，序列处理就是将这些输入表示为计算机能够理解的形式，这可以是单词、字符、字节或其他符号组成的序列，然后再编码为数值表示，供后续隐藏状态学习和训练使用，具体技术主要包括：序列建模，即通过模型学习序列中的模式和关系；注意力机制，即帮助模型在处理长序列时聚焦于重要部分；序列对齐，即对齐多序列的不同元素，以便比较和分析等。

4. 隐藏状态

在神经网络或循环神经网络等模型中，隐藏状态用于捕捉已输入序列中的信息，实现对后续的输入进行预测或生成，它可以看作模型内部的记忆或逻辑，可随着序列处理的推进而不断更新。在模型运行中，每一时间步长都有一个隐藏状态，它由前一步的隐藏状态和当前步的输入计算得到，从而向后传递前面输入的文本信息，使模型能够学习到语言中的长期依赖关系和短期上下文信息。

5. 训练

训练大语言模型是一项非常有挑战性的工作，需要大量的计算资源、数据和时间。首先,需要根据具体的任务选择合适的模型架构,例如 Transformer 等;其次,确定训练参数,包括学习率、批次大小、训练轮数等,这些参数会影响模型的收敛和性能;再次,在训练过程中监控模型的性能指标,如准确率、损失等,并根据需要进行调整;最后,进行模型评估,即使用验证集或测试集对训练好的模型进行评估,以确保其在新数据集上具有同等的适配性和更优的泛化能力。

6. 预测

大语言模型的预测是基于其对大量文本数据的学习和理解,对于新的文本输入,模型会利用学到的知识和逻辑来生成推理结果,例如,模型可以识别文本中的实体,并抽取其中的实体关系,进而对其中的语义进行理解和逻辑推理,用于回答问题、创作故事、生成对话等。模型预测的准确性和可靠性取决于模型的质量、训练数据的覆盖范围和准确性,以及输入文本的复杂性和歧义性等因素,其预测结果需要人们的审查或进一步的验证。

需要注意的是,大语言模型的预测是基于概率和统计的,他们并不绝对准确,在实际应用中,应该结合领域知识、人类判断和其他数据源进行综合分析和决策。这提醒我们在应用大语言模型时不能产生完全的依赖心理,对于关键的工作需要多方验证、综合判断,避免成为技术的宠物。

3.2.2 大语言模型的应用

ChatGPT 系列及其他大模型的能力令人着迷,它们不仅能够进行类似人类的对话,还拥有不同领域的大量知识,同时能够对知识进行整合,形成推理,兼具人类梦寐以求的海量知识和不知疲倦的灵活大脑,因此,人们认为其具有超常能力,可为各行各业发展带来大量的新机遇。

1. 内容创作辅助

大语言模型与内容创作辅助的结合可以带来很多有趣的应用。在创意启发应用案例中,大模型可以提供创意和灵感,帮助创作者突破思维瓶颈,通过输入相关主题和关键词,大语言模型可以生成一些创意性的想法、故事情节或概念,为内容创作提供新的视角和启发。在语言优化应用案例中,大语言模型可以对创作者提供的文本进行语法检查、词汇建议和语言润色,还可以帮助改进句子结构、提高表达清晰度,使文章更加流畅和易读。在内容扩展应用案例中,大语言模型可根据给定的内容进行扩展和补充,例如对于一篇文章的某一段落,大语言模型可以生成后续的内容,并提供更多的细节和进一步的阐述。在风格模仿应用案例中,大语言模型可以模仿特定的风格或语气，写出具备某位作家风格或特定文学流派的作品等。

2. 教育领域

在教育领域，大语言模型可以作为智能辅导系统，为学生提供个性化的学习支持。它可以回答问题、解释概念、提供练习和反馈，帮助学生更好地理解和掌握知识，甚至可以模拟出教师的角色，与学生进行互动对话，这对于远程教育或缺乏教师资源的地区有很大帮助。在语言学习方面，大语言模型可以提供语法纠正、翻译支持、词汇扩展等功能，帮助学生提高语言技巧，特别是在自学环境中，给学生以充分的教学支持。由此可见，大语言模型在教育场景中的应用有助于提供更具趣味的学习体验，扩大教育资源的覆盖范围，并提升教育效率和质量。

3. 商务领域

大语言模型在商务领域已有很广泛的应用，例如产品推荐和个性化服务，可根据客户的历史数据和行为，以用户喜欢的方式推荐合适的商品，增加销售机会。此外，还可以更好地理解客户的需求、偏好和行为，实现精准营销，提高客户满意度和忠诚度。在公告和营销优化方面，大语言模型可以帮助企业优化广告投放策略，提高广告效果和营销投资回报率。在商务写作方面，大语言模型可以帮助专业人士起草结构清晰的电子邮件或报告，帮助营销人员生成宣传策划方案等。

4. 编程开发

通过大语言模型进行编程开发是一种新兴的方法，它极大地降低了信息化产品的开发难度，使得普通人都能够参与进来。大语言模型开创了自然语言编程时代，开发者可通过与模型的多轮对话描述问题与需求，大模型则可生成相应的代码片段或提供编程建议。在使用编程编辑器时，大模型可以提供智能的代码补全和提示功能，可根据开发者的部分输入，提供代码建议和语法纠正。此外，大语言模型还可以帮助开发者更好地理解和分析现有代码，提供代码解释、功能概述，并提出可能的改进建议。

5. 文化保护

由于大语言模型学习了充分的语料库，因此可在语言和文化传承方面发挥出巨大的作用，帮助保护和传承少数民族语言、濒危语言或传统文化知识。在文化遗产的保护中，大语言模型通过大量文化遗产数据的训练，可以识别分析文物、艺术品、历史建筑等,降低文化遗产保护和管理的难度,并能生成文化介绍、历史故事等,供人们学习和了解人类世界的文明遗珠。

6. 军事领域应用

大语言模型可应用于情报分析、军事训练、通信与信息传递、军事规划与决策支持、认知战与心理战等领域。在情报分析方面,大语言模型可以快速阅读和分析大量的情报报告、社交媒体信息、公开来源数据等,从非结构化文本中提取关键信息,为军事决策者提供及时的情报摘要和报告,如图 3-3 所示;在军事训练方面,大语言模型可以用于创建复杂情景的对话模拟,帮助士兵练习谈判、情报搜集和危机处理等技能;在通信与信息传递方面,大语言模型可以辅助军事通信,自动生成简报、报告和指令,提高信息传递的效率和准确性;在军事规划与决策支持方面,大语言模型可以分析历史战役和战术数据,为军事规划者提供策略建议;在认知战与心理战方面,大语言模型可以用于生成心理战内容,如宣传材料、假情报等,以影响敌方的士气和决策。

图 3-3　大语言模型用于多源情报分析

虽然这些机遇令人兴奋,但如何负责任地使用大语言模型至关重要。确保生成的内容符合人类的价值观,而且是准确的,不会无意传播带有偏见和错误的信息,这一点十分关键。对于这项技术被滥用(无论有意还是无意)的担忧始终存在,因此有必了解这些风险并采取预防措施。

3.3　计算机视觉大模型

计算机视觉(computer vision, CV)作为人工智能的一个重要分支,目的是让计算机模仿人类视觉系统,实现图像与视频的理解和处理,并在图像识别、目标检测、语义分割等方面取得显著成果,极大地提升计算机视觉的敏锐度和准确性[4]。当前流行的神经网络模型包括 CLIP、SAM、LVM 等[4],通常基于卷积神经网络等架构,在 ImageNet 等大型数据集上进行训练。

3.3.1　计算机视觉大模型技术

计算机视觉大模型的基本原理是利用神经网络,通过大规模训练数据集和高性能计算硬件,实现对图像信息的高效处理和理解。它将图像或视频作为输入,经过一系列卷积、池化、全连接等操作,最终得到对图像的分类、定位、分割等结果,下面对这三种操作分别进行介绍。

1. 图像卷积

图像卷积在计算机视觉中扮演着非常核心的角色,它包含特征提取、图像降噪、图像增强、图像压缩等过程。其中,特征提取是从图像中提取出有用的特征,如目标边缘、纹理等,这些特征对于图像的分类、目标的检测至关重要;图像降噪是使用滤波器去除信号中的噪声,以提高数据质量;图像增强是通过特定滤波器对图像进行锐化或者平滑处理,将图像中的目标进行突出显示;图像压缩是通过降维和滤波,减小图像的尺寸,实现数据压缩,以便于大规模的图像处理、存储和传输。

2. 图像池化

图片经过卷积后,可将目标特征框定出来,例如,在人脸识别中,可以通过卷积神经网络将图中的人脸标定出来,并将这个图中图命名为特征图。接下来就是利用图像池化算法,将特征图进行进一步处理。池化的本质就是采样,即对于输入的图片,选择某种方式进行压缩,以加快神经网络的运算速度,池化的算法有最大池化或平均池化[5],例如,将一张 4×4 像素的图片进行池化处理,可在保持关键信息不丢失情况下,压缩为 2×2 像素的新图片,如图 3-4 所示。

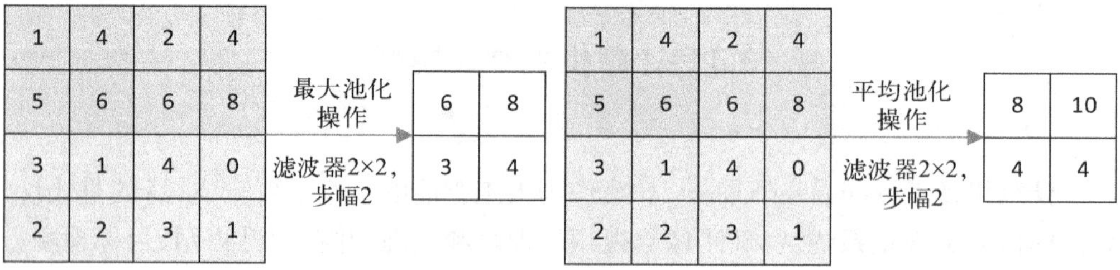

图 3-4 图像池化工作原理(左为最大池化,右为平均池化)

池化的作用主要包括特征降维、平移不变、增强鲁棒等。其中,特征降维是指通过压缩特征图的尺寸来降低参数数量,从而降低模型的复杂度,提高模型的训练速度和泛化能力;平移不变可保证在特征图与背景发生相对位置变化时,模型依然能够准确识别特征;增强鲁棒是指通过提取主要特征和减少冗余信息来增强模型的鲁棒性,例如,对于人脸识别与跟踪,最大池化操作可以提取出特征图的主要局部特征,以解决从不同背景、角度图片中准确识别的难题。

3. 图像全连接

图像卷积和图像池化提取出来的特征数量很多,例如对于人脸识别图片,可能提取出眼睛、鼻子、嘴巴、发型、发色等成百上千种特征,将这些特征进一步融合,使得神经网络最终看到的是一个全局特征(一个人),而不是局部特征(眼睛或鼻子),这就是图像全连接所进行的工作。因此,大模型的全连接层通常设置于神经网络的后端,它将每一层中的每一个节点都与上一层的所有节点相连,如图 3-5 所示,从而将卷积层和池化层提取到的特征综合起来,形成对图片的整体认知。由于其需要所有节点全部连接的特性,通常全连接层的参数也是最多的。

视觉大模型的训练需要使用大规模的标注数据集,最著名的有 ImageNet、CIFAR-100、MegaFace 等,这些数据集通常由人工标注的图像或视频组成。训练过程中,模型通过优化算法不断调整参数的权重,使得模型可以更准确地拟合训练数据,从而提高对于未知、新鲜数据的泛化能力。

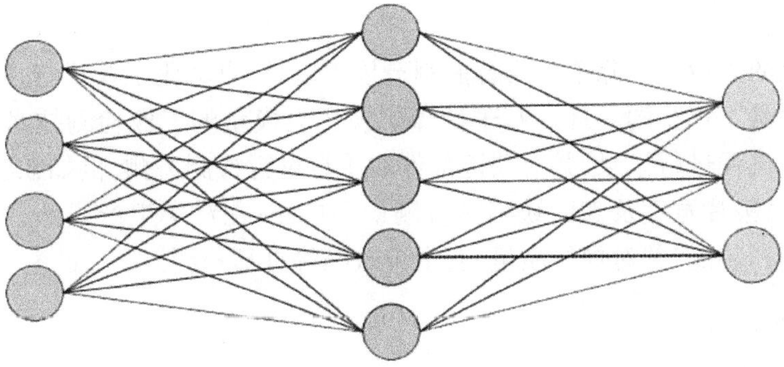

图3-5　全连接层示意图

3.3.2　计算机视觉大模型的应用

目前,图像、视频传感器得到普遍应用,并越来越低成本化,计算机视觉大模型的应用也日益广泛。通过集成丰富的训练数据和强大的计算能力,得以训练出更复杂、更准确的视觉大模型,不仅极大地提升了图像处理的效果和速度,还带来了许多创新应用,如智能安防、自动驾驶、工业应用、智能诊断等。

1. 智能安防

基于计算机视觉大模型的视频监控、人脸识别、行为分析、预警报警等智能安防应用,能够准确识别和追踪人、车、物及其行动轨迹,并将识别对象在各时间段、不同空间的行为属性进行关联和数据挖掘,很大程度上替代了人力查阅监控的工作,可将锁定嫌疑人轨迹的时间由数十天缩短至分秒,准确率也大幅提升。此外,计算机视觉大模型可对监控信息进行实时分析,使安防管控前移至预警和实时响应阶段。

2. 自动驾驶

自动驾驶智能算法主要分为感知、决策、规划、控制四个模块,基于计算机视觉的大模型主要应用于感知环节,能够从摄像头、激光雷达、毫米波雷达等各类传感器获取数据,然后通过深度学习和大模型融合,准确识别出车道标线、交通标志、人员车辆、障碍物等场景元素,为车辆提供更为全面、准确的环境认知。精准的感知认知,将直接影响自动驾驶系统的整体安全性和可靠性。

3. 工业应用

自动化的工业生产除了需要智能制造技术以外,自动化工业检测是质量控制、安全监控中必不可少的一环。基于计算机视觉大模型的工业检测技术,可以对产品的生产全流程进行记录,并对关键部件的质量进行检测监测,例如在锂电池生产过程中,可对极片宽度及表面缺陷进行测量和检测;在汽车生产线上,可对汽车组件进行识别和装配,并对焊接质量、安全带缺陷等进行检测。

4. 智能诊断

相比于传统的、针对单一疾病的医学图像处理模型,基于计算机视觉大模型的医学图像辅助诊断可用于综合分析 X 射线、CT、MRI、超声图像、眼底图像、皮肤图像等医学成像数据,根据图像中的特征信息帮助诊断疾病,以及评估治疗效果。医疗视觉大模型能够整合多人员、多疾病、多地域、多类型医学影像,面对零样本和少样本的场景也能展现出很好的鲁棒性,可针对常见的疾病做出结论准确、流程完整的辅助诊断和决策支持。

5. 军事领域应用

计算机视觉大模型在军事领域的应用主要集中在以下几个方面:目标识别与跟踪,大模型能够快速准确地识别敌方目标,如车辆、飞机、舰船等,并进行实时跟踪,为导弹制导和无人机打击提供精确目标信息;情报侦察,利用大模型对卫星图像和侦察无人机拍摄的图片进行分析,提取关键情报,如敌军部署、基础设施建设情况等;战场监控,大模型可以分析战场视频流,实时监控战场动态,辅助指挥官做出快速决策;安全检查,在军事基地和重要设施附近,大模型可以用于自动识别可疑人员和物品,提高安全检查的效率和准确性;伪装识别,大模型能够识破敌方的伪装手段,揭示隐藏的军事目标和活动;战损评估,通过分析战后的图像数据,大模型可以帮助评估战斗损失,为资源分配和战术调整提供依据;虚拟现实训练,结合计算机视觉大模型,可以创建高度逼真的虚拟战场环境,用于军事训练和模拟,如图 3-6 所示。

计算机视觉大模型虽然可以模仿人类的视觉系统,甚至表现出更优异的性能,但是其训练和应用也面临一些挑战。首先,需要大量的标注数据来进行模型训练,但数据标注过程需要耗费大量的人力和时间。其次,模型的参数量巨大,需要庞大的计算资源来进行训练和推理。同时,模型的可解释性也是一个问题,很难解释模型如何进行决策和判断,影响了模型在一些关键领域的应用,这也是未来计算机视觉大模型发展应用的最大挑战。

图3-6　计算机图像大模型用于战场车辆、人员识别与标注

3.4　语音大模型

在人工智能发展的璀璨进程中，语音识别、语音生成技术与机器视觉、语义识别一样，占据了极其重要的位置。它革新了人与机器、人与人的沟通方式，让机器能够理解人类的语言、语义，甚至情感，开启了全新的互动时代。语音大模型的产生，更是将机器由识别执行简单指令，升级为今天能够理解复杂语境的智能助手、能够面对面同声传译的智能翻译、能够合成各种音色的数字人配音等。可以说，语音大模型已经以潜移默化的方式融入人类生活的方方面面。

3.4.1　语音大模型技术

大模型时代的开启，催生了 Wisper、WavLM、Wav2vec 等语音大模型，以 Wisper

为例,其用于训练的数据集包含 68 万小时跨 98 种语言、多种方言、多种场景的语音数据[6],使其在语音识别方面具有更高的准确性,此外,语音大模型区别于传统语音识别模型的关键点在于它能够学习到语音中包含的语言知识和上下文信息,赋予了语音大模型语义推理、情感判断等功能,极大拓展了语音大模型的应用范围。由此可以看出,语音大模型虽脱胎于语音模型,但是其综合性、准确性、多功能性已经得到了长足发展。接下来从技术本质出发,探讨语音大模型的运行机理。语音大模型工作原理如图 3-7 所示。

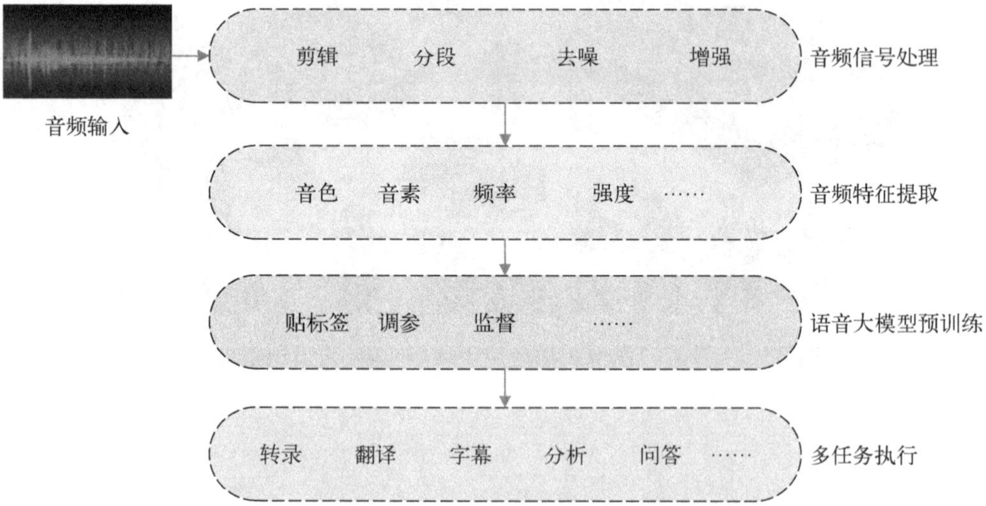

图 3-7 语音大模型工作原理

1. 音频信号处理

音频信号处理是将原始的声音数据(包含自然界的模拟音频信号、采样后的数字声音信号,以及信号发生器产生的音频信号)转换为模型可以理解的格式,并对其进行剪辑、分段、去噪、增强等操作。其中,剪辑是将音频文件剪辑为固定长度的片段,以减少计算复杂度、提高识别速度;分段是将音频文件按照不同的场景、不同发音人等,分割为具有不同特征的片段,以便于模型处理,提升模型的泛化能力;去噪是通过卷积方式去除音频中的杂音,以获得更纯净的音频样本;增强是对去噪后的有效音频文件进行信号增强,对弱音频信号进行增强,以提升模型的识别准确率。

2. 语音特征提取

语音特征提取是大模型进行语音识别的基础，提取出的特征就成为大模型的参数，是模型计算的重要输入。为便于计算机处理，语音特征提取的第一步是将模拟语音信号转换为数字语音信号，简单来说就是采样，从连续不断的声波中以均匀的时间间隔提取其波动值，可以想象，采样点越密集，采样率就越高，则越能还原音频曲线的波动趋势，因此从理论上讲，采样率应越高越好。但是在音频信号处理中，大部分会采用 16 kHz 的采样率[4]，即每秒 16 000 次，说明对于计算机处理而言，这个采样率既能保留音频的特征，又不影响计算机的处理速度。接下来具体要提取哪些音频特征，则依赖于模型要识别哪些内容，如果只是语音转换文字工作，则主要提取音素特征；如果要识别音频中的情绪、情感，则还需要提取声音的强度、频率等特征。

3. 多任务预训练

语音大模型最突出的特点就是可以将不同类型、数量巨大的音频结合起来，输入同一个模型进行训练，且训练的目标不再是单一的语音识别，还包括语音合成等更为复杂、复合的多项任务。预训练过程中，将对已有的音频数据贴上包含转录标签、音频语言标签、任务标签、文本语言标签、时间戳标记等各种标签，以便将每一段音频针对其语音、语义、发生时间、可能支撑的任务进行详尽分类，并贴上相应的标签。其中，转录标签是用于标记音频或视频文件中特定部分的标签，以帮助用户更容易地找到和管理音频文件中的特定内容；语言标签是一种用于标识音频文件中所使用的语言的元数据，帮助音频播放器正确地解析和显示音频文件中的文本信息，以便用户能够更好地理解音频内容；任务标签是一种用于对任务进行分类和组织的标签，在语言大模型中，可将任务分为转录、翻译、字幕、分析、问答等多种任务；文本语言标签是一种用于标记文本内容的标签，在语音大模型中，用于通过文本的方式理解音频中的语义、语境等；时间戳标记表示音频发生以及每一步音频处理的时间标记，该标记在预训练中可有效改进模型对于音频信号理解的逻辑性，在语音问答中具有良好表现。

4. 监督微调

通过对带有各种标签的音频数据的预训练，大模型具备了执行语音识别、同声传译、语音生成、智能客服等多种功能，在此基础上，接下来采用基于指示的监督与微调技术，进一步提升语音大模型与人类意图的对齐能力，以更精准、更拟人的模式，满足人类与机器、不同国家人员之间的各种语音交互需求。

3.4.2 语音大模型的应用

语音大模型正在各个领域深刻地改变人类的生活,例如,在教育领域,基于语音大模型的录音功能可以完全记录老师的讲课内容,并将其转换为文字进行保存,还可将国外教师的授课内容同步转换为本国文字进行显示,为全世界范围的交流学习提供了非常实用的沟通工具;在医疗领域,语音大模型能够帮助医生更快、更准确地记录病历,提升了医生的工作效率,并为进一步的病历智能分析创造了可能。在日常生活中,语音系统可帮助实现更好的人机交互,使得智能家居、智能办公系统更加切合人类的需求。另外,语音大模型还为视力残障人员提供了更为有效、舒适的沟通方式,改善了其生活质量。语音大模型的功能多种多样,除传统的语音识别外,在语音合成方面也颇有建树,下面介绍语音大模型语音合成技术的几种典型应用。

1. 声纹识别

声纹识别是个性化语音合成的基础,语音大模型通过收集海量的音频样本,并采用深度学习技术,从中提取出包含声音频率、声音质地、语速、语言习惯等独特的音色特征,并进行深入的关联分析和数据挖掘,为打造个性化的语音合成铸造了基石。目前声纹识别系统已经大量部署于家庭物联网设备、智能安防领域,通过该技术,机器可以迅速捕捉到每个人声音的独特之处,使得语音识别拓展到识别说话的人,从而为特定的人提供更切合其需求的定制化服务。

2. 个性化语音合成

在成功提取个性化音色特征后,就可以将该音色特征迁移到其他剔除了音色特征的音频上,使合成后的语音在不同句式、语速条件下,仍能够保持原来说话人的音色,实现声音克隆。然而,个性化的语音合成不光只有音色模仿,还要对说话人的说话韵律、口语习惯进行模仿,声音克隆技术只能模仿音色,却无法模仿说话韵律和口语习惯,此时语音大模型的性能特点突显出来,它能模仿训练数据中含有的说话人音色、韵律、说话习惯等,这意味着语音合成系统开始理解和学习用户的说话方式,包括上下文语义、断句习惯,甚至是特定的口音,具备了对于不同口语化特征可以快速微调、推理的能力,从而创造了更为真实的语音合成效果。

3. 情感语音合成

为了使合成后的语音能够适应更多场景,科研人员将对其赋予人类的情感表达能力,例如人类世界常见的喜、怒、哀、乐等。在大模型预训练过程中,科研人员将进一步提取音频的情绪特征，并创造出新的标签，来标注每一段音频的情感和情绪表达，使得语音合成更具有情感，并能够灵活适配更复杂的应用场景[6]。

4. 可控语音合成

在不远的未来，语音大模型将赋予每个普通人专属的语音合成工具，可以通过语音指令提示语音大模型设计出满足人类语义表达、情感表达，以及其他个性化需求的语音内容，此时，能够自由地将任意声音特征与个人风格相融合，创造出专属于自己的声音世界。

5. 军事领域应用

语音大模型在军事领域的应用主要包括以下几个方面：通信加密与解密，语音大模型可以用于开发更高级的语音加密技术，确保军事通信的安全，同时也能用于解密敌方通信，获取情报；语音识别与转录，在嘈杂的战场环境中，语音大模型能够准确识别并转录指挥官的指令，提高信息传递的效率和准确性；语言翻译，在跨国军事行动中，语音大模型能够实时翻译不同的语言，促进多国部队之间的有效沟通；声纹识别，用于识别特定个体的声音特征，用于身份验证和安全访问控制，防止未授权人员进入关键区域；敌情监听，语音大模型可以用于监听和分析敌方的无线电通信，为战场态势感知提供支持，如图3－8所示。

图3－8　语音大模型支撑战场人机语音交互示意图

综上所述,语音大模型不仅是一项前沿技术,它还成为改变人类生活、工作方式的一种先进工具。语音大模型技术的不断进步,以及与语言大模型、计算机视觉大模型的深度融合,将为人类带来更便捷的生活和更多的可能性。

3.5 多模态大模型

以上讨论的语言、视觉、语音大模型分别从人类与世界的三种常用交互方式入手,探讨了新技术引发的诸多改变,而人类作为统一的整体,总是同时采用各种方式与世界交互,当多种交互需求叠加时,必然会期待有一种通用的大模型,能够实现各种大模型的功能,而不需要我们手忙脚乱地调用各种专业大模型,多模态大模型的概念由此产生。

如果将人类感知或表达事物的方式、每一种信息的来源或形式定义为一种模态,例如,人的视觉、听觉、触觉,信息的语音、视频、文字等媒介,雷达、红外、加速度计等传感信息,都可以称为一种模态,那么语言、视觉、语音大模型可以称为单模态大模型,它们的结合就可以称作为多模态大模型[7],当下风靡一时的 Sora 就是典型的多模态大模型。多模态大模型的发展路径如图 3-9 所示。

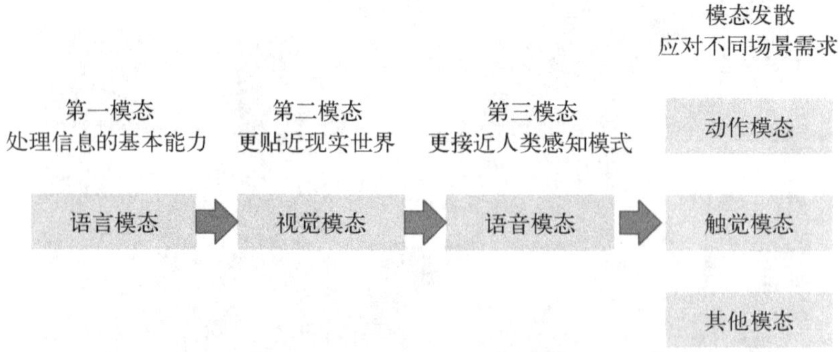

图 3-9 多模态大模型发展路径

3.5.1 多模态大模型技术

多模态大模型的技术路线是从图像、语言模态的融合,再到三种以上模态的融合。它模拟人类大脑处理信息的方式，把各种感知模态结合起来，通过“预训练+调参”的方式颠覆了传统领域人工智能小模型以及单模态大模型高度定制化的业务模式，进行多种模式、特征的综合训练，大幅提升了模型的泛用能力，以便以更全面、更综合的方式理解和生成信息，最终可实现更丰富的应用，完成更复杂的任务，该技术的实现主要分为特征表示、模型对齐、推理生成、应用迁移、迭代改进等步骤（图 3－10）。下面对每一步骤分别进行介绍。

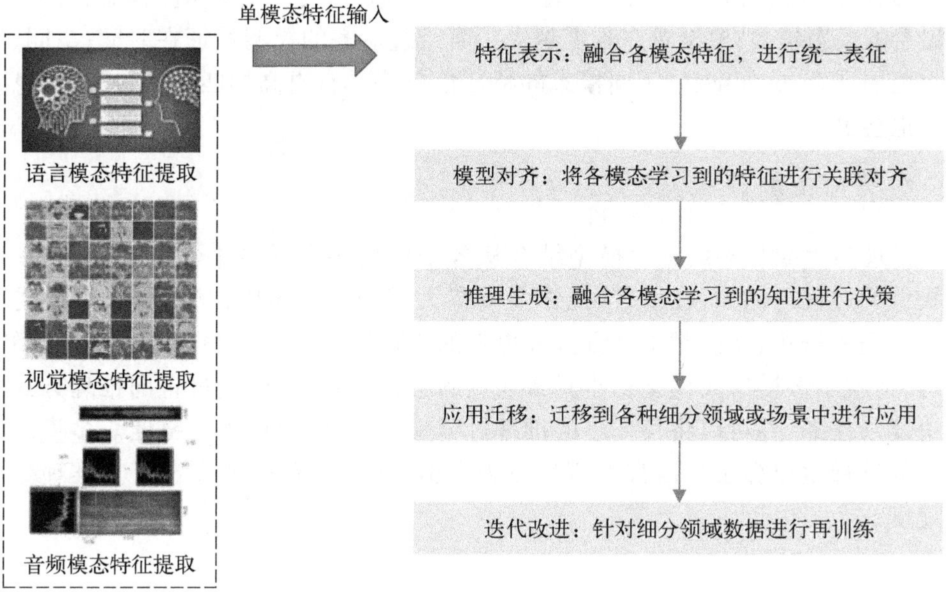

图 3－10　多模态大模型技术原理

1. 特征表示

特征提取是单模态大模型最关键的一项任务，负责将数据信息的特征提取出来，并以模型能够理解和处理的方式进行表示。而在多模态大模型中，面向单模态大模型的特征提取已经完成，需要将不同模态下的特征综合为多模态大模型可以理解的特征表示方式，主要有融合表征、协同表征、裂变表征三种方式[8]，其中，融合表征用于整合多个模态的特征信息，寻找不同模态特征的互补性；协同表征用于寻找不同模态特征信息之间的相关性；裂变表征用于理解不同模态特征信息中所包含的知识。经过以上三步，可以找到多模态特征之间的互补性、相关性，并剔除冗余性，得到更好、更全面的特征表示。

2. 模型对齐

模型对齐是多模态大模型训练中难度最大、也是最为重要的一项任务,直接影响模型的性能。模型对齐的目的是识别多模态下,各种特征信息之间的跨模态连接和相关性,例如分析人类的言语和行为时,如何将特定的口语、姿势、手势、行为进行关联和数据对齐。数据对齐在技术上极具挑战性,因为不同模态之间的特征信息可能存在长距离的依赖关系,并涉及一对一、一对多、多对多等多种形式的关联性,因此模型对齐是多模态大模型最大的技术瓶颈,可以说未来多模态大模型需要融合的模态越多,模型对齐难度越大。而经过对齐的模型特征在时间、空间、逻辑上更加准确、更加细腻,不同模态的特征信息将具有更高的匹配度,特征信息的损耗也会更小。

3. 推理生成

推理与生成是多模态大模型结合从各个单模态大模型中学习到的知识,做出决策的过程。例如,在语言-视觉多模态大模型的决策中,其视觉推理会受到文本推理的影响,从而赋予视觉推理更强的逻辑性。由于多种模态的叠加感知、推理,造就了多模态大模型初步具备人类的思维方式,可以通过正向推理方式去解决复杂任务,并可以将每一步的推理过程呈现出来,形成思维链路。多模态大模型的推理生成算法与语言大模型较为类似,样本量和速度决定了其推理生成的速度。

4. 应用迁移

多模态大模型的应用迁移是将在已有数据集上预训练好的多模态模型,应用于不同领域或不同任务的过程。仍以语音-视觉多模态大模型为例,经过预训练后的多模态大模型具备了基本的语义理解、图像理解、语言生成、图像生成等推理生成能力,但要将其应用于医疗、教育、金融、工业甚至军事等领域,还需要利用行业数据进行再训练,以加强多模态大模型对于细分领域或场景的适配性。由工作内容可见,应用迁移在技术上难度并不是很高,难点在于细分领域或场景中标准数据集的建设、工程化调试人员的缺乏,以及细分领域或场景中任务的复杂性等。

5. 迭代改进

迭代改进是指开发人员监控多模态大模型运行的每一个环节,量化评估多模态大模型的构建方式、模型的对齐与训练过程、不同模态之间的关联映射方式等,便于更好地融合从不同模态大模型中学习到的知识，找到通用场景与细分场景的平衡点，使模型更具普适性、鲁棒性、可靠性、可解释性。迭代改进是一个长期的过程，并且它没有标准答案，对于每一种新的应用领域或场景，都需要通过不断尝试来寻找最优模型参数。

3.5.2　多模态大模型的应用

目前发展较好的多模态大模型主要是语言、视觉、语音两者融合或三者融合的多模态大模型，其可以执行的任务涵盖了图表理解、问答推理、图像理解、图文生成、视频生成等多个方面，例如 Sora、Gemini Pro 等，虽然目前的多模态大模型推理过程还不够准确，相关应用总是错误频出，但是多模态大模型的多功能性已经呈现出极大的应用价值，必然会推动其发展与成熟，未来或可成为开发通用型人工智能产品的一条路径。

1. 图表理解

图表是日常生活中经常见到的信息表达方式，通常以记录的全面性见长，例如在许多科学文献、行业报告中经常会看到图表内容，图表不仅数量庞大，所展示内容也日趋复杂，尤其是经济领域的各类报表，业内人士没有精力完全了解，外行人则完全不知所云，对于巨量且复杂的图表显示，多模态大模型不仅可以读取并理解其中的语言文字，还能够理解不同数据点之间的关系，并对其做出推理，概括显示图表中的关键内容及意义。

2. 问答推理

多模态大模型可以回答以文字、图片、视频、语音形式提出的各种问题，并提供问题的背景信息，这在日常生活中已经有了初步的应用，例如近期网络上推出的各种识别万物的小程序，不仅可以识别植物、动物、路标、汽车、菜品、品牌，还可以根据提问对其进行全面介绍。

3. 图像、文本交错生成

在自媒体领域，多模态大模型可以遵循指令生成图片和文字一致的博文。Sora 一经推出，更是将图文生成推向了视频-文字生成的高度，它不仅可以理解人类复杂、冗长的文本描述指令，还可以根据指令创造出具有创新性、高质量、高一致性的视频内容，极大革新了认知世界，以及与世界交互的方式。

4. 图像理解推理

多模态大模型对于图像理解和推理的能力已经泛化到多种场景,不仅可以根据简单的图像表示推理接下来想要表示的内容(图 3-11),还可以对几何图像进行推理,以解决学习中的几何问题。在生活中,已泛化出根据一张图片找出图片地点,以及拍照人所处的位置和拍照角度等的能力。

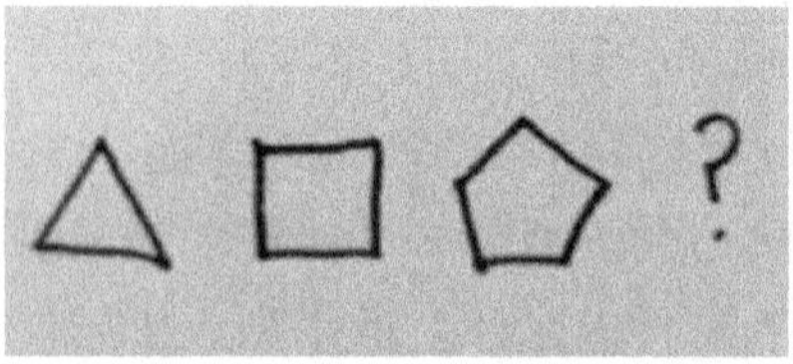

提问:根据前三个形状,请问第四个形状应该是什么?

回答:第四个形状应该是六边形。因为第一个形状是三角形,第二个形状是四边形,第三个形状是五边形。每个形状的边数相比前一个图像都增加1。

图 3-11　图像推理示例

图 3-12　多模态大模型用于作战指挥示意图

由此可见,多模态大模型不仅能够识别图像,还能对其中的信息进行关联分析,并据此做出推理,由推理结果可以看出,其表现是十分优秀的。

目前,大模型技术正逐步向军事领域渗透,在情报侦察、作战决策、网络作战、武器装备研发及供应链管理等方面发挥着重要作用(图3-12),美军已将大模型列入"技术观察清单",并广泛收集作战数据,为大模型的使用创造了良好的条件。未来智能化战争是以数据为中心的战场,军事决策的制定需要收集和并融合海量异构数据,从这一角度来看,大模型在未来军事中具有广泛的应用前景,但由于人工智能普遍存在的可解释性较差问题,以及军事领域缺乏专业的训练数据及难以实时掌握战场态势变化问题,可以预见,在未来很长一段时间内,人工智能都将承担辅助的工作,很难取代人类进行最终决策。

3.6 大力出奇迹的"大模型"

计算机硬件性能的不断提升和深度学习算法的不断优化,使得大模型从起初的几万个参数的简单神经网络,发展为如今千亿级、万亿级参数的巨型模型。最早的大模型是谷歌的 Transformer,它于 2017 年问世,并迅速在机器翻译等领域取得了良好的表现。自此,一系列的大模型相继问世,如 OpenAI 的 GPT,Facebook 的 RoBERTa 等。由于大模型在数据、算力、模型层级方面的不断量变,它们的训练时间越来越长,性能不断提升,并引发了"智能涌现"的特殊质变,使得大模型成为当前人工智能领域首当其冲的风向标。

3.6.1 海量的数据

大模型的训练数据通常有多个来源:第一是公开数据集,许多领域都有公开的数据集,例如 ImageNeT、MNIST 等图像数据集,Wikipedia 等文本数据集。这些数据集由研究机构、科研学者或者科技公司提供,并在特定领域广泛共享和使用;第二是合作数据分享,许多科技公司、研究机构和科研人员拥有独特的数据资源,并愿意与他人合作共享,以支持不同领域的交叉研究;第三是大规模的网络数据,在使用大型互联网公司的产品和服务时,公司会收集并存储个人的数据,包括定位位置、聊天记录、浏览记录等,这些数据可以用来训练大型的语言模型;第四是数据众包,这是一种通过向大量的用户或者工人收集数据来解决问题的方法,通过这种方法,能快速搜集不同领域的大规模数据集,例如音频翻译图像标注等,用于训练语音大模型和视觉大模型。

大模型的数据量是非常庞大的,具体的数据量因模型类型、数据类型和应用场景而不同。例如,一个基于 BERT 架构的自然语言处理模型,需要训练成百上千亿个单词的数据集;一个基于 ResNet 架构的图像分类模型,需要训练数百万张图像的数据集。通常来说,深度学习大模型需要 GB、TB 乃至 PB 的数据量才能充分发挥出它的效能。在大模型的训练过程中,需要大量的计算资源来处理丰富的数据,使用 GPU 集群或云计算平台等进行计算。因此,许多大规模数据集都是由业界和学术机构共同维护的,以支持大模型的不断创新和发展。

3.6.2 强大的算力

从 2012 年至今,我国对人工智能训练的算力需求扩大了 30 万倍之多,平均每三个月翻一倍,以 ChatGPT 为例,它每天需要的算力为 3 640 P[9],要建这么大容量的数据中心,大概需要三四十亿元[10],由此可见,大模型虽然能力强,但胃口超大,建设、使用、维护成本均异常高,因此"算力"常常被称为"新型生产力"。

目前的算力分为通用算力、智能算力和超算算力三种,其中通用算力指以 GPU 芯片为基础的服务器所提供的计算能力,主要用于基础通用计算和对精度要求不高的数字化场景;智能算力指以 AI 芯片为基础的加速计算平台,提供人工智能训练和推理的计算能力,相比于通用算力,智能算力的主要优势在于超高的并行处理能力和对大数据的计算能力,然而开发和使用成本相对较高,且训练过程需要专业知识;超算算力指基于超级计算机等高性能计算集群所提供的计算能力,主要用于天体物理、气象研究、航天航空等高精尖科研领域。大模型需要的主要是智能算力,然而,目前我国 90%左右的算力都是通用算力,智能算力和超算算力占比很小。《中国人工智能大模型地图研究报告》显示,目前,中国 10 亿参数规模以上的大模型发布了 79 个,如果这些大模型都能走向实用,对算力的需求将更上一层楼[11]。

3.6.3 巨大的规模

过去几年间,关于大模型的定义不断刷新,早期,数百万或者几千万个参数的模型就可以被称作大模型,如今,模型参数量和计算复杂度不断增加,数亿、数十亿的大模型变得十分常见,因此认定大模型的标准也在不断变化。一般来说,大模型的规模通过其参数数量来衡量,对于自然语言处理任务,通常认为参数数量超过 1 亿的模型是大模型;对于计算机视觉任务,通常认为参数数量超过 1 亿甚至 10 亿的模型是大模型。

当把数十亿、数百亿参数组合在一起训练大模型时，这些模型开始展现出一些我们无法理解，并难以直接编程实现的能力，从而涌现出新的智能，这就是“组合的力量”，例如一个被训练用来理解和生成语言的模型，还能够解答专业级别的逻辑问题，或者创作出符合特定文体的诗歌。这些能力并不是被明确地编程进去的，而是大模型通过大量的语言学习，自主学会了如何去完成这些复杂的任务。智能涌现的背后是大量数据、超强算力、大规模算法的复合作用，规模越大的大模型，越具有复杂的结构层次和非线性处理能力，为复杂信息的处理提供了支持，使得大模型能够捕获人类语言、情感、逻辑的细微规律，并将各种规律融合推广，最终产生了智能增长、智能交叉、智能涌现的效果。

3.6.4　潜在的风险

大模型规模不断增加，内部机制也变得更加复杂，人类对其理解和掌控能力相对减弱，这不仅使得模型的决策过程变得难以理解和追踪，也增加了模型可能被错误使用或者滥用的风险，包括学习有害信息造成的价值偏见、对于用户隐私的泄露等。此外，作为人工智能算法的一个重要分支，大模型依然摆脱不了“黑箱”的特性，这可能导致人工智能决策错误，乃至失控的风险，对大模型的安全性和可靠性提出了新的挑战。

3.7　大模型的未来

从语言大模型到视觉大模型，再到多模态大模型，可以越来越清晰地感受到人工智能正在从感知智能向认知智能跃迁，由弱智能向强智能进化。未来，大模型或许可沿着人类进化的脚步，从打造超级大脑、融合万物智慧开始，一步步发展为与人类共同生活在地球上的数字生命。

3.7.1　缔造硅基大脑

大模型之前，人工智能的发展模式为重复开发、手工作坊式，即“一千个应用场景就有一千个人工智能模型”，此时的人工智能就像偏科的学生，只学习特定场景的有限数据，举一反三能力严重不足，也不具备人类的通用常识，经常被称作“人工智障”。自 2017 年起，人工智能进入大模型时代，人类利用大模型学习各行各业各类数据,通过大量的学习和训练,大模型不仅可以深谙各领域的知识,深刻理解人类世界的知识体系,更能够掌握知识的内在逻辑和解题思路,从而能够理解和解答各种问题,甚至推理出新的知识。这种博闻强记、融会贯通的能力,使得大模型展现出类人的沟通方式、思维模式和成长模式,成为具备良好知识迁移能力的"通才"。"硅基大脑"在学习数据、智能算力、模型规模方面的能力不断增长,它能够处理的问题越来越复杂,答案也越准确,这让人们看到了通用人工智能到来的曙光。

然而,这个"硅基大脑"虽然在外部表现上初步具备了一些人脑的特征,但是其占用的存储、通信、计算资源在占地面积、日常能耗、使用维护等方面的代价都是极其庞大的,在某些创造、创新的功能上,能力还远不及人脑,因此,大模型作为人工智能中一个分支,在不断做"大"的同时,还应关注向"小"的发展诉求,以满足小场景、弱网络条件下的多样化使用需求,使其具有更广泛的兼容性。

3.7.2 超越人类智慧

高维智慧是一种涵盖广泛认知、复杂情感、道德精神的综合性智力,它包含了更多的领域知识、更细腻的认知触角,使人类和机器能够更全面地理解和回应现实世界的复杂挑战。当前,大模型可以通过对海量数据的学习和处理,模拟和展现出一定程度的智慧行为,包括掌握多个领域的知识、具有从事相关工作的经验、具备专业人士的思考水平,并能够做出准确判断。通过不计成本的构建和不知疲倦的学习,大模型可以综合学习人类有史以来所有领域的数据和知识,并充分融合、交叉,构建起单个人类永远无法掌握的知识库,在客观世界中涌现出远远超越人类的高维智慧。

但是需要注意的是,大模型目前仍存在许多局限。他们的智慧是基于训练数据中的模式和概率推断,对于超出训练范围或具有创造性的问题,可能会给出不准确或有限的答案。此外,大模型也缺乏真正的感知、情感和主观体验等人类智慧的特征。因此,大模型对于人类智慧中的创造力、判断力、同理心、道德推理等,还难以完全模拟。

3.7.3 创造数字生命

数字生命是一个相对广泛的概念,通常是指通过计算机技术和人工智能模拟、创造出具有类似生命特征的数字实体或虚拟存在。大模型基于多模态的学习能力,可为数字角色或虚拟智能体创建多种感知能力,能够理解和生成多种模态的信息,与人类进行更自然和多样化的交互。大模型也可以构建出更真实和沉浸式的虚拟世界,让数字生命在其中展现出更复杂的行为和交互。大模型还可以为数字生命提供更强大的知识体系和智能决策支撑,使它们能够在各种任务和环境中自主学习和行动,从而使之可以独立生活于虚拟世界或实体机器人等智能体中。或许在未来,我们可以为逝去的亲人创造出克隆版本,让他们永远陪伴我们。

然而,就目前的技术水平而言,数字生命的概念还处于探索和发展阶段。大模型在多模态信息处理方面取得了一定进展,但要实现真正具有自主意识、情感,能够自主行动的数字生命,还面临许多技术障碍。此外,数字生命的概念还会引发一系列伦理和社会问题,如数字生命的权利、责任和道德边界等。这是在数字生命产生之前,人类首先需要解决的伦理和法律困境。

参考文献

[1] 何明,邹明光,董经纬.理解大语言模型——学习其基本思想和技术[M]. 成都: 西南交通大学出版社,2024.

[2] Amaratunga T. Understanding large language models: Learning their underlying concepts and technologies[M]. Berkeley: Apress, 2023.

[3] 曾骏,王子威,于扬,等.自然语言处理领域中的词嵌入方法综述[J]. 计算机科学与探索, 2024,18(1): 24－43.

[4] Strobelt H, Webson A, Sanh V, et al. Interactive and visual prompt engineering for ad-hoc task adaptation with large language models[J]. IEEE Transactions on Visualization and Computer Graphics, 2023, 29(1): 1146－1156.

[5] Hossain S, Umer S, Rout R K, et al. Fine-grained image analysis for facial expression recognition using deep convolutional neural networks with bilinear pooling[J]. Applied Soft Computing, 2023, 134: 109997.

[6] 贾宁,郑纯军.一种融合多通道 CycleGAN 和 Mixup 的情感语音合成方法[J].现代电子技术, 2022,45(15): 80－87.

[7] 李耕,王梓烁,何相腾,等.从 ChatGPT 到多模态大模型: 现状与未来[J].中国科学基金, 2023,37(5): 724－734.

[8] 刘华峰,陈静静,李亮,等.跨模态表征与生成技术[J].中国图象图形学报,2023,28(6): 1608－1629.

[9] 闵海兰.ChatGPT 对算力存在双重影响[J].通信世界,2023(8): 4.

[10] 赵志耘.中国人工智能大模型地图研究报告[D].北京: 中国科学技术信息研究所,2023.

[11] 刘静,郭龙腾.GPT－4 对多模态大模型在多模态理解,生成,交互上的启发[J].中国科学基金,2023(3): 26－35.

第 4 章　机器学习与人工智能

机器学习是训练大模型参数的有效手段，也是实现大模型推理能力的基础。传统机器学习具备强解释性和低算力要求，适合脱网、轻量化应用。深度学习作为机器学习的一种特殊形式，进一步扩展了传统机器学习的应用领域。近年来，机器学习技术取得了显著成就，如 AlphaGo、AlphaStar 超越人类的表现，以及无人自动驾驶汽车与 AlphaGeometry 的突破，均预示人工智能的能力水平已逐步接近或超越人类。本章阐释了机器学习和深度学习等方法的概念内涵和底层逻辑，结合深度强化学习、迁移学习、生成式对抗网络等最新研究成果，展望了机器学习理论的前沿发展。

4.1　机器学习与深度学习

谈及人工智能，首先需要明确的是人工智能的内涵与外延，尤其是人工智能、机器学习和深度学习之间的关系，如图 4－1 所示。1956 年，麦卡锡、明斯基以及信息论创始人香农等数十名数学家和计算机科学家相聚在达特茅斯，提出“人工智能”的概念，试图借助发明不久的计算机来构造复杂的、拥有与人类智慧同质特性的机器。随后人工智能在实验室中缓慢成长，在有的应用场景中表现出了出震惊世界的优异性能，但在更多应用场景中不幸折戟沉沙。直到 2012 年以后，在互联网蓬勃发展的背景下，大数据资源急剧膨胀、计算机算力不断提升、以深度学习为代表的机器学习新算法不断取得突破，人工智能在诸多领域的应用才逐步走向落地推广，特别是在图像识

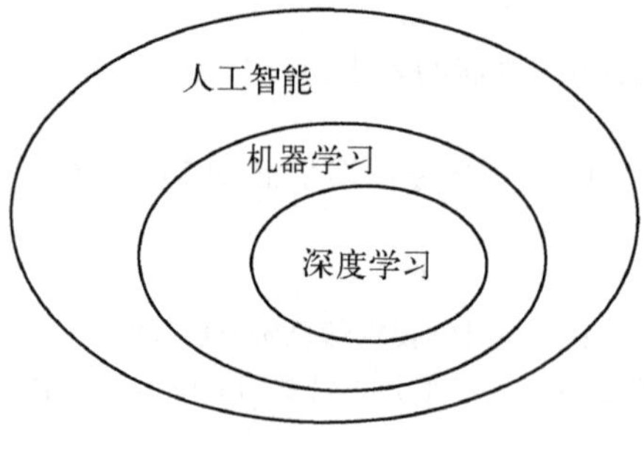

图 4－1　人工智能、机器学习与深度学习关系示意图

别、语音识别、自然语言处理和博弈对抗等领域“攻城略地”，不断刷新人类之前的成绩纪录。

4.1.1　机器学习

与传统的人工智能方法相比，机器学习通过大样本学习，而非完全依赖人类知识编程来获得“类人智能”。机器学习之父 Arthur Samuel（阿瑟·萨缪尔）在 1952 年给出了机器学习的定义：机器学习是一种不通过显式编程的方式赋予计算机智能能力的方法。机器学习产生于这样一个问题：一台计算机是否可以超越人类指定的规则约束，独立地学习如何执行指定的任务？相比于程序员手工编写执行任务的规则，计算机可以自动分析数据并“捕获”这些规则[1]。

传统人工智能实现方法为：人类设计规则（程序），计算机根据这些规则对数据进行处理，然后得出答案（参见图 4-2）。在机器学习方法中，能够根据输入的数据和数据标签，自动学习得到数据与标签的映射分类规则，这些规则可以泛化应用于新数据中，并产生对应的标签分类输出。

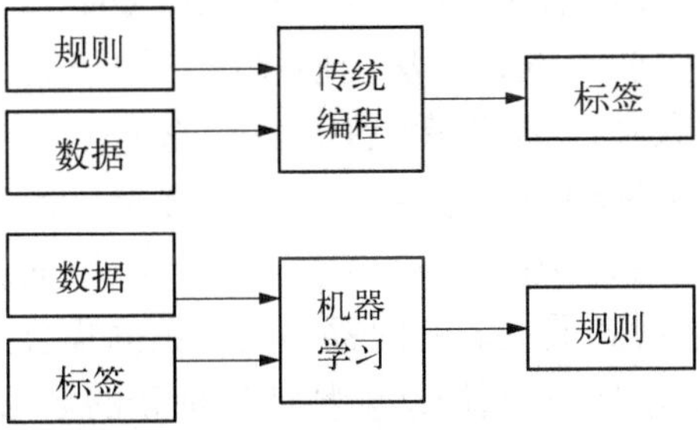

图 4-2　机器学习编程范式

机器学习系统获取智能的方式是从数据或环境中学习的，而不是将人类经验知识直接编程实现的。它通过人类设计的学习方法，在任务相关样例数据或环境交互示例数据的基础上，训练找到对数据和现象进行解释的映射分类结构，该结构能够使系统在新的数据集合或环境中实现任务的自动化执行。例如，如果希望计算机自动完成图片标记的任务，可以使用一个机器学习系统，向系统输入大量已经被人类正确标记的图片，系统会自动学习提炼人类标记图片的逻辑规则，学习完成之后的模型能够实现新采集图片到标签映射的自动生成[2]。

20 世纪 90 年代，随着计算机技术的长足进步，机器学习历经长久沉寂后终于迎来了爆发式发展,并很快成为人工智能应用最广泛最成功的领域。机器学习方法与传统数理统计方法存在诸多相似之处,但在具体应用层面又存在较大差异。具体而言,机器学习方法强调处理大型、复杂的数据集,甚至是非结构化的数据集,而贝叶斯分析等经典统计分析方法很多时候难以适用。此外,机器学习,尤其是深度学习,更多时候是面向工程应用的,具有很强的实践性,不强调理论的最优性。

4.1.2 从数据中学习

前面章节阐述了机器学习从数据或环境中“捕获”规则,从而能够自动执行数据自动处理任务的基本理论。如果要进一步了解机器学习相比传统人工智能实现方法好在哪里,首先需要了解机器学习算法的实现过程。机器学习通常包括三步:

(1) 输入数据点。如果机器学习的任务对象是人类语言,那么数据点就是人类语音声电转换、量化采样后编码存储的数据;如果任务对象是视觉影像,那么数据点就是光电转换、量化采样后的电子图片、视频等数据。

(2) 给出期望的智能能力处理结果示例。在语音识别任务中,结果可以是与语音相对应的文本;在图像识别任务中,结果可以是“dog”或“cat”等识别标签。

(3) 确定一种评价方法。设计算法当前输出和期望输出之间的差距,用来作为信号调整算法的反馈激励,调整步骤就是学习的过程。

机器学习模型通过训练将输入给它的数据转换成具备一定物理含义的输出,这实际上是从已知的输入和输出样本数据中进行“学习”的过程。由此可见,不管是机器学习还是深度学习,其最关键的问题都是对数据集合进行变换,从某种程度上讲,学习输入数据的有用特征,利用这些特征处理新的数据集并产生尽可能接近期望的输出。那么什么是特征?从本质上讲,可以理解为数据表示或编码的不同方式。例如,一幅图片既可以编码为 RGB 格式,也可以编码为 CMYK 格式,还可以编码为 HSV 格式。不管如何编码,其形成的数据集合都是相同数据的不同表示。有些任务在一种表示中可能比较困难,但在另一种表示中可能比较容易。例如,任务“在图像中选择所有红色像素”在 RGB 格式中比较简单,而任务“减少图像的饱和度”则在 HSV 格式中比较简单。机器学习模型的目的是为数据的输入、数据转换找到合适的表示,使其更适合于当前的任务。如图 4-3 所示,考虑 x 轴、y 轴和 (x, y) 系统中由它们的坐标表示的一些三角形。

图 4-3 样本分类示例

在该任务中有一些白色三角形和一些黑色三角形。假设要开发一种算法能够根据三角形的坐标 x 和 y 输出该三角形的颜色,此时:

(1) 输入是三角形所在位置的坐标;

(2) 期望输出是三角形的颜色;

(3) 衡量一种好算法的标准是正确分类三角形的数量占三角形总数的百分比。

在这个问题中,需要构建数据的一种新的表示形式,它能够清晰地将白点和黑点分开。在许多可能的表示方式中,可以使用的一个转换方式是坐标转换,如图 4-4 所示。

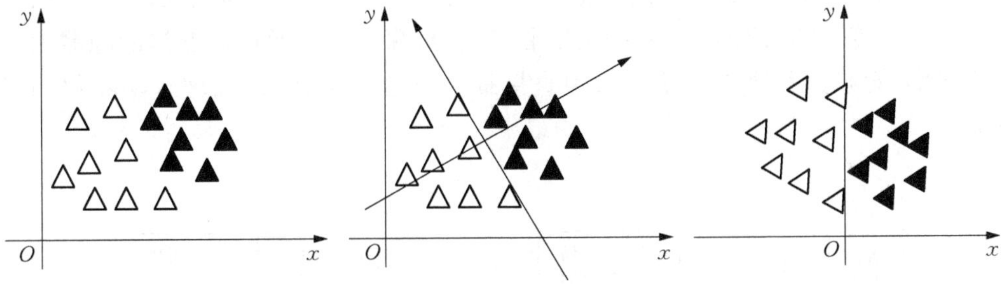

图 4-4　坐标转换获取好的特征表示

在这个新的坐标系中,点的坐标可以被称为数据的一个新的表示形式。通过这种表示,黑白分类问题可以表示为一个简单的规则:比如“横坐标 $x>0$ 的是黑色三角形”或“横坐标 $x<0$ 的是白色三角形”。这种新的数据特征转换方法非常直观高效地解决了这个分类问题。

在上述问题中,可以人工定义坐标变化。但如果使用算法尝试系统地搜索不同可能的坐标变化,并将正确分类的百分比作为反馈,那么这就是一个机器学习的过程。在机器学习理论中,学习是一个自动搜索获得更好特征的过程。

所有的机器学习算法都包括自动查找这样的转换,这些转换将数据转换为对给定任务更有用的表示。这些操作可以是坐标变化,或者线性投影(可能会破坏信息)转换,或者其他的一些非线性操作等。然而,机器学习算法在进行这些转换时通常不具有自发的创造性,它们只是通过预定义的一组操作进行搜索。

从技术上讲,使用反馈信号的指导,在预定义的可能性空间内搜索,对输入数据的特征表示进行转换,是机器学习的一般过程。虽然这个思路很朴素,它仍然在机器学习发展的早期阶段很好地完成了手写体识别、语音识别等任务。

4.1.3 深度学习

深度学习是机器学习的一种新方法,其优势在于能够学习连续的、越来越有意义的表示层。深度学习并不是指通过这种方法获得的更深层次的理解。更确切地说,它代表了"隐性层"的概念。为数据模型贡献的层数称为模型的深度。与传统机器学习方法相比,现代深度学习方法的隐藏层数据从数百到数千,甚至更多参数量更是数以亿计,这些参数和隐藏层都是通过在数据集合中训练自动学会的。与此同时,机器学习的其他方法往往只侧重于学习数据表示的一个或两个层次。与传统的机器学习方法相比(图4-5),深度学习通过足够深的隐藏层和参数规模,能够自动地从原始输入中直接提取有效特征,经过处理自动获得高级特征[3]。

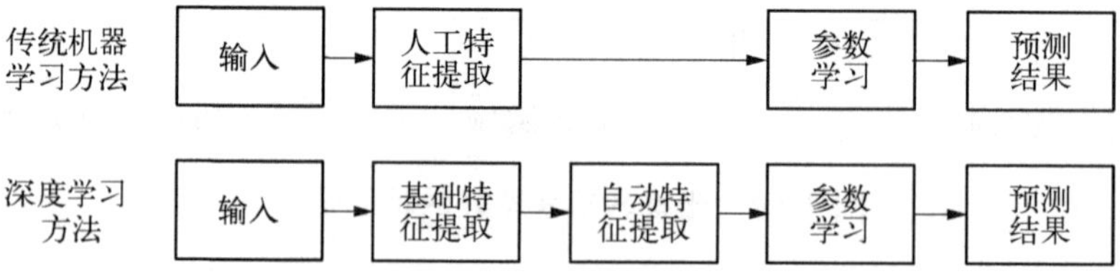

图4-5 传统机器学习与深度学习流程对比

在深度学习中,这些分层表示是通过神经网络模型来学习的,这些模型以层层叠叠的层的方式构建。神经网络学习这个术语来源于神经生物学。尽管一些深度学习的核心概念从人脑神经元的结构得到了一定的启发,然而深度神经网络模型并不是大脑的模型。没有证据表明大脑执行了任何类似现代深度学习模型中使用的学习机制。有些文章宣称深度学习就像大脑一样工作,或者模仿大脑,但事实上它跟大脑结构的差距较大。本质上,深度神经网络是一个从数据中学习数据表征的数学框架。为了更好地理解深度学习算法所学习到的表示,通过一个网络的几个层(参见图4-6)将一个图像转化成为一个字母。

神经网络将数字图像转换成越来越不同于原始图像的表示形式,并提供关于最终结果的越来越多的信息。在这里,可以把深度网络看作是一个多级的信息处

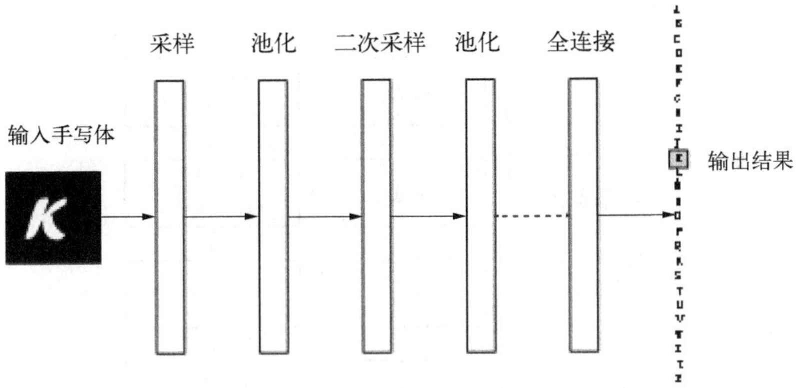

图 4－6　一个用于字母识别的神经网络

理操作,在这个操作中,信息经过连续的过滤,并逐渐得到净化,从而对于某些任务是有用的。这个识别的过程就是深度学习。

从技术上讲,深度学习是学习数据表征的多阶段方法。这是一个简单的想法。但是事实证明,简单机制,足够的规模化,最终会达到意想不到的好效果。

1. 深度学习的工作原理

机器学习是关于将输入映射到目标输出的方法,在这个输入到输出的转换中需要大量输入、输出的样本数据。深层神经网络通过简单的数据转换(层)的叠加形成深层序列,实现输入到目标数据的映射,这些数据转换是通过实例来学习的。现在来具体看看这种学习是如何发生的。

每一层对它的输入的处理方式存储在层的权值中,而权值实际上是一组数字。在技术术语中,可以认为由层实现的转换是由其权重参数化的(参见图 4－7)方式实现的,权重有时也被称为层的参数。在这种情况下,深度学习意味着为网络中所有层的权重找到一组合适的值,以便神经网络能够在给定输入的情况下,将其转换成相关联的目标。但难点在于:深层神经网络的参数量可能数以亿计,为所有参数找到满足需求的值显然是很难的,特别是考虑到修改一个参数的值将影响所有其他参数的输入和输出。

要想控制深度网络按照预期的方式工作,算法必须具备计算神经网络的输出和预期输出的差距的能力,即衡量这个输出与期望输出的差距。这个衡量指标是由损失函数完成的,损失函数也被称为目标函数。损失函数获取网络的输出和真实目标(算法希望网络输出的内容)的预测差值,并计算距离得分,获取网络在这个特定示例中的表现(参见图 4－8)。

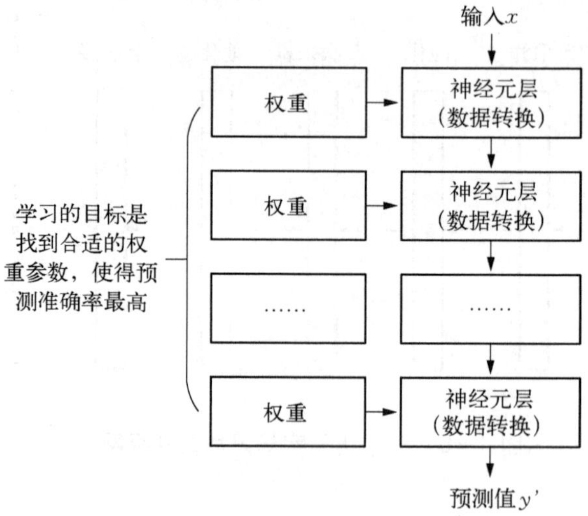

图4-7　神经网络权重参数化

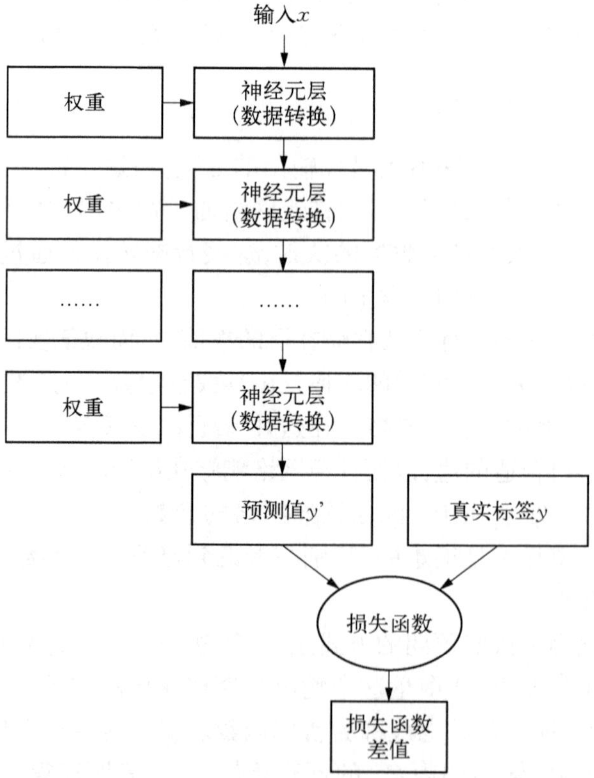

图4-8　损失函数用于评估网络输出的好坏

深度学习的基本技巧是使用这个损失函数输出作为反馈信号，稍微调整权重的值，以降低当前示例的损失分数（参见图 4－8）。这种调整是优化器的工作，它实现了反向传播算法，也是深度学习的核心算法[4]。

在深度网络开始工作之前，网络的权重被赋予一组随机值，此时的神经网络仅仅能够根据输入给出一个随机的输出。显然，它的输出远低于理想水平，因此损失函数的值也很高。但是对于网络训练过程中的每一个实例输入，权值都会在正确的方向上做一些调整，以降低损失函数的值。如此不断迭代，直至产生满足损失函数最小化的参数值（图 4－9）。此时，神经网络的参数（经过训练的网络）就能够使得输出与预定输出的差距足够小。

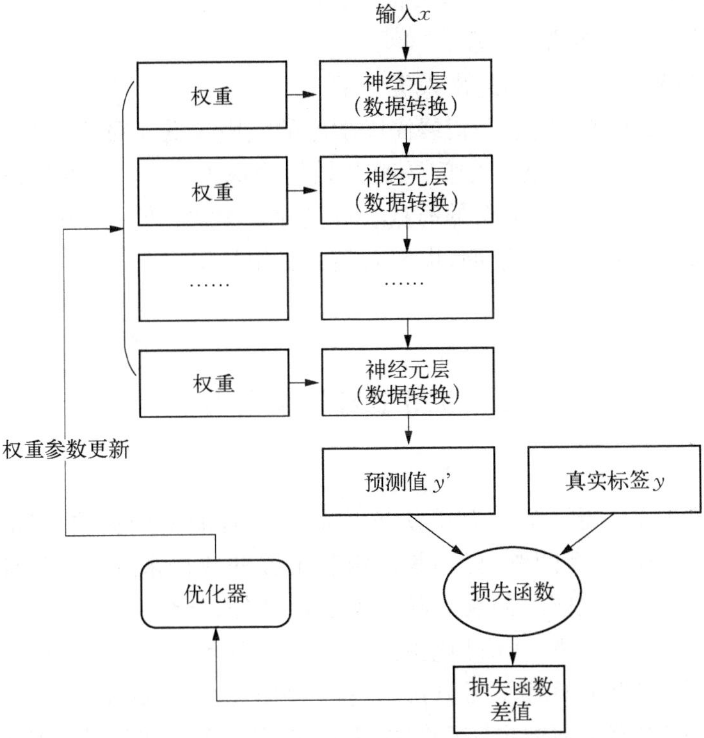

图 4－9　损失函数的值作为调整权重的反馈信号

2. 深度学习进展

虽然深度学习是机器学习的一个传统分支领域，但它直到 2010 年初才开始崭露头角。之后，它在这一领域取得了巨大的进步，在视觉和听觉等感知问题上取得了显著的成果[5]。这些问题涉及的一些能力,对人类来说似乎是自然和直观的,但对机器来说却一直是难以捉摸的。可喜的是,深度学习在以下问题上取得了传统人工智能难以实现的突破:

(1) 图像分类达到人类水平;

(2) 语音识别达到人类水平;

(3) 笔迹转录达到人类水平;

(4) 提升机器翻译的水平;

(5) 提升文本到语音的转换正确率;

(6) 即时资讯推荐,如 Google Now 和亚马逊 Alexa;

(7) 自动驾驶达到人类水平;

(8) 改进了 Google、百度和 Bing 使用的广告定位;

(9) 能够回答自然语言问题;

(10) 在各种棋类游戏中超出人类水平。

在此基础上,研究者们仍在拓展深度学习的应用领域。目前,很多机器视觉和自然语言理解之外的各种各样的问题都开始使用深度学习,比如形式推理。如果成功的话,这可能预示着一个新的时代。在这个时代,深度学习可以在自然科学、软件开发等领域对人类进行辅助,提升人类的工作效率。

4.2 机器学习的主要方法

深度学习已经获得了人工智能历史上前所未有的公众关注度和行业投资力度,但它并不能解决所有问题,特别是在没有足够的数据来进行深度学习时,需要使用其他方法来更好地解决问题。除深度学习之外,当今行业中广泛使用的机器学习方法还包括概率建模、浅层神经网络、核方法、决策树、深层神经网络等。本节将简要介绍一下典型的机器学习方法,并描述它们的发展脉络。这将使我们能够把深度学习放在机器学习的更广泛的背景下,更好地理解深度学习从何而来,以及它为什么重要。

4.2.1 概率建模

概率建模是一种典型的基于统计的机器学习方法。它是最早被人们使用的机器学习方法,至今在很多领域仍被使用。在基于概率建模的机器学习方法中应用最为广泛的算法之一是朴素贝叶斯方法。

朴素贝叶斯方法的理论基础是贝叶斯定理和特征条件独立，在朴素贝叶斯方法中，其基本假设是输入数据中的属性（特征）都是独立的，根据数据求得各个属性的概率，然后概率值最大的那个属性就是算法的预测结果。事实上，该方法这种形式的数据分析比计算机更早出现，其理论基础贝叶斯公式是由 17 世纪的数学家贝叶斯提出的，在计算机出现的数十年前就得以应用。其最典型的方法是逻辑回归。虽然逻辑回归带有“回归”这个词，但是它并不是回归算法，而是一个对数据进行分类的算法。在应用方面，逻辑回归算法由于其简单和多用途的特性，至今仍被广泛使用。

4.2.2　浅层神经网络

尽管神经网络的核心思想早在 20 世纪 50 年代就进行了一些研究，但这种方法经过几十年的发展才得以真正应用。在很长一段时间里，人们缺少训练大型神经网络的有效方法。这种情况在 20 世纪 80 年代中期发生了改变，当时许多人独立地重新发现了反向传播算法——一种利用梯度下降优化来训练参数的方法，并开始将其应用于神经网络。

神经网络的第一次成功的实际应用是在 1989 年，来自贝尔实验室的 Yann LeCun（杨立昆）将早期的卷积神经网络和反向传播的思想结合起来，并将其应用于对手写数字进行分类的问题。由此产生的网络被称为“LeNet”。在 20 世纪 90 年代，美国邮政服务公司的工作人员开发了这个网络，并基于这个网络自动识别信件的邮编，大幅降低了人工识别的错误率。

4.2.3　核方法

核方法不是一个算法，它是一组模式识别方法，在这些方法中，使用最多、效果最好的是支持向量机（support vector machine，SVM）。SVM 的现代公式是由 Vladimir Vapnik（弗拉基米尔・万普尼克）和 Corinna Cortes 于 20 世纪 90 年代初在贝尔实验室开发的，并于 1992 年发表，虽然 Vapnik 和 Alexey Chervonenkis（亚历克塞・泽范兰杰斯）早在 1963 年就发表了一个更老的线性公式。

SVM 将数据分类问题建模表征为寻找决策边界问题（对应训练标注数据过程）和依据决策边界判决新数据类比问题（对应推理新数据类比过程）。根据数据维度的大小，决策边界可通过直线、曲线、曲面、超曲面等形式进行刻画。

SVM 通过两个步骤找到这些边界：

(1) 数据映射。通过数据转换将数据映射到新的高维特征空间,在高维特征空间中,可以用 $N-1$ 维子空间来表示决策边界(当然,对于二维的数据集合,超平面是一条距离决策边界等距的曲线)。

(2) 最大化决策边界。一个好的决策边界(一个分离超平面)是通过试图找出离类最近的数据点之间的距离最大的超平面,这个步骤叫作最大化边界。这允许边界很好地概括训练数据集之外的新样本(图 4-10)。

图 4-10 决策边界示例

将数据映射到高维使分类问题变得更简单,在理论上看起来是一个比较好的方法,但在实践中常常难以计算。这时候,该方法便有了用武之地。其要点是:要在新的特征空间中找到最恰当分离数据集合的超平面,只需要计算那个空间中的点与决策超平面对应的距离,这可以使用核函数有效完成。核函数方法能够便捷地将初始空间中的数据点映射到这些数据点在特征空间中的距离,这使得其在实现时非常方便。然而,这个映射函数通常是人工设计的,而不是从数据中学习的。

在核方法开始使用的时候,由于人们对简单分类问题很容易设计出合适的核函数,SVM 在简单的分类问题上表现出了非常优异的性能,是为数不多的具备广泛的理论支持的机器学习方法之一,并且具备严谨的数学分析基础,使它们易于理解和解释。由于这些独特的属性,SVM 是机器学习领域最受欢迎的方法之一。然而,随着问题复杂性的进一步提升,设计核函数变得越发困难,特别是对语音、图像、自然语言这样的大型数据集,SVM 就显得无能为力。

4.2.4 决策树、随机森林、梯度提升机

21 世纪初,从数据中学习的决策树开始在一些问题上取得了较大的进展,在决策树和核方法之间,研究人员更青睐决策树方法。决策树是类似流程图的结构,该方法能够对输入的数据点进行分类或在给定输入的情况下,预测其对应的输出。这种方法容易理解,且可视化效果好。图 4-11 所示是一个典型的决策树:所学习的参数是关于数据的问题。

顾名思义,随机森林就是多棵决策树的组合,它涉及构建大量的针对特定问题的决策树,然后利用集成学习方法集成它们的输出。随机森林适用于各种各样的问题。著名的机器学习竞赛网站 Kaggle(https://kaggle.com)于 2010 年启动后,随

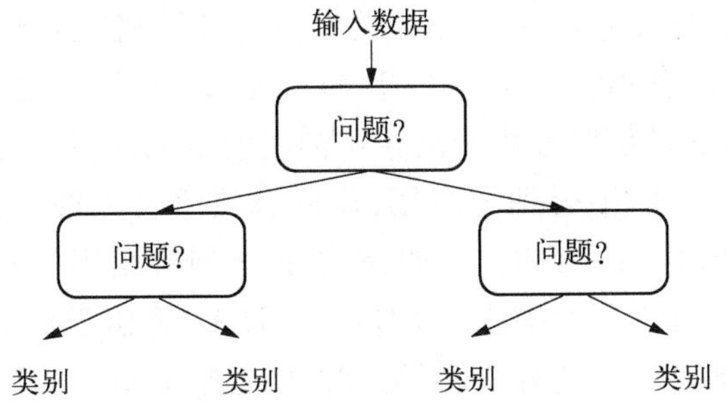

图 4－11　决策树示例

机森林迅速成为平台上表现最好的算法之一，直到 2014 年被梯度提升机取而代之。

梯度提升机算法很像随机森林，它也是利用多个弱学习器预测模型（可以是决策树）集成提升预测效果的集成学习方法。与其他集成学习方法不同的是，梯度提升机使用梯度提升方法，通过在数据集合中不断采样训练，得到新模型，实现对其他机器学习模型的优化。梯度提升机在决策树中的应用使得模型在大多数情况下都比随机森林表现得更好，同时具有相似的特性。

4.2.5　深层神经网络

2010 年之前，尽管大多数科学家回避神经网络，但神经网络的研究仍然在继续，并在基础理论和应用创新上取得了可喜的进步，主要研究者包括多伦多大学的 Geoffrey Hinton（杰弗里 · 辛顿）、蒙特利尔大学的 Yoshu Bengio（约书亚 · 本吉奥）、纽约大学的 Yann LeCun（杨立昆）等。

2011 年，来自瑞士人工智能实验室（IDSIA）的 Dan Ciresan 利用 GPU 训练深度神经网络进行图像分类，并赢得图像分类竞赛的冠军，这是现代深层神经网络第一次在解决实际问题上取得成功。但转折点出现在 2012 年，随着 Hinton 等进入年度大规模图像分类挑战 ImageNet。ImageNet 挑战在当时是出了名的困难，它包括在 140 万张图片训练后，将高分辨率的彩色图像分成 1 000 个不同的类别。2011 年，基于经典计算机图像处理方法的获奖模型的前五名准确率仅为 74.3%。而 2012 年，一个由 Alex Krizhevsky 带领并由 Geoffrey Hinton 指导的团队实现了 83.6%的准确率，达到了前五的水平，这是一个重大的突破。自此，这种竞争每年都被深度卷积神经网络所主导。到 2015 年，基于深层神经网络的优胜算法的准确率达到 96.4%，在 ImageNet 上的分类任务被认为完全解决了这个问题。

自2012年以来,深度卷积神经网络成为所有计算机视觉任务的首选算法,更一般地说,它适用于所有感知任务。在2015年和2016年的主要计算机视觉会议上,几乎不可能找到不以某种形式涉及卷积神经网络的演讲。与此同时,深度学习也在许多其他类型的问题中得到了应用,比如自然语言处理。在广泛的应用程序中,它完全取代了SVM和决策树。例如,欧洲核子研究组织(CERN)使用基于决策树的方法分析来自大型强子对撞机(LHC)的ATLAS探测器的粒子数据;但CERN最终转向基于深层神经网络的方法,因为它们的性能更好,而且在大型数据集上的训练也很容易。

4.3 深度学习的发展

在1989年,人们就已认识到了卷积神经网络和反向传播这两个驱动深度学习的关键因素,到1997年又提出深度学习基础算法之一的长短期记忆算法(long - short-term memory, LSTM),但是之后十余年里,其并未在实际场景中得以广泛应用。深度学习在2012年之后才开始大规模应用,主要得益于以下三种技术力量的进步[6]:

(1) 强大的计算能力;

(2) 海量的数据资源;

(3) 快速高效的算法。

因为这一领域发展源自实践驱动而非理论引导,算法的进步只有在足够的数据和硬件的支撑下才能得以实现。机器学习不像数学或物理,主要的进步可以通过笔和纸的理论推导来完成,它是一个更加偏向工程科学的领域。在20世纪90年代和21世纪初,深度学习的瓶颈是数据和硬件。但随着互联网技术的不断发展和以高性能显卡为代表的并行计算设备的进步,深度学习相关算法在解决实际问题中取得了显著的进展[7]。

4.3.1 强大的计算能力

从1990年到2019年,CPU的速度提高了大约5 000倍。因此,现在有可能在笔记本电脑上运行小型的深度学习模型,而这在三十年前是难以解决的。然而,计算机视觉、语音识别、图像分类中使用的典型深度学习算法训练模型所需要的计算能力要比个人电脑所能提供的大几个数量级。进入21世纪,英伟达(NVIDIA)和AMD等公司投资数十亿美元开发快速、大规模的并行芯片,图形处理单元,以支持日益逼真的视频游戏，用于实时在屏幕上呈现复杂的 3D 场景。当 2007 年英伟达推出以 CUDA 为代表的一系列支持 GPU 并行计算的编程接口时，这项原本应用于游戏加速的计算设备也使得科学界受益匪浅。从物理建模开始，少量 GPU 开始在各种高度可并行化的应用程序中替换大量的 CPU 集群。深度神经网络，主要由许多小的矩阵乘法组成，也是高度可并行化的。

NVIDIA 泰坦 X 这款游戏 GPU2019 年售价为 1 000 美元，每秒可进行 6.6 万亿次的 32 位浮点运算。这个速度大约是笔记本电脑的 350 倍。在泰坦 X 上，只需要几天就能训练出一种能在几年前赢得 ILSVRC 竞赛的 ImageNet 模型。与此同时，一些大公司在数百种类型的 GPU 上进行深度学习建模，这些 GPU 是专门为深度学习的需要而开发的，比如 NVIDIA Tesla K80。如果没有现代的 GPU，这些集群的计算能力是不可能实现的。

更重要的是，GPU 性能功能耗比低，计算瓶颈随着问题复杂度的提升越发制约了工程应用的进展，深度学习行业已经不满足于使用 GPU，对更加专业化、高效的深度学习芯片的需求越发强烈。特别是，在 2016 年的谷歌年度 I/O 大会上，谷歌在产品介绍中公开了其在 Alpha Zero 中计算能耗比取得质的突破的计算设备——张量处理单元（TPU）项目。TPU 不同于以往的芯片框架，从底层针对深度神经网络研制，而且远比 GPU 更节能，并且大幅提升了计算能力、降低了计算成本。AlphaGo Lee 训练过程用了 1 920 个 CPU 和 280 个 GPU 的集群服务器。Alpha Zero 使用的 TPU 在性能上比传统的 GPU 或 CPU 快 15~30 倍，在性能功耗上比传统计算设备高约 30~80 倍。

4.3.2　海量的数据资源

人工智能有时被誉为新工业革命。如果说深度学习是这场革命的蒸汽机，那么数据就是它的燃料。数据是为智能机器提供动力的原材料，没有它，一切都不可能。在数据方面，除了过去 20 年存储硬件的性能指数级进步，基于互联网和物联网进行数据的积累和收集催生了海量的数据资源。例如，Flickr 上的用户生成的图像标签就是计算机视觉数据的宝库，YouTube 视频亦是如此，维基百科则是自然语言处理的关键数据集之一。

ImageNet 数据集是深度学习兴起的催化剂，它由 140 万张图像组成，这些图像被人工标注为 1 000 个图像类别。但是，让 ImageNet 与众不同的不仅仅是它的大数据量，还有与之相关的年度竞赛。正如 Kaggle 平台自 2010 年以来一直在推进的那样，公开竞赛是激发研究人员和工程师挑战极限的极好方式。拥有研究人员竞相超越的共同基准，极大地促进了深度学习的发展。

4.3.3 快速高效的算法

除了硬件和数据,直到21世纪初,人们还缺少一种训练深度神经网络的可靠方法。初期的神经网络是浅层的,仅使用一层或两层表示。因此,它的效果比不上其他浅层方法,如SVM和随机森林。更为关键的问题是,深层网络在从浅层到深层发展的过程中,研究者发现,梯度传播方法在浅层方法中使用得很好,然而,随着神经网络层数的增加,反馈信号会越来越弱,直至消失。这个问题随着研究者对相关算法研究的深入得到了改变,主要包括:

(1)较好的神经层激活函数;

(2)更好的权重初始化方案;

(3)更好的优化算法,如RMSProp和Adam。

当深度神经网络的层次多于10个叠加时,深度学习的效果才越发凸显。近年来,更先进的提升梯度传播方法效果的算法,如批量标准化、Dropout和深度可分卷积等大幅提升了深度神经网络的规模。迄今为止,深度学习算法能够对数千层、数以亿计参数的神经网络模型进行训练。

4.3.4 开放的技术生态体系

随着深度学习在2012~2013年成为计算机视觉中的主流算法,并最终在所有感知任务中取得了最好的效果。随之迎来了产业界的春天。先后成立了数十家创业公司,深度学习在多个产业中取得应用。与此同时,谷歌、Facebook、百度和微软等大型科技公司在内部研究部门投入了大量资金。2013年,谷歌以5亿美元收购了英国的哈萨比斯初创的研究深度学习的企业DeepMind,这是当时史上最大的一次人工智能公司收购。

机器学习——尤其是深度学习,已经成为这些科技巨头产品战略的核心。2015年末,谷歌表示:机器学习是一种核心的、变革性的方式,通过它我们可以重新思考人类如何去做每一件事。无论是搜索、广告,YouTube还是淘宝,人们都在深思熟虑地将其应用到自己所处领域的产品中。

由于这波投资浪潮,从事深度学习的人员在短短五年内从几百人增加到几万人,研究进展也达到了狂热的速度。目前还没有迹象表明这一趋势会很快放缓。与此同时,代码开源共享,TensorFlow、OpenAI等全球顶尖的研究机构不断地开源他们的研究成果,弥补领域盲区,开启群智模式,使得更多的研究团队能够在全球顶级研究团队的基础上,从开源社区获取资源,其相关研究成果也在回馈开源社区。

在早期，深度学习需要大量的 C++和 CUDA 专业知识，这是很少有人具备的。而现在，随着以“Theano”和“TensorFlow”为代表的深度学习平台的不断完善和发展，极大地简化了深度学习模型的构建方式，借助基本的 Python 或 R 脚本技术已经足够完成比较高级的深度学习研究了。这使得深度学习的门槛不断降低。特别是，TensorFlow、Keras、Pytorch 等深度学习工具迅速成为大量新创业公司、研究生和研究人员深入学习的深度学习平台和解决方案。

4.3.5　深度学习发展趋势

深度学习发展如此之快的主要原因是它在许多问题上提供了更好的表现。但这不是唯一的原因，深度学习还使问题解决变得更加容易，因为它完全自动化了机器学习工作流中最关键的一步——特性工程。

以前的机器学习技术——浅层学习，只涉及将输入数据转换成一个或两个连续的表示空间，通常使用如高维非线性投影或决策树方法。但是，在像语音、图像这样复杂、需要精细表示特征的领域，这些方法都很难处理。因此，研究人员想尽办法试图人工对原始数据进行预处理，以使其能够作为这些算法的输入，这也是特征工程的由来。此时机器学习的效果除了取决于算法本身，人工进行的特征提取似乎在其中占据了更为重要的作用。随着深度学习技术的发展，近年来的算法已经实现了自动化的特征提取，通过深度学习方法，用一个简单的端到端的深度学习模型取代复杂的多级管道进行端到端的学习，可以一次性学习所有的特征，而不必自己去设计它们。这大大简化了机器学习的工作流程[8]。

但是，如果问题的关键是要有多个连续的表示层，那么是否可以重复使用浅层方法来模拟深度学习的效果？在实践中，浅层学习方法的后续应用收益迅速递减，因为三层模型中的最优第一表示层不是单层或双层模型中的最优第一表示层。深度学习的革命性之处在于，它允许一个模型同时学习所有层次的表示，而不是连续地。通过联合特征学习，当模型调整其内部特征时，所有依赖它的其他特征都会自动适应变化，而不需要人工干预。这个自动化的过程主要依赖反馈信号的监督：模型中参数的变化的最终目标都是为了优化模型达到更好的效果。这比单纯堆叠浅层模型的效果更好，因为它允许通过将复杂的抽象表示分解为一系列中间层来学习，每个空间都是对前一个空间的简单转换。这是深度学习从数据中学习的两个基本特性——递增、逐层，在这个过程中，越来越复杂的表示方法被开发出来，这些中间增量表示方法被共同学习，每一层都被更新，以满足上面一层和下面一层的表示需求。这两个特性使深度学习比以往的机器学习方法更成功。

深度学习有几个特性可以证明它作为一场人工智能革命的地位,而且它将继续存在。也许 20 年后,人们可能不会再使用神经网络,但无论使用什么方法,都将直接继承现代深度学习及其核心概念。这些重要的性质可以大致分为以下三类:

(1) 简单性。深度学习消除了人工特征提取的需求,用最朴素的端到端的方法就可以训练模型,替换复杂、脆弱、工程繁重的管道,这些模型通常仅使用五个或六个不同的张量操作构建。

(2) 可扩展性。深度学习的基础深度神经网络的训练并行程度极高,在 GPU 或 TPU 这样的并行度极高的计算设备中具有非常高的优化效率。与此同时,通过将数据批量化处理为多个小批量数据,在深度神经网络算法训练优化模型时,可以在数据集中进行小批量数据的采样,并不断迭代。这种训练优化模型的方式可以在任意大小的数据集上进行训练。

(3) 多样性和可重用性。不像以前的许多机器学习方法,深度学习模型可以在不从头开始的情况下对额外的数据进行训练,使其能够进行持续的在线学习,并可处理一些数据集动态变化的重要任务[9]。此外,经过训练的深度学习模型已经存储了已训练数据的知识,并且可以在新的任务和数据集上重复利用和优化。例如,在视频处理任务中,可以使用经过图像识别训练的深度神经网络模型,从视频数据中提取关联信息。这使人们可以将以前的工作重新在日益复杂和强大的模型中复用。这也使得深度学习在某些场景下适用于相当小的数据集。

从深度学习出现到广泛应用的时间不长,虽然研究者还没有确定它能做什么。每过一个月,深度学习就在新的用例和工程实践中得到应用,这些改进可以消除以前的限制。在一场科学革命之后,进步通常遵循一个 S 形曲线:它开始于一个快速进步的周期,随着研究人员遇到严格的限制,这个周期逐渐稳定下来,然后进一步向上发展。

4.4 机器学习的前沿

4.4.1 深度强化学习

以深度学习技术为代表的机器学习方法,具有强大的非线性函数表示能力,能从海量数据中学习经验知识,通过深度神经网络将数据逐层抽象得到策略模型,可以较好地模仿人的抽象思维活动,但其局限性是需要大量的样本数据,同时模型的可解释性差。在训练数据有限的情况下,样本数据无法覆盖完整的决策空间，学到的策略模型泛化能力有限，导致策略模型适用性不强。在数据有限的应用场景条件下，使用监督或半监督的机器学习方法训练策略模型具有很大的局限性。

强化学习在计算机科学领域体现为机器学习算法，相比于机器学习领域的监督学习和半监督学习，强化学习是在没有任务正确样本标记（label）的条件下，采用持续的“试错”（trial-and-error）机制和“利用-探索”（exploitation-exploration）平衡策略，实时感知环境的反馈状况并作为其动作的监督信号，最终通过不断调整参数，完成对任务最佳实现策略的选择。如今，智能体通过强化学习有能力完成飞行控制、航迹追踪、任务规划、机动决策、博弈对抗或协同等复杂任务[10]。

随着深度学习领域研究的进展，直接从原始感知数据中自适应地提取高层特征变成可能，开始出现了二者结合的技术，即深度强化学习[11]。基于深度强化学习算法的智能实体，在与环境的持续交互中不断学习经验，不断更新深度神经网来指导其连续的行为选择，最终生成符合要求的行动序列[12]。其中，训练得到的深度神经网络，可以理解为人类隐性知识的非线性表达，是决策思维过程的表征。强化学习因其来源于心理学中的行为主义理论，反映了人脑如何做出决策的反馈系统运行机理，因而符合决策人员面对诸多复杂决策问题的思维认知特征。

不难看出，强化学习不仅解决了从数据到知识一般性规则建模问题，更重要的是它体现了“如何从世界中得到数据”这个过程。正是这一学习机制使得强化与行为决策直接关联，从而在一定程度上跨越了“认知世界”这一过于复杂的建模环节，而直指“改变世界”这一个任务目标，其学习机制与方法契合了指挥人员指挥决策思维方式。运用强化学习来解决指挥决策问题，其优势正在于：可以充分利用与虚实结合的环境交互“试错”数据来直接学得策略，而不需要人为地构建推理模型。

传统的强化学习在解决状态和动作空间有限的任务上都表现得不错，但在求解状态和动作空间维度很高的现实问题时，就显得无能为力。运用强化学习方法来解决实际问题，当前基于浅层结构算法的多数分类、回归等学习算法的泛化能力受到一定制约。其局限性在于，有限样本和计算单元条件下对复杂函数的表示能力有限。解决上述问题的一个有效途径，就是使用函数近似的方法，即将强化学习中的策略或者值函数用一个函数显性地进行表达。常用的近似函数有线性函数、核函数、神经网络等。其中，深度神经网络不仅具有强大的函数逼近能力，而且可以实现端到端学习，能够直接从原始数据的输入映射到分类或回归结果，从而避免了由于特征提取等工作而引入过多的人为因素。深度学习就是通过构建包含多隐层的深度神经网络模型，并基于海量的数据样本集进行网络参数学习，以实现对非线性复杂函数的逼近，最终达到提升分类或预测准确性的目的。深度学习在图像理解、机器翻译、语音识别领域的成功应用，展现出了从样本集中学习数据集本质特征的强大能力[13]。

近年来，借助深度神经网络强大的感知能力，将其作为近似函数引入强化学习中取得了较好的效果，由此，产生了具备感知能力和决策能力的深度强化学习方法，并在决策规划领域得到了瞩目的应用。Google 公司 DeepMind 团队开发的智能围棋程序 AlphaGo，通过综合运用基于海量围棋实战数据的深度神经网训练、基于强化学习的虚拟自我对弈，以及蒙特卡洛树搜索，实现了 AlphaGo 在全局“棋感”（估值网络）与局部“落子”（策略网络）的良好平衡[14]。

当然还应该看到，深度学习也有一定的局限性，因为其需要大量的样本数据，并且在很多任务上表现不佳。特别是在数据量较小的情况下，通过直接模仿学习学得的策略泛化能力弱。其原因是，采样的决策训练样本轨迹因不可能包括所有状态空间，使得监督学习学得的策略函数泛化能力有限。虽然增加训练时间和计算能力能在一定程度上弥补这个不足，但并不能从根本上改善预测和泛化能力弱的问题。深度强化学习算法由于能够基于深度神经网络完成从感知到决策规划的端到端的学习模式，与监督学习的方法相比，具有更强的预测和泛化能力。为此，将强化学习机制与深度学习算法结合，探索解决智能实体决策问题，是一种行之有效的方案。这其中需要解决的关键是智能实体奖赏函数的表示与探索策略学习算法问题，因此催生了深度逆向强化学习这一研究热点[15]。

4.4.2 迁移学习

深度学习作为机器学习的重要领域，在过去几年的时间里面发挥了巨大的作用。但是随着机器学习在不同领域的深入应用，迁移学习正在成为不可忽视的力量。基于大量标记的语音、图像、文本和其他结构化数据进行深度学习，训练出满足从数据到标签映射的模型的技术已经比较成熟。但基于深度学习的模型所缺乏的是能够概括出不同于训练过程中遇到的情况。在将模型应用于精心构建的数据集时，它表现得总是不错。但现实世界并不总是有规律的，新的场景和模式永远无法穷尽。因此，在学习算法中，其中许多是模型在之前的训练期间没有遇到过的。将知识迁移到新情景的能力通常被称为迁移学习。

在过去的几年中，深度学习模型已经获得了训练越来越精确模型的能力。最先进的模型表现得非常好，达到了诸多领域应用的要求。ImageNet 最新公布的残差网络在基于图像识别物体方面的能力已经超过了人类；天猫小秘等基于自然语言的机器人客服也在诸多门户网站上广泛应用，语音识别错误率稳步下降；在医学领域，深度学习模型可以自动识别皮肤癌以及其他症状。智能化水平已经达到了在面向数以万计用户的应用场景中大规模部署的能力。然而,这些成功案例中的深度神经模型对于数据的需求量极大,并且都是带标签的数据。对于一些任务和领域,这些数据是多年来一直苦心经营的。在一些情况下它是公开的,例如ImageNet,但是大量的标记数据通常是专有的或昂贵的,就像语音或 MT 数据集一样,因此在数据上就有了竞争优势。有了竞争,机器学习才能更好地商业化。同时,在应用机器学习模型时存在着大量问题。例如,模型以前从未见过,不知如何处理的诸多条件,一方面每个用户都有自己的偏好,拥有与用于训练的数据不同的数据,另一方面一个模型被要求执行许多没有被训练的任务。在所有这些情况下,目前最先进的模型有的时候也会崩溃。而迁移学习可以帮助人们处理这些。

在监督学习场景中,如果研究人员打算为了完成某个任务而训练一个学习模型,例如模型 A 和 B 的任务都是识别一个摄像头拍摄的视频数据中的对象,其中模型 A 的使用场景是白天,模型 B 的使用场景是夜间。假设研究人员已经在同样的数据和类似的任务上进行标记,获取了标签数据。传统的方法是要分别训练模型 A 和 B,这势必会造成大量的资源和时间浪费。而且当研究者没有足够的标记数据为这个任务或领域训练可靠的模型时,传统的监督式学习方法就会失效。如果想要训练模型 B 来检测夜间视频中的对象,可以应用一个在类似的领域(白天从视频中提取对象)已经训练好的模型,在其基础上开始训练新的模型。

然而在实践中,由于已有的模型继承了训练数据的偏见,这时研究人员就需要改动其中的一些参数或者寻找一些新的模型。如果想要训练一个模型来执行一个新的任务,比如检测骑自行车的人,在这种情况下,甚至不能重复使用现有的模型,因为任务之间的标签是不同的。迁移学习使算法能够利用已经存在的某些相关任务的标记数据来处理这些场景,新的模型继承了老模型的相关能力。

在实践中,研究人员总是希望已有训练的知识能够更多地从原有任务迁移到新任务中。这些知识可以根据数据需求采取多种形式,它可以涉及如何组成对象,使算法更容易识别新的对象等。

迁移学习中一个特别重要的应用是模仿学习,对于像自动驾驶、机械臂等在现实中需要实际交互的应用场景,通过物理环境收集巨量数据,时间成本、经济成本和风险都很高。因此,以其他风险较小的方式收集数据是明智的。模仿学习就是这方面的首选方法,它已经在许多虚实结合的场景中得到应用。从模拟环境中学习,获取知识,并用获得的知识指导实际环境中的任务,这是迁移学习的一个典型应用。在这个应用中,源任务和目标任务之间的特征空间相同。然而,模拟环境和真实物理环境之间的概率分布不是完全一致的,模拟环境无法百分之百还原现实世界中的任务,例如物理引擎不可能完全还原真实世界中对象之间复杂的相互作用,尽管这种差异随着模拟环境逼真度的提升而不断减少。模拟的好处是可以方便地收集数据,因为可以轻松地绑定和分析对象,同时实现快速训练,在模拟环境中多个并行的训练场景可以同步。因此,复杂的机器学习项目通常都需要构建一个逼真的模拟环境,如自动驾驶。据谷歌自动驾驶技术负责人介绍,如果你真的想做一辆能够自主驾驶的智能机器人,模拟是必不可少的。Udacity 已经开源了模拟器,它用于教自己驾驶的汽车工程师 Nanodegree。除此之外,OpenAI 的模拟环境可能利用 GTA 5 或其他基于视频的自动驾驶软件进行训练。其他的应用还有适应新的领域以及跨语言传输知识。这些应用都非常有趣,而且商业价值也比较高。

4.4.3 生成式对抗网络

生成式对抗网络(GAN)并不是一个新概念,它是 Goodfellow 在 2014 年提出的,此后 GAN 方法在实践中取得了相当多颇具创造性的应用,例如看图说话、改变面部表情、视频换脸等,甚至它还可以作画、写诗等生成令人叹为观止的艺术作品。人工智能的终极目标除了感知和理解,我们还希望它能创造和主动推理。下面我们将介绍 GAN 是什么,它的技术思想是什么,它又是如何工作的。

深度学习能够从数据中挖掘数据背后的映射关系,这种映射关系本质上是数据的概率分布。迄今为止,应用最为成功的是判别式模型。经过训练的判别式模型能够将类似图像、视频、语音这样的高维数据映射到数据的类标签上。神经网络应用成功的基础是像反向传播、Dropout 等这样的优化机制,特别是 ReLU 激活函数的使用大幅提升了深度学习的收敛性能。事实上,除了判别式模型,生成式模型在人工智能领域也发挥着极其重要的作用。判别式方法和生成式方法是监督学习的两个分支。其中生成式方法主要用于学习数据的分布假设和分布参数,然后可以根据分布假设和分布参数采样新的样本。简单地说,生成式方法的初衷就是根据给定的数据集合,找出数据集合的统计学规律,并且能够根据规律产生概率分布模型,从而生成与数据集具备相同特性但不一致的样本数据。

GAN 构建两个相互博弈的网络——生成式网络和判别式网络。生成式网络的任务是生成尽可能逼真的样本,判别式网络的任务是判断生成的样本是否为真的样本。其核心思想来自博弈论中的纳什均衡,两个网络相互竞争达到均衡状态。它设定参与博弈的两个网络一个作为生成器,一个作为判别器,为了取得博弈的优势,两个博弈网络需要不断根据对抗结果优化模型,在优化模型的过程中,生成式网络的生成能力和判别式网络的判别能力不断提升,模型优化的过程等价于寻找两个博弈网络之间的纳什均衡点。其计算流程与结构如图 4-12 所示。

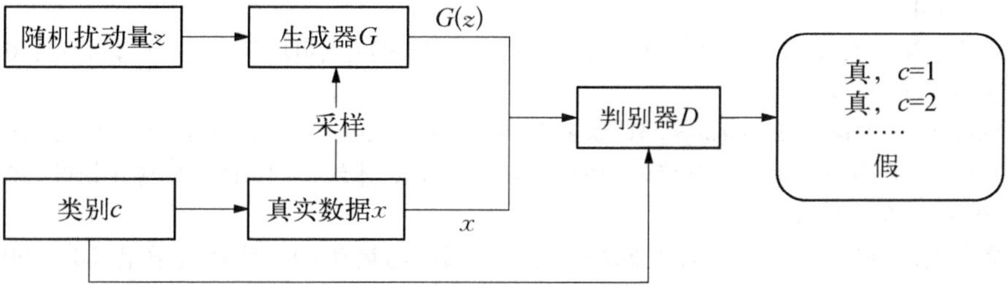

图 4－12　生成式对抗网络结构

在基于深度学习的生成式对抗网络模型中，我们用深度神经网络 D 和 G 分别表示判别器和生成器。其中生成器 G 的输入为来自真实数据的采样 x 添加一个扰动量 z（即生成新的数据样本）。$G(z)$ 表示附加了扰动量 z 的新样本。在对抗过程中，算法会随机将真实数据 x 和生成数据 $G(z)$ 传递给判别器 D。如果判别器的输入样本来自真实数据，且判别器将其分类为 2，那么将其标注为 2；如果来自生成数据，那么标注为 0（假）。

由于程序知道样本的分类，如果判别式区分出了伪造的样本，说明生成器生成样本的能力还不够，生成式网络将根据反馈优化模型；如果判别器将真实数据判定为伪造数据，那么说明判别器的判别能力还不够，判别器将根据反馈进行优化；同理，如果判别器将伪造数据判别为真实数据，那么既可以说明判别器判别能力不足，也可以说明生成器模型能力达到要求。在判别器 D 判别能力足够强的情况下，如果生成器 G 能够产生出以假乱真的样本数据，说明生成器 G 学到了真实数据集合的概率分布；同理，如果生成式模型 G 足以产生以假乱真的数据，而判别器依然能够正确地对数据进行分类，并发现伪造的数据，说明判别式 D 判别能力已经学到了样本数据边界。也就是说，在 GAN 的运用过程中我们希望：

（1）生成式网络生成的样本数据足够真实，可以以假乱真，判别器无法区分；

（2）判别式网络鉴别能力足够强，可以正确对样本进行分类并识别出伪造样本；

（3）生成式网络和判别式网络在不断的对抗中达到平衡，直至二者水平难以提升。

参考文献

[1] Géron A. Hands-on machine learning with Scikit-Learn, Keras, and TensorFlow[M]. Sebastopol: O'Reilly Media, Inc., 2022.

[2] 钱宇华，张明星，成红红. 关联学习：关联关系挖掘新视角[J]. 计算机研究与发展，2020，57

(02)：424－432.
[3] 弗朗索瓦・肖莱,J. J. 阿莱尔.R 语言深度学习[M].黄倩,何明,陈希亮,等译.北京：机械工业出版社,2021.
[4] Yann L C, Yoshua B, Geoffrey H. Deep learning[J]. Nature, 2015, 521(7553)：436－444.
[5] 李晨,何明,王勇,等.基于深度学习的视频行为识别技术综述[J].计算机应用研究,2022,39(9)：2561－2569.
[6] 焦李成,杨淑媛,刘芳,等.神经网络七十年：回顾与展望[J].计算机学报,2016,39(8)：1697－1716.
[7] 肖卫东,何明,等.反恐情报智能分析研判技术及应用[Z].中国指挥与控制学会科技进步一等奖,2023.
[8] Kim G B, Kim W J, Kim H U, et al. Machine learning applications in systems metabolic engineering[J]. Current Opinion in Biotechnology, 2020, 64：1－9.
[9] Gu S L, Luo T J, He M, et al. Online learning with incremental feature space and bandit Feedback[J]. IEEE Transaction on Knowledge and Data Engineering, 2023, 35(12)：1－14.
[10] 付宇鹏,邓向阳,何明,等.基于强化学习的固定翼飞机姿态控制方法[J].控制与决策,2023,38(9)：2505－2510.
[11] 陈希亮,曹雷,李晨曦,等.基于重抽样优选缓存经验回放机制的深度强化学习方法[J].控制与决策,2018,33(4)：600－606.
[12] 张斌,何明,陈希亮,等.改进 DDPG 算法在自动驾驶中的应用[J].计算机工程与应用,2019,55(10)：264－270.
[13] 禹明刚,陈瑾,何明,等.基于演化博弈的社团网络无人集群协同机制[J].中国科学：技术科学,2023,53(2)：221－242.
[14] Silver D, Huang A, Maddison C J, et al. Mastering the game of Go with deep neural networks and tree search[J]. Nature, 2016, 529(7587)：484－489.
[15] 陈希亮,曹雷,何明,等.深度逆向强化学习研究综述[J].计算机工程与应用,2018,54(5)：24－35.

第5章 感知认知与人工智能

感知认知是实现机器与人类自然交互的关键因素,为人工智能提供获取和理解外部环境信息的能力,也是实现高级人工智能的基础。人类发明计算机的初衷之一是为了让其解决日益复杂的计算问题,当前计算机的计算能力已远超人类,但其感知认知能力和人类之间尚存差距。人工智能模仿人类的感知认识可分为模仿人类感知认知世界和模仿人类感知认知彼此两部分,通过智能物联网可以模仿人类感知认知世界,通过智能计算可以模仿人类感知认知彼此,借助人工智能的感知认知能力研制的智能穿戴设备可以丰富人类的生活。当前人工智能借助不同的模型算法和机器学习等技术,在人脸识别、语音识别等领域几乎可以与人类媲美。本章阐释了智能物联网、智能计算、智能穿戴等方法概念及其技术发展与应用,并通过回顾科幻电影《阿凡达》与《钢铁侠》等中的情景,给读者一双感知认知的眼睛去透视人工智能的未来。

5.1 智能物联网

对于"智能物联网"概念有不同的理解,本章主要阐述以下两种学术观点:

百度百科的解释,"智能物联网"(artificial intelligence of things, AIoT)是由各种智能体借助互联网形成的一个巨大网络。其目的是集小智慧为大智慧,群策群力,帮助人类更好地认识世界,体验更好的生活。

还有一种理解,"智能物联网"是将人工智能与物联网结合起来的一个智能网络。通过物联网,可以连接所有的人(员)、机(器)、物(品)、设(施),实现互联互通;而借助人工智能,人与人之间,人与信息设备之间,甚至信息设备与信息设备之间,实现互操作互理解。

在以上两种观点中,智能物联网的出现都离不开网络的支持,都是采用"智能+网络”的模式。当前物联网的建设已日渐成熟,借助物联网的支撑,结合人工智能、大数据和云计算等技术,智能物联网已经走进人类的生活。但这种物联网的智能水平还处于较低的层次,如果将认知科学引入进来,借助认知科学和物联网来实现认知物联网,可以提升物联网的认知能力,从而提升其智能水平。在认知物联网中,智能物联网中设备的智能得到了极大提升,但人类和设备之间交互还需要借助语音、手势等方式,还不能实现人类大脑和设备的无缝连接,如凭借意念可以隔空取物。如果未来人脑可以直接连接接入各种智能设备,建立人脑和设备的共同体,就可以实现电影《阿凡达》中的场景。

5.1.1 ABC+物联网

物联网是互联网技术、传感器技术、通信技术综合发展的产物,它的底层网络基础是互联网和传统电信网,借助底层网络,只要安装了具备独立寻址功能传感器的物理对象都可以相互连通[1]。对于物联网的架构层次,有四层和五层两个观点。在此采用四层的观点。这四层自底向上依次是感知识别层、网络构建层、管理服务层和综合应用层。如图 5-1 所示,感知识别层是最底层,它联通现实物理世界和计算机信息世界。在该层中,各类传感器和智能设备对物理对象的性质、状态等信息开展长期实时的获取。而人类可以通过各类互联网产品将自己接入互联网。网络构建层位于感知识别层之上,把这些信息接入互联网,用于上层服务,主要提供各类应用和服务所需的基础网络,包括互联网、卫星通信网、移动通信网以及局部独立应用网络等。管理服务层承接网络构建层和综合应用层,通过建立网络化的计算设备和虚拟存储空间,为综合应用层中的各类物联网应用系统提供数据计算和存储、信息服务和运维管理。综合应用层借助这个平台,可以实现对各行业的智能应用,包括军事、远程控制、自动化、物流等,甚至用于惩罚罪犯,目前一些国家使用不可摘除的可穿戴设备来随时随地监视嫌疑人员或罪犯。

甚至有人声称借助物联网可以识别撒哈拉沙漠的每一粒沙子。一时间,“万物互联”成了大众津津乐道的名词。但随后物联网的风潮却慢慢归于平静。究其原因,有以下几个方面:一是网络传播速度过慢,尤其是移动互联网传输和处理速度的瓶颈制约了物联网的进一步发展;二是物联网还停留在工业应用层面,在民用上的应用还没有推广起来,普通人无法体验到物联网的价值所在;三是物联网的发展处于粗放型阶段,大量的数据和信息得不到有效利用,更谈不上对万事万物进行有效管理。

物联网要真正实现“万物互联”,离不开人工智能、大数据和云计算技术的支,即 ABC(artificial intelligence, big data, cloud computing)。人工智能可以模拟人的

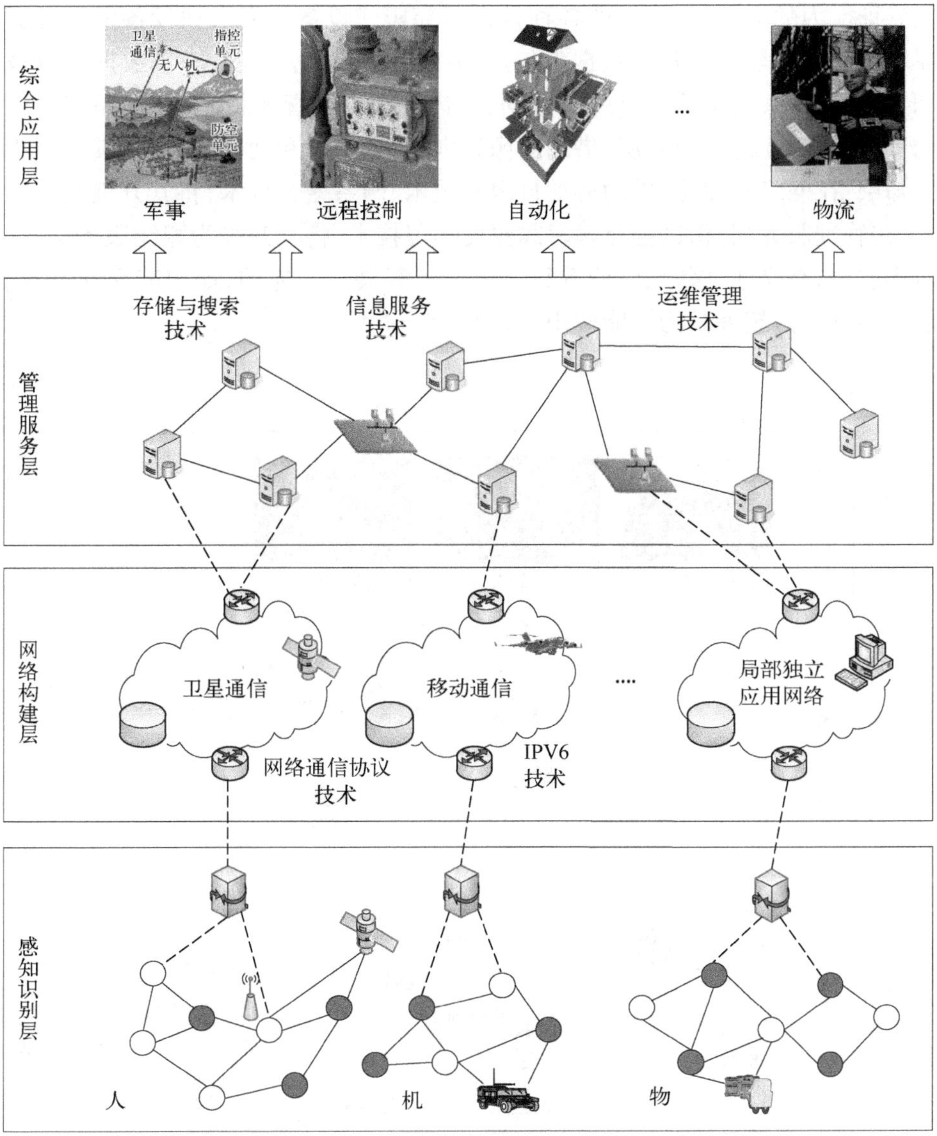

图 5-1　物联网架构图

智能来完成决策,并具有连续和迭代学习能力。物联网催生了海量数据,对于这些数据,很难单纯地依靠人类来进行筛选、分析。现有的数据计算方式及业务软件能力又限制了人类高效合理地利用这些海量数据。使用大数据技术可以从这些海量数据中分析出潜在的有价值的信息。云计算的目标就在于为人们提供能够灵活便捷的信息服务处理能力,提高信息采集和应用的效率。物联网可以连接大量具备独立寻址能力的设备,如人类的各种日常可穿戴式设备。嵌入到设备中的各类传感器不断地将获取到的各种数据上传。利用大数据技术,这些海量数据可以被处理和分析,支持智能决策。借助大数据、云计算和人工智能技术,对物联网的四层架构进行升级,在感知识别层,借助图像识别、语音识别和动作识别,将其升级为智能感知层;在网络构建层,借助移动自组网技术、网系融合技术,将其升级为智能网络层;在管理服务层,借助强化学习和深度学习技术,将其升级为智能服务层;在综合应用层中,在交通、医疗、农业等行业中广泛开展智能应用,如智能交通、智能医疗、精准农业等,拓展其为智能应用层,如图 5-2 所示。

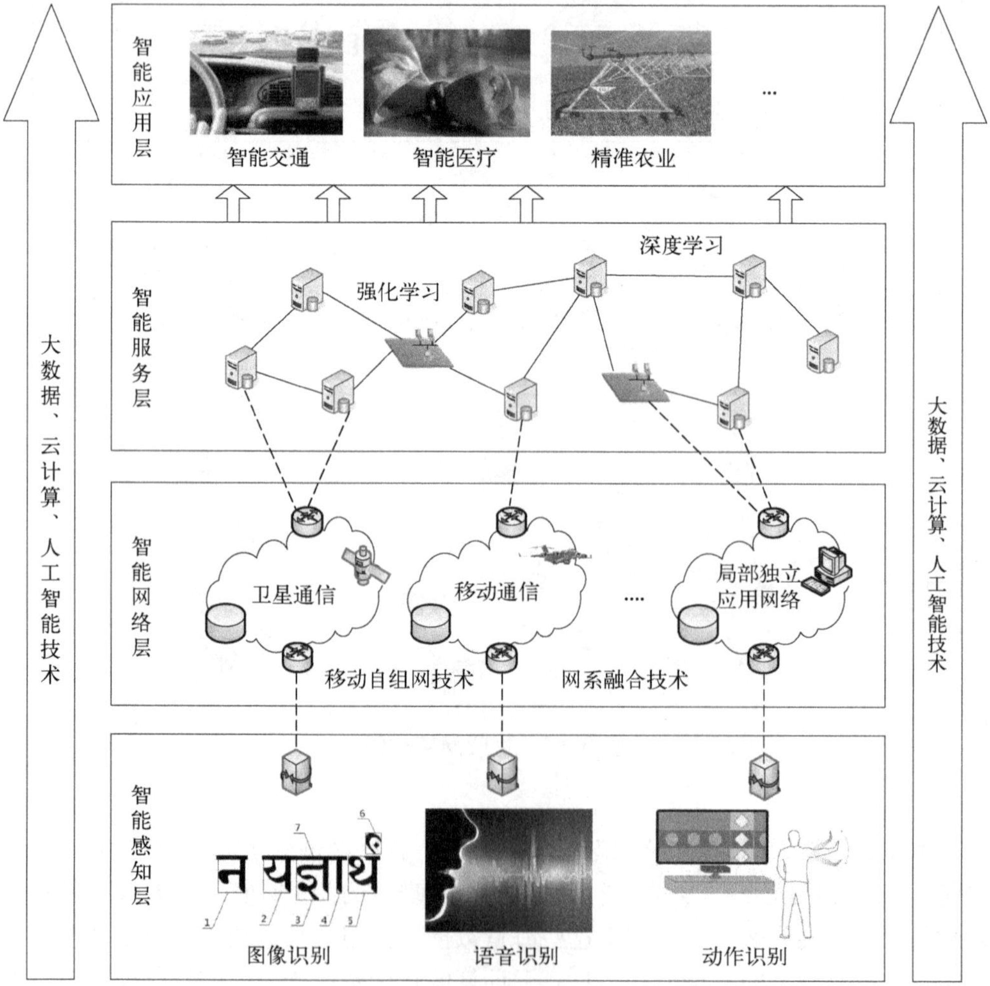

图 5-2　智能物联网架构图

ABC 的出现和普及，让物联网重新焕发生机，一个巨大的智能网络将极大改变大众的生活和人类的未来。例如城市大脑，通过汇聚遍布城市的摄像头，以及政府、互联网公开数据，进行数据整合，实现对各类自然和社会资源的智能调配。在城市事件感知和智能处理、社区与安全、交通拥堵和信号控制方面，城市大脑发挥了重要作用。在 2023 年智慧中国年会上，展示了城市大脑的成功探索与实践。政务服务一网通办，打通多领域数据接口，原来需要几个月的政策落实过程缩短到 1 天，某些业务办理服务时间缩短到分钟级；城市运行一网统管，打造地下管网数字空间和隐患智防系统，实现物理世界和数字世界双向联动；社会治理一网共治，建立地铁线路、公交线路等数字化调度手段，对于数万人参加的大型体育赛事活动，实现人员流动的高效调度。

5G 技术的发展给智能物联网带来了新速度。借助 5G 技术移动网络传输速度得到了空前发展。2024 年，国内 5G“超远程”手术再获突破，位于上海的医生，通过机器人结合 5G 技术，跨越万里对远在新疆喀什的患者进行心血管介入手术。借助智能物联网，物理空间的界限正在被打破。大众只需要一个手持终端，就可以了解每个事物的变化。借助智能互联网，人类可以变成全知全能的“超人”。

5.1.2　认知物联网

陆军工程大学王金龙院士研究团队长期研究认知物联网概念及其理论体系，将认知科学和物联网进行交叉融合，使“万物互联”提升为“万物智联”。认知物联网是认知无线电、认知雷达、认知动态系统等概念在物联网领域的延伸，是一种新的网络范式。其核心理念是超越万物互联，赋予物联网设备和系统自主学习、自主决策能力，基于对环境信息的理解和推理，实现资源分配、网络操作、服务配置的智能化，将物理域、信息域和认知域有机地融为一体，实现万物智联。

2018 年 5 月，认知物联网入选中国科协发布的 12 个领域 60 大科技难题（暨信息科技领域 6 大难题）之一。要真正实现万物智联，认知物联网需要突破环境感知技术、抗干扰决策技术、群体智能汇聚技术等关键技术难题[2]。环境感知技术是认知物联网的底层技术，要解决广域环境下离散状态的获取、全局态势推理和未来趋势预测等技术，为下一步的智能决策提供准确、快捷的信息支撑。抗干扰决策技术针对传统网络频率集固定、易被截获、抗干扰能力弱等问题，构建动态频谱抗干扰决策模型，研究多域干扰估计、大跨度频率捷变等关键技术。群体智能汇聚技术主要解决大规模群体通过竞争、合作、对抗等多种方式共同完成某个任务的问题，涌现出符合预期的群体智能。

5.1.3 《阿凡达》

人类的好奇心是无限的,不仅想了解物体,更想操控物体,感知物体。在电影《阿凡达》中,残疾的杰克·萨利躺在一艘太空设备舱中,由于身患残疾,萨利已经丧失了行动能力,但他可以借助头上佩戴的设备,利用脑电波控制人类制造的阿凡达。这样的连接模式可以简化为“人—设备—网络—物体”,只要将物体接入网络,人体使用脑机接口设备操控物体,就可以达到电影中的效果。

借助脑与认知技术,人类已经在这方面取得了一系列成果。以前采集脑电波的设备异常复杂庞大,需要从头部多个位置来采集脑电波。美国的一家公司已经将采集脑电波的设备集成到一个耳机里,并且仅仅需要一个触点就可以采集脑电波。在实验中,佩戴耳机的人注意力集中到某个物体时,一个小型的球体通过耳机发出的信号飘浮到空中。测试人员的注意力越集中,球体飘浮得越高,当测试人员放松时,球体就会自动下降。在该耳机的基础上,该公司继续研发出了一款智能头箍,这是一款安全可靠的佩戴式脑电波交互设备,它通过蓝牙无线技术与当前的智能终端设备互连,实现用人的意念来简单操控这些智能终端设备。2024 年 1 月,脑机接口公司 Neuralink,为患者植入了“心灵感应”(Telepathy)大脑芯片,宣传说只需要思考,就可以控制手机或电脑,并通过它们控制几乎任何设备。这项技术的另一个重要应用场景是运动能力受损病患的辅助治疗。2023 年 10 月,清华大学与首都医科大学宣武医院合作,成功进行了“无线微创植入脑机接口”,通过在高位截瘫患者颅骨中植入处理器,采集患者的脑区神经信号,让患者通过意念“脑控”外部机器设备,实现自主喝水等生活功能。

随着智能物联网的进一步发展,未来,人类也可以像《阿凡达》中所展现的那样,自由地操控和感知自己的“阿凡达”。

5.2 智能计算

5.2.1 人脸识别

人类相互之间识别彼此主要是通过看脸,如果机器也像人类一样可以看脸识人,就需要借助人脸识别技术。该技术利用人类面部特征信息的分析和比较进行个人身份识别,具体包括面部图像采集技术、面部图像定位技术、面部图像预处理技术、个体身份确认技术等。

主流的人脸识别技术可以分为基于几何特征和基于模板两类。基于几何特征的人脸识别法的精度不高,一般要和其他的人脸识别法组合使用。基于模板的人脸识别技术,根据模板的差异有不同的方法,例如特征脸法、线性判别分析法等。每个人的脸虽然有差别,但其脸上的器官种类和形状是一样的,只不过器官的大小不同,即便是双胞胎,在这些器官上也存在差异,这就造成了人脸之间的差异,由于这些器官都具有外形特征,利用这些外形特征进行人脸识别就是最早的几何特征识别法。几何特征识别法将人脸上几个显著的特征点识别出来,使用这些特征点来构建几何向量,通过几何向量的距离来进行识别。特征点的选择一般选取眼睛、鼻子、嘴等器官周边的重要位置。而特征脸识别法则是利用统计学的技术,利用大量的人脸图像样本,从样本中寻找人脸分布的基本元素,然后构建特征向量,通过特征向量来进行人脸识别,如图 5－3 所示。

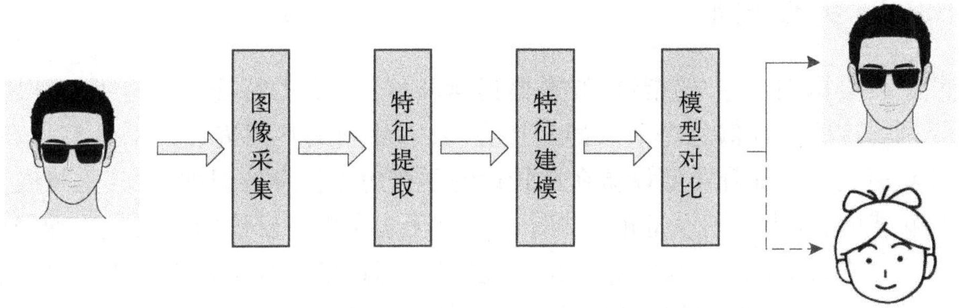

图 5－3　人脸识别流程

人脸识别使人与软件系统之间的交互更加方便。由于人脸识别的便捷性和准确性,它成为构建人类智能社会的最佳方式。目前,智能社会的雏形在一些行业已经出现,如出入境边检、道路监控、公司考勤、酒店入住等方面。当前一些城市的高铁站使用基于人脸识别的自助验票机来代替传统的人工验票,乘客只需要把身份证放在设备识别区,人脸对准摄像头,设备就会自动识别乘客身份,同时识别出乘客是否有购买当天的车票,全部验证通过后,进站闸机才开启,乘客才能进入火车站。每名乘客的识别时间可以缩短到秒级,极大地提高了验票效率,提升了乘客出入站的速度。

在研究人员的努力攻关下,人脸识别的准确率也在逐步提升。同时,人脸识别还正在向跨年龄人脸识别发展,如可利用幼年时的照片,借助人脸识别技术,来寻找丢失儿童。国内人脸识别项目已经将跨年龄人脸识别技术的准确率提升到了96%。目前人脸识别技术已经发展到了相当高的水平,精准率越来越高,已经攻克戴口罩等面部遮挡情况下的人脸识别难题。2020 年 2 月初,国内推出解决戴口罩情况下的深度学习人脸识别算法,速度达到毫秒级,人脸识别准确率超过 99.99%,向着算法的极限不断发起挑战。人脸识别还派生出微表情识别这一技术。它是一种分析人脸面部细微表情变化的技术。相比于普通表情,微表情反应时间极其短暂(0.065~0.5 s),并且常常是无意识的,难以被人为控制[3]。微表情识别可以判断人的真实情绪状态,这在心理学、安全审讯、临床诊断、人力资源管理等领域具有重要作用。有些大企业和地方机构已经用上了判断人脸微表情的智能算法,以此来作为判断员工是否积极向上、是阳光还是抑郁;一些在线教学平台,在对学员进行实时监测中,通过微表情识别可以检测学员是否在认真听讲。尽管如此,微表情识别仍面临一些挑战,如样本数量有限、识别准确率有待提高,以及如何将这些技术应用于实际场景中等问题。

5.2.2 步态识别

除了人脸识别,人类的指纹、虹膜等其他每个人独有的特征信息也可以被用于身份识别。这些特征信息每个人都是独有的,因此利用它们进行识别具有很高的安全性。但这些特征都需要设备在比较近的距离内进行身份识别,尤其是指纹,必须是接触式的,如果识别设备距离个体较远就无法实现身份识别。面对这种困境,一种新的生物特征识别方法脱颖而出,它就是步态识别。步态识别自 1994 年被提出以来发展迅速,而随着算法的提速,步态识别在智能视频监控领域比图像识别更具优势[4]。

在电影《碟中谍 5: 神秘国度》中,黑客班吉倚仗自己的计算机技术,认为对方的安全防护系统不堪一击。但是对方采用了基于步态识别的安全防护系统,作为顶尖黑客的班吉也无能为力。而在以前的电影中,人脸识别、语音识别和虹膜识别都被伊森·亨特的团队轻松攻破过。这种让剧中伊森·亨特险些丧命的步态识别技术究竟有哪些神奇之处?

人类早就可以利用个体的体态进行识别,对于一个熟悉的人,你可以远距离在看不清楚他的脸的情况下就把他认出来。这是因为每个人都有体型上的特点,只不过体型上的特点没有人脸特征那么明显。随着科技的进步,研究人员将人的身高、骨骼、关节等个体特征及走路的姿态通过一些模型描述出来,通过对个体一段走路视频的分析,捕捉到个体的步态模型,通过步态模型进行个体识别,如图 5-4 所示。

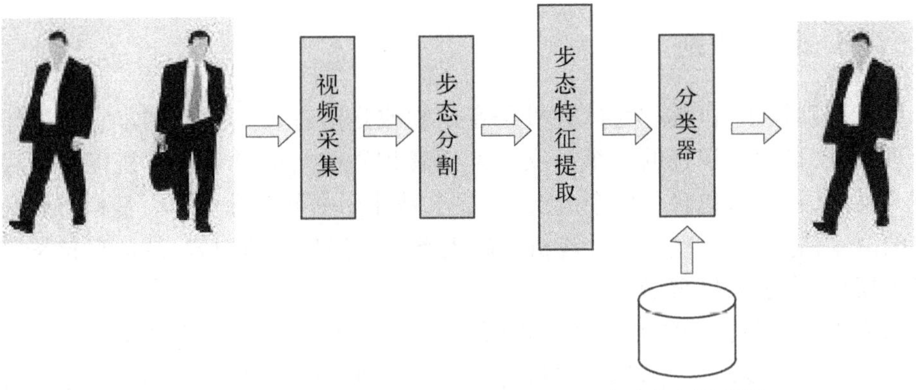

图 5－4　步态识别流程

步态模型作为一种新型的生物特征识别技术,已经具有很高的识别能力,它与其他生物特征识别技术相比具有以下优势:一方面,每个人的腿骨、肌肉、运动神经是特有的,别人很难进行模仿,这就造就了每个人走路姿态的唯一性和稳定性。别人可以模仿他人的走路姿势,但是这仅仅是外形上的模仿,对于步态中腿骨的长度、关节的位置是很难模仿的。另一方面,可以实现远距离的个体识别,根据摄像头拍摄的视频清晰度,步态识别的距离可以达到上百米。如果摄像头的分辨率是 1 080 P,步态识别的有效距离可达 50 m,基本接近普通人类的识别水平,随着摄像头分辨率的提升,其有效识别距离还可扩展,借助 4K 摄像头,步态识别的有效识别距离可扩展至 100 m。由于步态识别的远距离、非接触特性,步态特征可以在识别者不知情的情况下进行采集。

目前,步态识别的软件算法主要是利用采集到的视频,用视频背景消除技术提取出人的运动轮廓,人的运动轮廓随着时间的变化可以描述为相应的步态序列,使用各种方法来分析这些步态序列,建立相应的特征模型来进行识别。

步态识别是一项综合性要求比较高的识别技术,从人形轮廓的检测、人形分割、人形跟踪到个体识别,每一步对识别模型的精度和速度都提出了相当高的要求。随着步态识别算法精度的提升,其应用也越来越广泛。一些重点企业使用步态识别技术完善防控网络,防范非法闯入者进入企业;在智能家居行业,步态识别技术能替代遥控器等传统操作工具,让家电操控更加智能化、个性化。此外,它可以应用在车站、路口、海关出入口等公共场所的视频监控中,实现远距离、隐蔽式的嫌疑人员排查。

5.2.3 语音识别

语音识别技术,也被称为计算机语音识别或是语音转文本识别。它隶属于信号处理领域,是模式识别的一个分支[5]。语音识别的目的是让计算机能够听懂和理解人类的语言,这包含了两个层次,低层次是计算机可以将人的语音信息转化为相应的文字信息,高层次的是计算机理解人类语音信息中的内容,从而对该语音内容做出反应,实现人机智能交互。

语音识别就好比是要教会计算机听说某一种语言,其涉及语音学、语言学、数理统计等学科。要教会计算机一门语言,首先要训练它,将收集好的海量语音和语言数据库进行处理和挖掘,让计算机建立一个语言的"声学模型"和"语言模型",基于两个模型进行语音识别。在计算机对语音进行识别时,首先对语音进行降噪处理,去除掉影响语音识别的各种环境噪声,然后提取出语音的特征向量,基于训练建立的"声学模型"和"语言模型"识别出其中的文字信息。计算机在语音识别过程中还可以进行自主学习,对"声学模型"和"语言模型"进行必要的"修正",从而进一步提高语音识别的精准度。

目前,语音识别的准确率已经超越了人类的平均水平,其应用也日益丰富。借助语音识别和在线翻译软件,人类可以在非母语的环境中与他人交谈。在智能家居行业,语音可以代替钥匙使人类方便进出自己的家门,语音可以代替遥控器来操作各种智能家电。例如,智能音箱可以根据用户的语音指令进行相应操作,如果用户想听一首歌,直接把歌名说出来,智能音箱会自动搜索歌曲然后播放,一些智能音箱还可以实现网上购物,用户只需要说出商品名称,音箱就可以根据语音来下单。语音识别也可以应用到非物质资源保护上,地球上还存在着一些民族只有语言没有文字,使用语音识别技术可以很好地保护他们的文化。例如,我国存在着众多的方言,使用语音识别技术可以将这些方言保存下来。语音识别还可应用在军事领域,可以模仿敌方指挥员给敌人下达指令,从而达到自己的作战目的。

5.2.4 情感计算

人类的情感是很复杂的,它看不见、摸不着,只能通过一些表象来展现。同一句话用不同的语气来说就表达了不同的情感。人类一直没有停止对它的探索,创造了心理学,创造了各种词语来表达人类的情感类型。现在人类想让计算机具有和人类类似的情感识别和表达能力,情感计算就是实现该目标的主要手段。情感计算最早起源于 20 世纪 90 年代，最开始应用于对情感的哲学探讨。基于情感计算的研究成果，可以让计算机识别人类当前的情感，掌握其当前的情感状态，从而更好地预测其行为。同时，如果计算机识别了人类当前的情感，可针对当前情感状态选择合适的交互方式，使计算机显得很有礼貌。

情感计算主要从两个方面展开研究：一个是识别人类情感，主要通过采集人类的各种表象特征（如面部表情、说话的语气）进行识别。由于人体兴奋时，心跳和体温都会升高，因此相关的人体生理数据也在采集范围之中，根据这些数据，建立适当的模型，通过模型来识别人当前情感状态。另一个研究方向是模拟人类情感，让计算机可以模拟人类的情感状态，由于计算机缺少人类的相关特征，目前主要在人机对话时模拟人的情感，让计算机选择适合的词语来表达相应的情感，提高人机交互的舒适度。

人类目前都不能完全准确地识别对方的情感信息，否则就不会有人与人之间的误解发生，何况让计算机来识别人类的情感信息。在情感计算研究中，还有很多挑战。例如，获取人类情感的手段挑战，人类的情感信息不仅仅存在于语言中，有时嘴角的触动，眼神的闪烁，都是情感的表达，如何让计算机识别这些信息是一个难题；情感的识别挑战，同一句话用不同的语气就表达了不同的情感。为了解决上述问题，需要研究人员知道人类为什么会产生情感、人类用哪些方式表达情感、人类会产生什么样的情感等，这就要求研究人员深入学习心理学科，依赖心理学科和认知学科的融合发展。借助于大模型技术，情感计算的瓶颈正在快速突破。2024 年 5 月，美国开放人工智能研究中心（OpenAI）发布的 GPT－4o 多模态大模型，在处理文本时不仅能理解表面含义，还能深入挖掘文本背后的情感色彩。通过摄像头，人与聊天生成预训练转换器（chat generative pre-trained transformer，ChatGPT）对话时，GPT－4o 可以准确捕捉到人的情绪变化，包括喜悦、悲伤、愤怒和惊讶等，并做出恰当的回应，使人机交互表现更加自然、流畅。

5.3　智能穿戴

可穿戴智能设备是重新设计后的、赋予智能功能的人类日常穿戴的各类设备的统称，如智能手表、智能眼镜（图 5－5）。借助可穿戴智能设备人类可以更准确地感知自身状况与周围环境，在计算机和网络的帮助下更快地处理感知到的各类信息，实现人与自身、人与环境的无缝交流，从而在某种程度上拓展了人类的相关能力[6]。

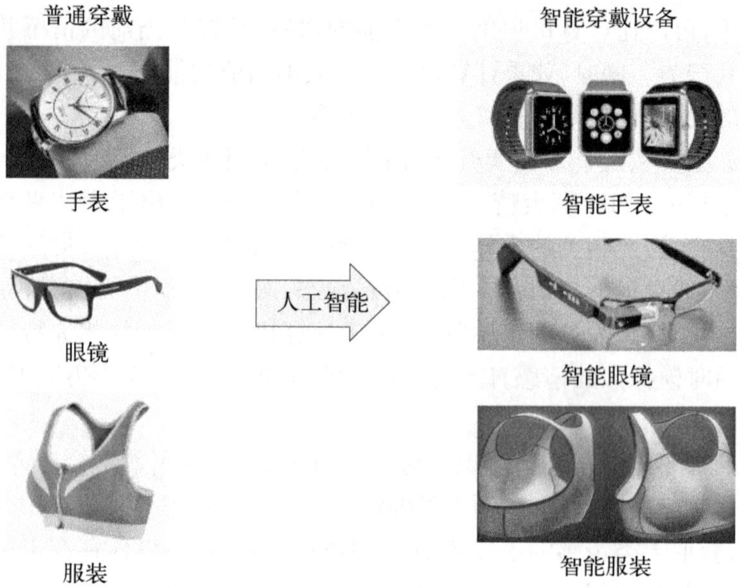

图 5-5　典型智能穿戴

5.3.1　智能手环

智能手环作为一种备受用户关注的科技产品,其强大的功能正悄然影响着人类的日常工作和生活。智能手环通过其传感器可以随时采集用户的运动、睡眠等和用户身体相关的实时数据,然后利用蓝牙无线技术将这些数据发送到用户的手机和电脑上,配套软件利用这些数据来对用户的身体状况进行分析,从而指导用户进行健康生活。达到医用标准的智能手环称之为健康手环,它可以准确实时检测病人的心率、体温及病房的环境信息,利用这些信息可以及时掌握病人的病情,然后制定最佳的治疗方案。佩戴健康手环的病人即便不在病房,健康手环也可通过无线技术,将病人的身体信息及时发送到医院的数据中心,使得医生能实时掌握病人的健康情况。

当前智能手环还扩展了网络社交功能,用户可以将自己的运动、睡眠、饮食等生活信息依托社交软件通过网络分享给好友,好友之间可以相互鼓励,督促大家进行健康生活。尤其是在体育消费领域,智能手环的应用已经成为一种趋势。它不仅可以记录人们的运动数据,还可以提供个性化的运动建议,帮助人们更好地锻炼身体[7]。对于儿童和老人来说,智能手环更像是一位贴身保姆,它可以随时将儿童和老人的位置和身体状况信息发送给家人，可以避免儿童和老人迷路走失。

5.3.2　智能手表

智能手表是一款增加了信息处理功能的电子手表，它除具有电子手表基本的时间功能外，还增加了定位、导航、校时、社交等多种功能。

智能手表针对不同人群增加了不同的功能，根据使用人群可以分为成人智能手表、老年人智能手表和儿童智能手表。成人智能手表和老年人智能手表都可实时监测佩戴人员的体温、心率、血压、睡眠等个人健康信息。成人智能手表侧重支持成年人的移动办公功能，可使用蓝牙技术同步手机进行通话、拍照、音乐播放等。老年人智能手表主要专注为老年人提供健康护理功能，可实现家人呼叫、紧急呼救、吃药提醒等。儿童智能手表重点保障未成年人的身体安全，其具备多重定位、SOS 求救等，可为未成年人的成长提供一个健康安全的环境。

5.3.3　智能眼镜

随着时代的进步，眼镜不再只是一种装饰品或者矫正视力的工具，它可将智能科学、信息技术等许多高科技元素结合起来，形成智能眼镜[8]。智能眼镜是指安装了操作系统，通过安装各类软件来实现相关功能的眼镜设备的统称，它可通过用户的语音或动作操控完成多种类似手机的功能，并可以实现无线网络接入。智能眼镜可实现的功能包括：增强现实，通过显示屏在用户视野中投射信息，例如地图导航、语音指令等，使用户可以在现实世界中获得数字化信息；语音控制，用户可以通过语音指令来操作眼镜，例如发送短信、拍摄照片、搜索信息等，提供了便捷的操作方式；拍摄照片和录制视频，配备摄像头，用户可以通过眼镜拍摄照片和录制视频，记录生活中的精彩瞬间；导航和地图功能，用户可以在眼镜上看到地图导航路线，指引用户前往目的地；通信功能，用户可以接收和发送短信、邮件等，也可以进行语音通话；应用扩展，用户可以通过下载安装应用来扩展眼镜的功能，例如社交媒体、健身追踪、天气预报等[9]。

智能眼镜的早期探索源于 21 世纪初，一些公司和研究人员尝试将电子设备和眼镜结合。然而早期的尝试效果并不好，主要缺点在于体积庞大、功能有限、用户体验不佳。2012 年，谷歌推出了谷歌眼镜，这是智能眼镜的一个重要里程碑。谷歌眼镜集成了摄像头、显示屏、触摸板和语音控制功能，引起了公众对智能眼镜的广泛关注。然而智能眼镜作为消费品还不成熟，虽然在技术创新上取得了一定进展,但是隐私、安全和实用性等问题,限制了智能眼镜的普及。在消费市场受挫后,智能眼镜的发展更加聚焦于工业、医疗和军事应用等细分市场,其设计更加注重实用性和专用性,并在这些领域作为辅助工具显示出其价值。随着增强现实技术的进步,以及更小、更高效的硬件组件应用,智能眼镜开始重新获得关注。2019 年,微软推出了 HoloLens 2,这是一种更侧重于工业和企业应用的增强现实头戴设备。但是智能眼镜的发展仍然波折不断。2023 年,曾被寄予厚望的增强现实(AR)产品谷歌眼镜,宣布停止销售和支持 Glass 企业版,意味着谷歌眼镜的历程走到了尽头。

智能眼镜的发展仍在继续,未来可能会更加注重用户体验,包括更长的电池寿命、更轻便的设计、更高的显示质量和更流畅的交互方式[10]。

5.3.4 智能服装

智能服装是加装了传感器节点的服装,用户穿上智能服装后,服装上的传感器节点会探测相关区域的用户器官信息,然后将信息返回给数据中心,数据中心根据收到的数据来分析用户的健康情况[11]。智能服装的应用领域广泛:在医疗健康领域,智能服装可以用于实时监测个体的生理参数,如心率、血压、体温等,对于监测慢性病患者的健康状况、进行康复训练或长期监测病情变化都具有重要意义;在运动休闲领域,智能服装可以实时记录个体的运动数据,如步数、跑步速度、消耗的热量等,为运动员提供更准确的训练建议和个性化的运动计划,如提醒运动者注意运动时的姿势和动作,帮助他们减少运动损伤的风险;在智能家居领域,智能服装可以与智能家居系统进行联动,实现对家居设备的远程控制,如通过智能服装远程控制家中的照明、空调、安防系统等设备,提高家居的智能化水平和舒适性;在时尚领域,通过可穿戴设备上的 LED 灯、可变色材料或嵌入式传感器等技术元素,智能服装实现服装的互动性和个性化定制,满足人们对时尚的追求和对新潮科技的喜爱,为消费者提供了更加个性化的穿着体验。

5.4 《钢 铁 侠》

《钢铁侠》是基于漫威漫画中的同名角色创作的一系列电影,讲述了天才工程师兼亿万富翁托尼 · 斯塔克,利用技术才能制造了一套多功能、高智能的机器战甲,通过战甲获得强大的战斗能力、防御能力、飞行能力和情报分析能力,最终成为超级英雄钢铁侠的故事。

电影中的钢铁侠战甲特点鲜明(图 5-6),淋漓尽致地体现了人类对于智能穿戴系统的发展畅想。一是自主控制,钢铁侠战甲能够在没有人类操控的情况下执行任务,具备自主控制能力。在《钢铁侠》系列电影中,当主角呼唤战甲时,战甲能够自动飞行到身边,并自主分解和穿戴到人身上;甚至在战甲内部无人的情况下也能执行部分战斗任务。二是智能感知,战甲能够实时感知周围环境,并做出针对性反应。例如在战斗中,能够识别敌人的位置、动态,并调整战术策略;在飞行中,能够实时感知周围的高度、温度,并提出操作建议。三是智能武器系统,战甲配备了各种高级武器系统,包括激光武器、微型导弹、能量束等,可以根据具体战斗情况选择不同武器进行使用,灵活应对多种复杂战斗场景。

图 5-6　钢铁侠战甲

在钢铁侠战甲的内部,还有一位重要的成员,即人工智能系统。人工智能系统能够与战甲进行实时通信,提供各种情报、分析和建议,帮助钢铁侠做出正确的决策和行动。人工智能系统还能够操控战甲执行飞行、战斗等任务,帮助操作者更加灵活地操控战甲,使其发挥出最大潜力,提高战斗效率。

“钢铁侠”正在慢慢从影视走向现实。当前,不少国家已在研发创建自己的“钢铁侠”军队,纷纷在该项目上面投入大量资源。目前世界上较为知名的“钢铁侠”士兵项目有俄罗斯的“未来战士”单兵综合战斗系统、美国的“陆地勇士”战斗系统、德国的“未来步兵”战斗系统、英国的“拳头”战斗系统等。这些项目尽管名称各不相同,但项目的解决方案都较为一致,都是利用智能战甲,从而使单个士兵携带更多的武器装备和补给。俄罗斯研发的“钢铁侠”动力铠甲不仅可以提高战士的行动速度,还可以协助战士操控突击步枪,使士兵真正变成“钢铁侠”。

当前可穿戴智能设备的研发难点是身体传感网络与可穿戴传感系统的研制。人类具有多种生理特征,每种生理特征都需要一类传感器采集,对各类生理和行为状态信息要进行多源异构信息的处理,需要探索新的传感器网络相关技术,使其具备良好的对人体生理、运动、行为等状态信息以及环境变化的感知探测能力,进而增强人机交互的能力。

参考文献

[1] 唐金辉,李泽超,孙福明,等.高效视觉内容表示与识别[Z].江苏省科学技术奖一等奖,2020.
[2] 何明,朱梓涵,翟绪龙,等.基于多分支上下文融合的空对地目标检测算法[J].现代防御技术,2023,51(3):91-98.
[3] 李晨,何明,王勇,等.基于深度学习的视频行为识别技术综述[J].计算机应用研究,2023,51(3):91-98.
[4] 李伟,何明,徐兵,等.基于一维卷积神经网络与改进 D-S 证据理论的警务云安全数据融合技术[J].计算机应用研究,2022,39(12):3765-3769,3802.
[5] 杨壹,何明,周波,等.基于动态距离的模糊社区识别算法[J].计算机工程与应用,2019,55(21):79-86.
[6] 金堃,陈少昌.步态识别现状与发展[J].计算机科学,2019,46(S1):30-34.
[7] 丘航丁,林瑞全,刘佳鑫,等.基于深度强化学习的认知物联网资源分配的策略研究[J].信息安全与通信保密,2023(3):82-92.
[8] 赵思蕊.面向微表情自动识别的关键技术与应用研究[D].合肥:中国科学技术大学,2023.
[9] 张晖,高静,付根利,等.大数据环境下的物联网系统[M].北京:电子工业出版社,2021.
[10] 王恒心,李江.走进人工智能[M].杭州:浙江工商大学出版社,2021.
[11] 陈根.人工智能的商业应用[M].北京:电子工业出版社,2020.

第 6 章　人机交互与人工智能

紧随前文对人工智能作为科技革命和产业革命驱动力的探讨，本章将进一步深入到人机交互技术的变革前沿。人工智能的快速发展不仅推动了新质生产力的增长，也为人类与机器之间的互动带来了前所未有的可能性。在此背景下，我们将围绕脑机接口、智能芯片、虚拟现实和增强现实这四个关键领域，探讨人工智能如何塑造人机交互的新趋势，并分析在这一过程中所遇到的挑战。在此基础上，我们以《头号玩家》为例，展望人工智能在人机交互领域的发展趋势，以及它为人类带来的跨虚实体验。接下来，让我们逐一揭开这些前沿技术的神秘面纱，共同领略人工智能的魅力。

6.1　脑 机 接 口

在人机交互技术的新阶段，脑机接口（brain-computer interface，BCI）无疑是最具革命性的领域之一。它不仅继承了机器学习与感知认知等人工智能技术的精髓，更是将人机交互推向了一个前所未有的高度。本节我们将深入探讨脑机接口这一前沿技术，介绍它如何通过直接连接人脑与计算机，实现一种全新的数据信息交互方式。脑机接口的进步，不仅体现了人工智能对人机交互技术的巨大推动力，同时也揭示了我们在探索人类潜能与机器融合过程中所面临的挑战。随着这一技术的不断发展，我们不禁要问：当思维可以直接转化为指令，当意识与机器的界线变得模糊，我们将如何定义人机交互的未来？接下来带领读者一探脑机接口的奥秘。

6.1.1　脑机接口技术

脑机接口是以达到大脑和外部设备之间的数据信息交互为目的，而在两者之间搭建起来的信息通道。由此可以实现不需要通过键盘、鼠标等介质，直接借助于思维意识控制外部设备的想法。总体上来看，脑机接口可以划分为单向和双向两大类，对于前者，计算机可以接受由大脑传递而来的指令，抑或是向大脑发送数据信号，但是两者不可共存（不可同时既发又收）。而后者则允许数据信息在大脑和外部设备间双向交互流通。需要注意的是，“脑”的概念并非仅仅拘泥于抽象的“心智”，事实上它泛指一切有生命的大脑或者是神经系统；另一方面，“机”的概念也很广泛，它泛指一切处理/计算设备，其具体存在形式既包括简单电路，也包括硅芯片等。

脑机接口技术的关键环节在于需掌握大脑所表达的信息含义。大脑有着数以亿计的脑细胞，分管着不同的人体功能，虽然越来越发达的医学逐渐揭开它神秘的面纱，但如何读懂“脑语”仍然是一个巨大的挑战。

脑机接口，顾名思义是“脑”+“机”+“接口”三部分共同组成的一个整体，即为了实现脑机信息交换，而在两者间创建的链路。“脑”不仅仅指物质脑，抽象心智也涵盖在内；“机”泛指一切处理/计算设备；“接口”指的是“脑”和“机”之间以数据信息交互为目的而连起来的数据链路。

作为实现万物互联的重要手段，物联网和互联网遍布于人体和机器的多类传感器，将机器与人体紧密连接。触摸屏、键盘、语音识别、面部识别等方式都是通过各种传感器建立起人体与机器之间的联系。然而这种连接方式的工作效率仍然可以有很大的提升空间，使脑机接口更具效率。

设想人脑与机器可以进行直接的信息交互，那么人机交互的效率将会提高数倍。以打字为例，熟练的办公人员手指打字速度约 2 个字/秒，而机器的处理速度却可以达到每秒万亿个，在单线程问题的处理上，机器存在巨大优势。相比于机器，人脑可以认为是一个能处理复杂信息的系统，它有数亿的神经元作为支撑，对复杂问题的运算速度要比机器高 20 个数量级[1]。因此以脑机接口为基础的人脑与机器的直接信息交流，可以让“脑”“机”充分释放自身优势，大大提高信息处理的效率，也必然会成为信息化时代人类发展的趋势。脑机接口的原理如图 6－1 所示。

脑机接口的研究工作从最初至今，已持续了几十年。自 20 世纪 90 年代中期，人类不断进行实验并获取数据和经验。基于动物实验，致力于对损伤的听力、视力、肢体运动能力进行全部或部分的恢复，人们设计了早期的植入设备。大致思路是借助于大脑皮层非同一般的可塑性，实现像控制肢体一样自如地控制这些植入设备[2,3]。由于其原理相似于脑机接口，因此可利用此类研究的理论与技术成果，尝试性研究并制造功能不仅仅拘泥于恢复人体功能的脑机接口。

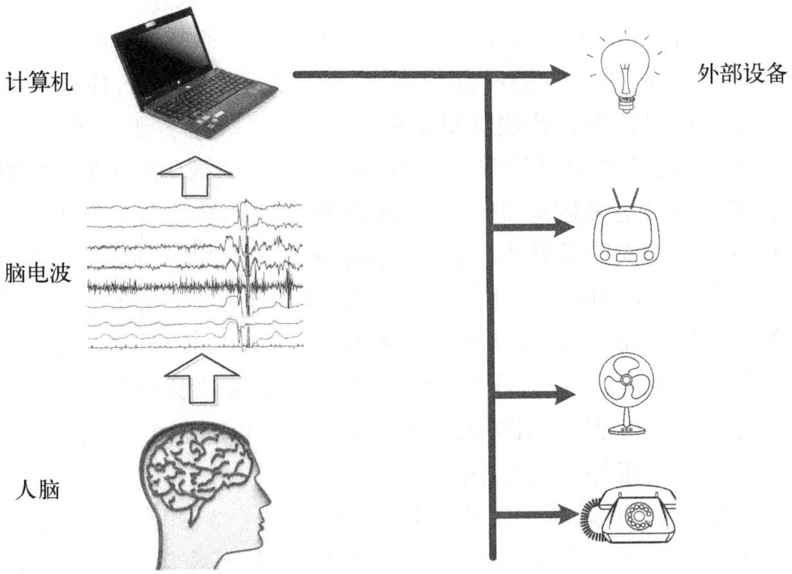

图6－1　脑机接口原理

6.1.2　脑机接口的应用

脑机接口的终极目标是达到意念控制，即只需要通过大脑想象就可以控制外部设备。近年来，脑机接口研究取得了显著进展，在医学、康复、假肢控制、神经科学研究等领域得到了广泛应用，以下介绍研究的主要进展：

2020年，马斯克团队展示了其最新的可穿戴设备LINK V0.9和手术机器人。他们还通过现场的三只小猪和实时神经元活动演示，展示了Neuralink脑机接口技术的实际应用过程[4]。Neuralink技术关注于修复脑部/脊椎损伤，并已通过了美国食品药物管理局(Food and Drug Administration, FDA)的认可；浙江大学完成了国内首例植入式脑机接口临床研究，该研究证明高龄患者利用植入式脑机接口进行复杂而有效的运动控制是可行的，这对于未来的临床治疗和康复具有重要意义；清华大学医学院与首都医科大学合作，利用无线微创脑机接口技术，成功帮助高位截瘫患者实现用脑电活动控制电脑光标移动，这项技术由电极、体内微型处理器、体外机三部分组成，能够采集颅内脑电信号并将其转换为外部设备的控制指令。

2021年，马斯克团队演示了使用自主研发的传感器硬件和大脑植入来记录猕猴的神经活动,使猴子能够通过意念玩游戏,这一突破展示了脑机接口技术在动物应用方面的潜力;斯坦福大学、霍华德·休斯医学研究所、布朗大学等机构的科研人员联合研究,首次从脑电信号中解码手写字母的动作,使瘫痪人士的意念中的写字动作可以实时转换成屏幕上的文字,这项研究实现了每分钟 90 个字符的写字速度,远超其他脑机接口的意念写字速度;美国“脑计划”之细胞普查项目揭示了哺乳动物初级运动皮层的细胞类型图谱和神经元解剖接线图,为更深入地研究哺乳动物大脑其余部分的细胞类型奠定了基础;加州大学旧金山分校的研究人员在 *Nature Medicine* 上发表他们的研究成果,首次确定并调节了与抑郁症状相关的大脑回路,为抑郁症的治疗提供了新方法;中国科学院上海微系统与信息技术研究所开发出免开颅微创植入式高通量柔性脑机接口系统,该系统的前端柔性神经电极已实现晶圆级批量制造,可自动绕过血管、减少创伤,并实现了长达 8 个月的稳定神经信号跟踪。

2022 年,全球首个双边植入脑机接口,加州大学圣地亚哥分校雅各布斯工程学院的研究人员设计了一种新的大脑传感器阵列,具有密集的网格,由 1 024 或 2 048 个嵌入式皮质电图(ECoG)传感器组成,这种技术能够直接从人脑表面记录电信号,并以破纪录的细节记录下来[5]。

2023 年,清华大学和浙江大学的研究团队开发了一种基于三维螺旋柔性神经电子的入耳式视听觉脑机接口,这种无创和微创脑机接口技术提高了脑机接口的易用性和泛用性,推动了可穿戴脑机接口技术的发展;植入式脑机接口技术方面,美国精密神经科学公司 Precision Neuroscience 开发的柔性电极已进入临床测试阶段,并获得了 FDA 的突破性医疗器械认证,这些高密度柔性电极阵列在精细脑功能“地图绘制”方面显示出巨大的临床优势;*Nature* 杂志发表了关于脑机接口技术论文,研究通过植入的微电极阵列(MEA)实现了全身瘫痪者以每分钟 62 词的速度与人交流,这是以往同类技术最高速度的 3 倍[6]。

2024 年,首都医科大学和清华大学医学院合作,成功进行了无线微创脑机接口临床试验。这项技术帮助一位 54 岁的四肢截瘫患者实现了自主喝水等脑控功能,抓握准确率超过 90%。这种脑机接口技术通过植入式硬膜外电极,使得患者能够通过“意念”控制动作。此外,该技术还被用于治疗癫痫、脊髓损伤等疾病,通过记录和解读大脑信号,实现大脑与设备间的信息交换。

虽然脑机接口研究和应用取得了一些实用性成就,但仍面临很多挑战,例如信号的解析和解读、长期的稳定性和可靠性以及个体差异等。此外,与之相关的法律、伦理和社会问题也是需要得到关注和解决的。

6.2 智能芯片

紧随脑机接口的步伐，智能芯片技术在人机交互的舞台上扮演着另一个关键角色。它是人工智能技术的核心载体，为机器学习、数据处理和模式识别提供了强大的计算能力。本节我们将聚焦于智能芯片，探讨这一技术如何推动人机交互进入高效、智能的新时代。智能芯片的发展，不仅提升了计算机处理信息的速度和质量，也为用户提供了更加个性化和智能化的交互体验。本节我们将分析智能芯片的设计原理、应用场景以及它如何面对性能、功耗和集成度等方面的挑战。

6.2.1 智能芯片技术

智能芯片在有些场合也称为嵌入式人工智能技术，是一种嵌入式芯片，能够实现人工智能高效运算。嵌入式人工智能设备不同于传统的联网模式，不需要借助云端的数据中心执行大规模运算，而是在不联网的情况下单机运算，进而实时或近实时进行环境信息获取、数据分析、人机通联互动、行为控制等，也就是所有的运算都在本地嵌入式芯片中进行。

乘着嵌入式人工智能技术应用数量急剧增长的东风，特别是对终端消费者的服务质量迅速提升，嵌入式人工智能在自动化等多个行业及领域的潜力更加凸显出来。借助于自然语言分析计算手段的不断丰富，消费者获取的服务体验越来越丰富，在嵌入式人工智能机器人、智能手机等领域的表现尤为突出。嵌入式人工智能芯片在人机交互的智能化进程中发挥着越来越重要的作用。可以期待，它将能够极大地提升以脑机接口为代表的人机交互设备的性能。

业界将人工智能芯片大致划分为四大类：通用图像处理芯片 GPU、半定制化芯片 FPGA、全定制芯片 ASIC 和类脑芯片，如图 6－2 所示。

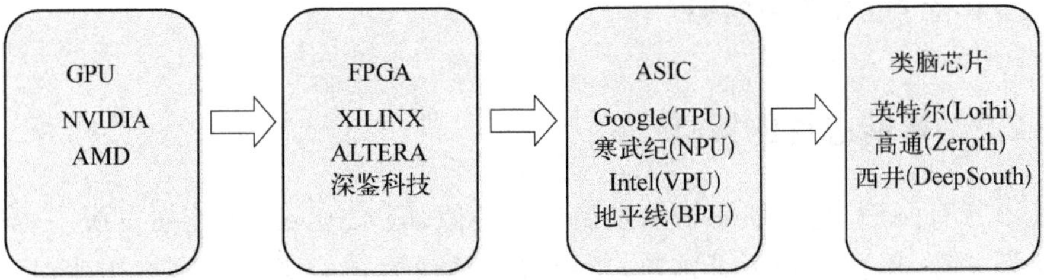

图 6－2　智能芯片发展路径

1. GPU(graphics processing unit,图形处理单元)

GPU 内嵌了多个计算单元,拥有超长的计算流水线,主要应用于图像处理领域。GPU 不可独立运行,必须由 CPU 主动向其下达指令,从而调用 GPU。与此不同,CPU 可单独运行,可以针对不同类型的数据实施复杂度极高的符号逻辑推理和数学运算,只有当用户有处理海量数据或大数据的现实需求时,才调用 GPU。

2. FPGA(field programmable gate array,现场可编程门阵列)

与 GPU 相反,FPGA 工作模式多指令、单数据流。由于 FPGA 是在硬件基础上实现软件算法,其难度随着算法复杂度的提高而增加,同时其价格相对较高。

3. ASIC(application specific IC,专用集成电路)

ASIC 不是一种通用性质的芯片,而是一种专用定制的人工智能芯片,它设计的初衷是满足特定场景需求下的应用。由于专用定制性,其缺点也很突出——扩展性不强甚至不能扩展,除此之外,在体积、功耗、可靠性等方面却优势明显,当应用到一些高性能、低功耗的移动设备上时,这些特点表现得尤为突出。

4. 类脑芯片

类脑芯片的编程架构实际上是一个模拟人脑的神经网络模型,以实现对人脑感知、思维等方式的模拟。有说法认为,人工智能芯片的未来主流将是 ASIC,然而事实上,类脑芯片可能才真正表征了未来人工智能芯片的发展趋势。由于类脑芯片的研究难度较大,甚至可以说异常艰难,因此目前由一些大的 IT 公司在推进,比如 Intel、IBM、高通等,它们的策略基本上都是相同的——利用硬件来模仿人脑神经突触。目前比较有代表性的类脑芯片包括但不限于 Loihi、TrueNorth、Zeroth、DeepSouth 以及"达尔文"类脑芯片等。

事物发展总要经历迭代渐进的过程。嵌入式人工智能"大脑"分阶段地推进其智能化进程,从机器学习演化至深度学习,进而演化至目前的生成式人工智能,已经初步具备了自主学习的能力。

6.2.2 智能芯片的挑战

凡事皆有两面,与一般事物的发展过程类似,嵌入式人工智能在发展中也是挑战和机遇并存,展望未来不难预料,想要最终达成真正意义上的万物智能,将是一个异常困难且曲折反复的进程。

一般来讲，智能终端本身的解算能力都较为受限，这已经很大程度上阻碍了数据解算的进程，再加上与 AI 相关的计算往往又异常的复杂，对终端的数据计算及分析能力提出了极高的要求。如果将 AI 算法放在本地，就代表着可能要额外增加一些单独的计算单元，否则算力肯定无法满足要求，但是如果增加算力又必然面临成本提升的现实，假设利用原有的 CPU/GPU，精度可能又会受限。

另一个问题是功耗。从实用角度，由于要依托于小的物体，终端上的 AI 功耗必须要低，另外功耗过低又限制了智能的实现。两难境地可以总结为：既要实现高性能，又要低成本、低功耗。鱼和熊掌不可兼得，因此，最终的解决方案可能需要在两者之间寻求一种平衡。

6.3　虚拟现实

在人工智能的推动下，人机交互的边界不断扩展，虚拟现实（virtual reality，VR）技术便是这一过程中的重要里程碑。它通过模拟现实或创造虚构环境，为用户提供了一种全新的沉浸式交互体验。本节将围绕虚拟现实技术，探讨其如何将人机交互提升至一个更加直观和生动的层面，并深入剖析虚拟现实的技术进展及其在娱乐、教育、医疗等多个领域的应用实例。

6.3.1　虚拟现实技术

虚拟现实技术，是用户依托于特定的输入、输出装置，基于计算机技术，达到与虚拟世界的场景进行交流互动的一套计算机仿真系统。显示技术、图形技术、传感技术、空间定位技术等是生成逼真虚拟环境的重要支撑。

具体而言，首先利用电脑模拟生成一个三维的虚拟场景，可以实时、自由地观察虚拟场景内的事物。如果使用者产生了位置移动，计算机可实时运行解算，重构精确的三维场景影像，以达到更加真实真切的临场感。由于整合了电脑仿真、电脑图形、感应、显示及并行运算等技术的前沿成果，因此其本质是一套高技术模拟系统。虚拟现实的概念最初来源于一部科幻小说《皮格马利翁的眼镜》，在这个概念的基础上，VPL Research 公司创造并推广了“虚拟实境”的概念。

真实沉浸感（immersion）、交流互动性（interactivity）和发散想象力（imagination）是虚拟现实技术的最典型特征，也称为“3I”特征[7]。其中，沉浸感是虚拟现实技术最为重要和核心的特征，用户基于自身感官且借助于硬件装置，实现与现实几乎无异的体验度。交互性主要包括两个方面：一是从用户向环境，即用户对虚拟环境中所有对象的可操作程度；二是由环境向用户，即从环境得到反馈的自然程度。虚拟现实强调人机之间交流互动的平顺、自然性，绝不是简单的键盘、鼠标交互，主流方式是使用数据手套、虚拟现实头盔(HMD)等达到手势识别甚至眼球跟踪识别等较高智能化的交互体验。想象力，又被称为构想性，指虚拟现实技术应该具备较为广阔的思维想象空间，可以提供发散思维，应该具备提升或扩大用户认知的能力，而不仅仅是对真实环境进行再现，也应该允许对客观不存在甚至不可能发生的情境进行构造。

虚拟现实技术改变了传统交互方式对空间和时间的制约，立足于用户的真实感官体验，为用户创造了完全沉浸式的身临其境的感触，创造了另一个世界。在这个世界中，开发者可以基于现实并且超越现实进行创作，而用户可根据自身喜好加入实时的交互与体验。这种方式能够让用户感觉所处环境中的一切是真实的。其工作原理如图 6－3 所示。

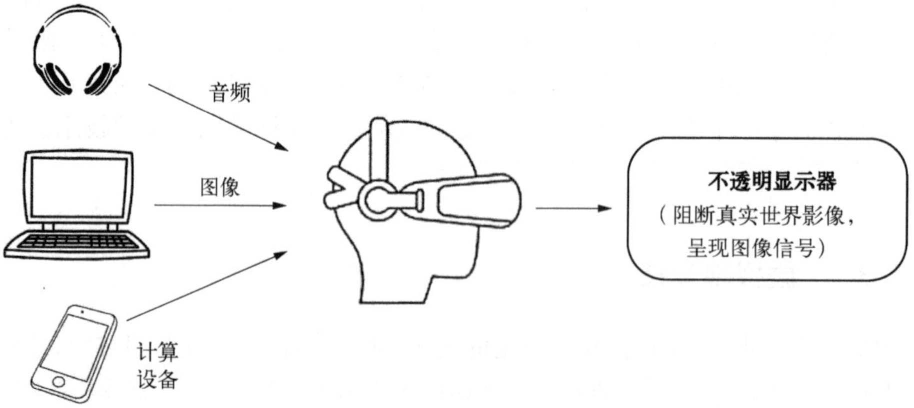

图 6－3　虚拟现实工作原理

虚拟现实技术 1956 年起源于美国，最早的设备是个多通道体验显示系统，用户可以通过它沉浸式体验摩托车骑行，感受座椅的震动、引擎的轰鸣声、风吹过耳边的声音，甚至可以闻到内燃机的气味。

不懈努力终有收获，近年来虚拟现实技术得到了极大关注且取得了长足进步，尤其是 Facebook 收购了著名的虚拟现实公司 Oculus 之后，三星、HTC 等知名公司也纷纷加入这个新兴的产业，进而吸收了大批有实力的开发者投身于虚拟现实相关项目，进一步给虚拟现实技术的大发展打了一针“强心剂”。

虚拟现实的硬件设备有输入设备以及输出设备。它们分工明确,输入设备捕捉用户感知,输出设备提供用户的感知反馈,构成一套完整的、闭环的 VR 交互系统。

输入设备:将真实世界的环境数据映射传送到虚拟世界的数据搜集、传输设备,是整个虚拟现实体验过程非常重要的一个环节。

输出设备:计算机通过屏幕显示、空间三维立体声播放、气味合成设备等多种外部设备,仿真出来可以被人类感官获取并感知的输出,从而虚拟产生出与真实世界相似度极高的场景。例如声音设备、头盔显示设备、力反馈操纵杆设备等。目前,比较有代表性的头盔显示设备包括三星 Gear VR、HTC VIVE、Oculus Rift 等。

在 VR 系统中,为了能够构建逼真的虚拟场景,人眼的立体视觉特性起着决定性作用,扮演了至关重要的角色。主流的 VR 显示设备,大多采用头盔式(HMD),也就是说,左右两个显示器中产生不同图像,并分别进入人的左右眼,在这个过程中,用户的两只眼睛分别可以看到奇数帧和偶数帧,双眼的视差将会给用户带来立体感。

Oculus Rift 的目镜分辨率极高,高分辨率是用户清晰的视觉体验的基础。同时,头盔中的陀螺仪可以感知用户头部的动作,使用户可以对自己的视角进行调整控制,这也是 Oculus Rift 极为突出的特色,这种方式从根本上改变了以往借助键盘和鼠标进行交互的方式,大幅提升了用户的沉浸感[8]。

6.3.2　虚拟现实的应用

随着硬件的突飞猛进,VR 在医疗、军事、交通、建筑、航空航天等多个领域普及开来。其中在军事领域,各类模拟训练系统借助虚拟现实技术,搭建了更加逼真的训练环境,使用者完全沉浸其中,完成武器装备的操作训练,可以极大节约人力、物力,同时又达到了较好的训练效果;在医学领域,通过利用 VR 技术设置人体各个组织的内部景象,并借助数据手套、眼球追踪 HMD 等交互设备让医务工作者获得直观的了解,便于其进行学习以及对患者进行针对性的治疗;在建筑、航空航天领域,虚拟现实技术被用于场景设计、场景展示等多个方面,获得了良好的效果。

由于虚拟现实产业发展迅猛,并且受到人们的持续广泛关注,2016 年被业界认定为“VR 元年”,大众对于 VR 带来的独特交互方式以及真实、沉浸的体验感到兴奋和期待,这种体验对智能领域无疑也具有很强的应用价值。虽然虚拟现实技术潜力巨大,但仍有许多理论、技术、应用层面的问题尚未得到很好的解决。大部分应用主要关注于虚拟环境的构建,在交互性方面,主要借助传统的辅助设备,如数据手套、头盔、手柄等外设来获取用户的简单信息输入,智能化程度不高。

在人工智能浪潮的席卷下,虚拟现实技术被注入了新的推动力,获得了更强大的生命力。人工智能在虚拟现实系统中的典型应用主要分为两类:一类为设计者开发的虚拟环境具有“智能”,能够对用户的输入进行智能化的交互,使用户获得更加逼真的感官体验;另一类通过智能设备(如脑机接口)摆脱传统外设的束缚,更便捷、直观地获得用户的输入,极大地提升用户体验。

未来,神经科学将是生物、医学及信息智能领域重要的发展趋势之一。VR 头显通过脑机接口与大脑连接,使用户通过脑电波控制其在虚拟场景中的各类信息输入,同时通过脑机接口获得用户的指令,在虚拟的环境中,达到使用意念来控制模拟情境中用户行为,以及对虚拟现实界面的控制,从而实现对用户使用体验的极大提升。

通过人工智能的处理,虚拟环境具有了“智能”,能对用户的交互进行相应的处理与反馈。美国陆军开发的综合训练环境(Synthetic Training Environment),结合了虚拟现实、增强现实、人工智能,创建了一个跨陆、海、空、天和赛博空间的一体化训练系统,可将现实、虚拟、设施性和游戏性的环境统合到一个训练环境中,包含“一个世界”地形系统、训练仿真软件、训练管理工具和虚拟集体训练设备,让士兵在真正踏入战场之前练习数十次乃至数百次的战斗场景模拟[9]。

6.4 增强现实

随着人机交互技术的不断演进,增强现实(AR)作为一种将虚拟信息与现实世界融合的技术,正逐渐改变我们的交互方式。本节将探讨增强现实技术如何在上述人工智能技术的基础上,为用户带来前所未有的交互体验。增强现实不仅扩展了我们对现实世界的感知,也为人机交互提供了新的维度。本节我们将详细分析增强现实技术的工作原理、发展现状以及在各个领域的应用潜力,探讨增强现实如何通过实时地叠加虚拟信息到用户的现实视野中,增强用户的感知能力和互动体验。同时,本节也将探讨增强现实技术在实现过程中遇到的挑战,包括技术难题、用户体验设计以及对社会生活的影响。

6.4.1 增强现实技术

增强现实技术,通过混合应用计算机、三维建模、交互传感等多种技术手段,将辅助设备生成的文字、声音、图像、三维模型等虚拟场景信息和真实的物理世界相叠加融合。一言以蔽之，就是通过利用虚拟场景信息对现实世界进行补充，进而达到对现实世界“增强”的效果，用户可以通过多种交互方式与辅助设备中的虚拟场景进行互动。这种互动基于现实场景，因此可为用户带来更丰富的体验。

严格意义上，目前对于 AR 有两种比较被业界普遍接受的定义：一是北卡罗来纳大学罗纳德·阿祖玛教授于 90 年代提出的，他认为增强现实应该包括三方面的内容，即将虚拟对象与现实结合，实时交互，以及三维。第二种定义是保罗·米尔格拉姆和岸野文郎于 20 世纪 90 年代提出的现实-虚拟连续系统。该系统分为三种情境，现实情境和虚幻情境分别位于系统两端，而位于两者中间位置的被定义为“混合实境”。这其中，离现实情境较近的一端是扩展增强实境，而离虚拟环境较近的则是扩展增强虚境。

增强现实技术立足于虚拟和现实的交融，是对现实真实情境的延展。其具有三个突出特点：虚实融合、实时交互和三维注册。

1. 虚实融合

增强现实的一大特点，即将虚拟世界呈现出的场景与现实世界进行良好的集成融合。它依赖于现实世界，并在现实世界的基础上进行拓展和丰富。例如目前已在部分博物馆中使用的典型 AR 应用，当用户将外设的摄像头对准文物时，在外设的屏幕上就会显示出该文物的文字简介、图片，甚至与之搭配的声音等，用户可以方便地了解文物的各项信息。通过这种虚实结合的方式，一方面较好地留存了真实情境的原始数据信息；另一方面将虚拟环境的数据信息作为补充添加进来，可以实现给用户提供更优体验。

2. 实时交互

增强现实能够帮助用户与外设进行实时或近实时交互，根据用户的需求，在设备中及时对虚拟环境中的各项信息进行调整、改变，同时确保与现实世界的良好融合，为用户提供及时的反馈，达到实时的操作体验。例如支付宝推出的“扫福字”活动，当用户将摄像头对准“福”字后，支付宝 APP 迅速作出反应，将此次“扫福字”的信息传递给用户。

3. 三维注册

在增强现实技术中，前提是要对现实情景的信息加以精准识别，对未经注册的物体或区域并不进行识别。当用户把虚拟数据融合进真实情境之中后，即完成了“注册”。如果用户改变了摄像机的角度，AR 设备需要及时解算摄像机的位置和角度,并完成用户已添加信息在真实场景中具体位置的定位,及时调整后再次显示。即增强现实系统中,虚拟场景是随用户姿态和行为的改变而改变的,不是一成不变的显示屏。

提炼总结增强现实技术的工作原理,如图 6-4 所示。

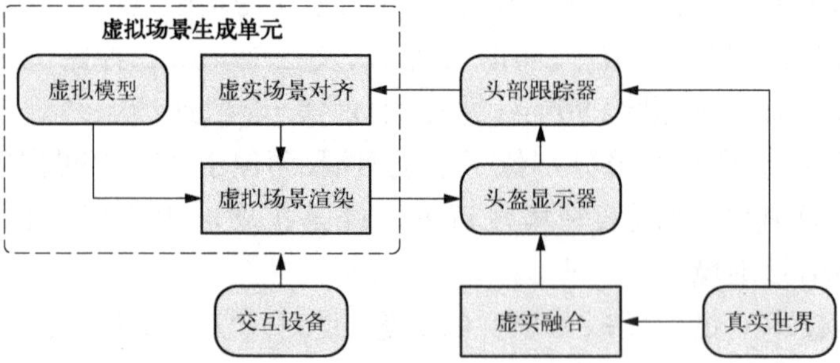

图 6-4　增强现实工作原理

6.4.2　增强现实的应用

1966 年,著名的计算机图形学之父萨瑟兰开发设计了人类历史上首个增强现实系统——“达摩克利斯之剑”。用户通过头戴式显示器,借助于两个物体跟踪仪,把较为简单的二维线框图映射叠加为拥有 3D 效果的图形。

通过半个多世纪的发展,增强现实技术有了长足进步。微软、Meta 是全球著名的 AR 头显公司。市场上典型的 AR 设备有微软 HoloLens、Daqri 智能头盔、Meta2 等。

HoloLens 设备如图 6-5 所示,它不需要外部线缆连接,可以独立使用。HoloLens 上装备有两个显示屏,分别位于左右两边,通过设备上的多个传感器,对用户所处的环境、距离、深度加以识别,并对用户的手部、头部动作实施跟踪,同时在屏幕上对虚拟信息进行显示,显示内容随着用户移动而变化。另外,HoloLens 还具有非常强的手势识别功能,这些典型的手势动作预置在头盔中,当用户做出手势后,HoloLens 可以迅速捕捉并做出识别,执行相应的动作,用户能够通过手势和头盔之间进行实时的交流互动[10,11]。

和 HoloLens 相似,Daqri 也是一款著名的独立增强现实设备,如图 6-6 所示。这款设备除了传统的镜片,还配备深度传感器和热成像相机,主要适用于车间、工厂等作业环境。Daqri 可以通过显示屏看到物体的相关说明,帮助工程师对机械、设备的部件进行检查、找到存在的问题并修复,它同时支持多人共享,通过汇总多

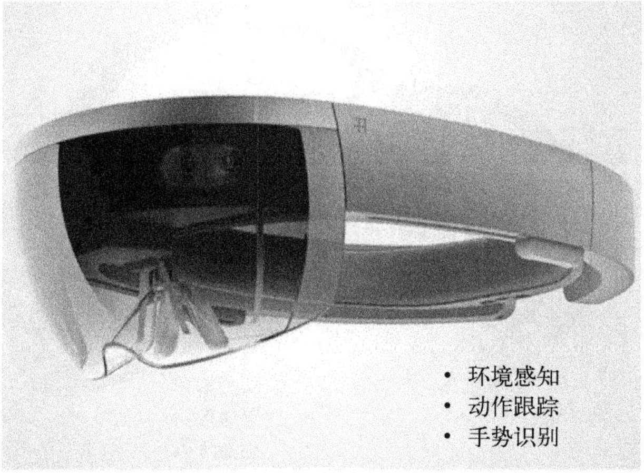

图 6－5　微软 HoloLens

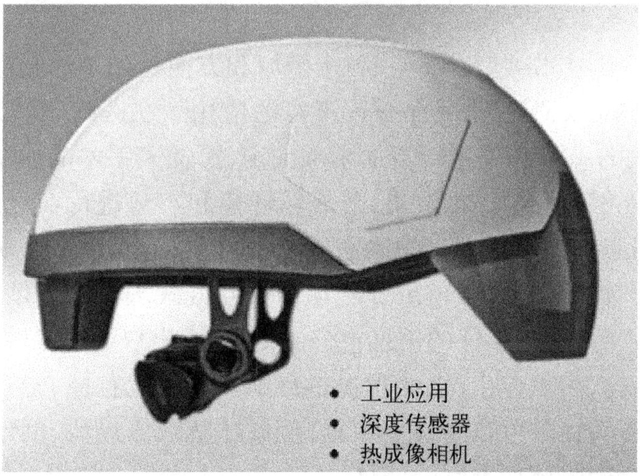

图 6－6　Daqri

个用户所提供的信息，拓展每位用户的知识来源。Daqri 的出现，较为有效地提升了工程师的工作效率。

Meta2 是一款与微软 HoloLens 类似的增强现实设备，如图 6－7 所示，它同样也内置了摄像头和传感器阵列，用于识别用户头部、手部的动作以及位置的移动。它的显示分辨率高达 2K，十分清晰。同时 Meta2 较为轻便，用户佩戴起来感觉舒适，并为戴眼镜的用户提供了较好的使用体验。相比于 HoloLens，Meta2 具有更强大的手势识别功能，用户操作更加便捷。但其背后有一条 9 英寸（约 22.9 cm）的数据线与计算机进行连接，限制了用户的使用范围。

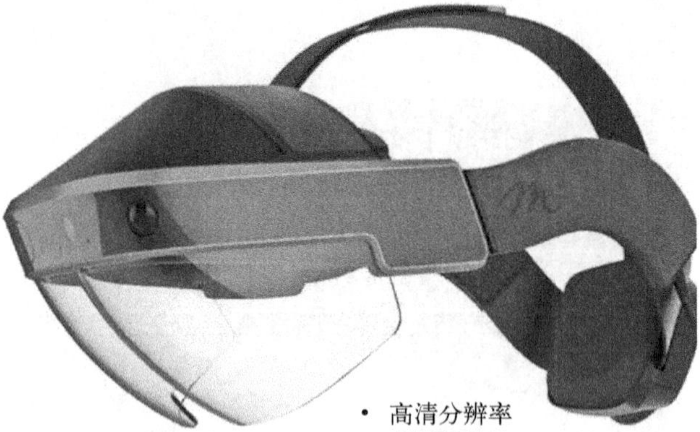

图 6-7 Meta2

AR 技术与 VR 技术类似,同样在各个领域和方向得到了广泛应用,在医疗、文物展览、电视、军事、工业等领域都有较丰富的应用。在医疗领域,医生能够依托 AR 技术,对病人的患病部位进行更加精准的定位,提高手术的成功概率。在军事作战领域,战士能够借助于 AR 设备,对战场环境和态势进行实时的感知,获得所需的作战数据和态势信息。在文物展览领域,游览者可通过增强现实外设查看文物的文字简介、图片等信息,获得更加生动的交互方式。在工业领域,工程师通过增强现实设备,查看设备、部件的信息,在屏幕上显示出仪器的参数、虚拟的面板甚至机械的内部结构,为工业生产、修理提供帮助。在电视直播、转播领域,通过 AR 技术,在电视进行转播时可以将许多数据,例如比赛双方局势、倒计时等融合在现场画面中,为观众带来更加丰富的信息。

传统的增强现实应用,大多关注于将虚拟的场景、信息呈现给用户,多是给用户视觉上的冲击,提供更强烈的事实感。当前的 AR 互动,从根本上说,还是一种利用传感器或者其他外部输入设备进行人机交互的方式,虽然 AR 技术提供了虚拟世界和现实世界相融合的一种手段和途径,但其更多地依赖于已经预设好的信息和场景,智能化程度较低。在 AI 突飞猛进的大时代背景下,乘着人工智能的东风,未来的增强现实技术的智能化程度一定会更强,可为用户提供更加自然的交流互动模式。

将人工智能与增强现实技术融合集成,不仅可以从视觉上为用户提供更强烈的真实感,还可以从行为、交互等方面带来更好的体验。例如,根据相关报道,MIT 的学生推出了一款宠物狗游戏,这款游戏利用深度学习的算法,使电子宠物狗能够与真实狗一样，与主人互动，并且被主人驯养出脾性。在AR设备中，它虽然是虚拟的，但可以听懂主人所说的话，并能够理解主人的命令，陪伴主人的每次活动。这样的应用，已经超越了场景游戏的范畴，成为一种新的交互体验方式。通过深度学习，发展利用人脸识别技术，警察可以佩戴AR头显，对现实场景进行扫描、识别，在万千人群中快速寻找并锁定罪犯，提升工作效率。

6.5 《头号玩家》

在探索了脑机接口、智能芯片、虚拟现实和增强现实等技术之后，我们以风靡全球的电影《头号玩家》为案例，展望基于人工智能的人机交互技术如何为人类带来跨越现实与虚拟的全新体验。这部电影不仅是对未来科技的一次大胆想象，更是对我们理解“真实”概念的一次深刻挑战。2018年上映的电影《头号玩家》中的很多电影情节就体现了跨虚实体验。

故事发生在2045年，因为能源稀缺、环境破坏等极为严重的现实问题，人类的生存已经岌岌可危。彼时，世界上流行着一款将VR和AR技术复合、真实生活和游戏环境并行推进的网络游戏，该网络游戏的名称为“绿洲”。该游戏中，只有你“想”不到的，没有你“做”不到的。该游戏的设计者去世之后，在游戏过程中埋了一个线索和伏笔：依据他留下的各种线索，去寻找彩蛋，找到的人，可以继承该创始人的所有遗产和整个游戏。在该电影中，各方人员都紧紧围绕该“游戏彩蛋”展开博弈。

借助于现实和虚拟这两条叙事线索，电影的前半部分从现实和虚拟两个角度作为切入点，分别对现实和虚拟世界进行了介绍，设置了主角的背景，铺垫了反派的信息；电影后半部分，主角不仅需要在虚拟世界探险、闯关，同时还要在现实世界逃亡，这两个世界的同步并行推进，营造出一种非常真切的紧迫感。

该电影用夸张的方法表现了跨虚实体验技术发展到最高情境时的强大效果——人们甚至已经无法辨别自己所处世界是虚拟的还是现实的。而我们目前在利用跨虚实体验技术时，也正是为了让用户能够感觉到自己处于另一个世界中，得到区别于现实世界的体验，当然，这种体验越真实说明技术发展得越成熟。

相信有过观影经历的人都会引发一些思考，可能会在当时或之后某个时刻思考一个问题——“虚”与“实”的边界到底在哪里？两者的区分对于我们人类是否真的重要？试想一下，戴着VR头罩，穿着AR装备，“两三步走遍天下，七八人百万大军”的幻想又怎能说是一种虚假呢？在游戏情境中，腾云驾雾不再是神话，枪林弹雨也不再是虚幻，美女与野兽的传说不再是无稽之谈，王子与公主的童话不再是天方夜谭。这种“真实”我们即使可以用理性、思考和逻辑去否定,但仍然无法去抹杀它的存在。但当这一切如梦似真、如幻似梦的事物真的降临在我们身边时,我们是不是要重新思考:“真实”的意义到底是什么?

阴阳互生,虚实互存。虚实原本是一体的,两者的关键是如何去寻求平衡。避实就虚不可取,同样,避虚就实也不是可取之道。若将来某天,VR 和 AR 的时代真的来到我们的身边,我们不必刻意排斥,存在即合理,这种“虚拟”的存在本身又何尝不是一种“真实”呢?

参考文献

[1] 施文强,肖晓琳,刘爽,等.混合范式脑机接口研究进展综述[J].中国生物医学工程学报,2022,41(1):73-85.

[2] 吉博文,王明浩,周宇昊,等.植入式柔性神经微电极最新进展[J].微纳电子与智能制造,2022,4(3):8-18.

[3] 盛兴,赵汶鑫,李丽珠,等.脑机接口技术的基础研究:神经元与二极管[J].中国激光,2023,50(9):173-184.

[4] Fourneret E. The hybridization of the human with brain implants: The neuralink project[J]. Cambridge Quarterly of Healthcare Ethics, 2020, 29(4): 668-672.

[5] Hammer L H, Kochanski R B, Starr P A, et al. Artifact characterization and a multipurpose template-based offline removal solution for a sensing-enabled deep brain stimulation device[J]. Stereotactic and Functional Neurosurgery, 2022, 100(3): 168-183.

[6] Naddaf M. Brain-reading devices turn thoughts into speech[J]. Nature, 2023, 620: 930-931.

[7] Soni L, Kaur A. AR and VR in military combat: Enhancing soldier performance and safety[C]. 2023 International Conference on Sustainable Computing and Smart Systems (ICSCSS), 2023: 1205-1209.

[8] Riccardo M, Jacopo A. Evaluation of the oculus rift stracking system in room scale virtual reality[J]. Virtual Reality, 2022, 26: 1335-1345.

[9] 王岳,王锦秀,陈晨,等.美国陆军综合训练系统的发展现状与趋势综述[J].兵工自动化,2023,42(8):27-31.

[10] 李剑炜.可穿戴智能设备的用户交互技术[J].电子世界,2021,22:150-151.

[11] 柯健,张量.用于虚拟现实/增强现实人机交互的实时手势识别方法的研究[J].现代计算机,2023,29(1):59-62.

第 7 章　脑科学与人工智能

人工智能之父马文·明斯基认为“大脑不过是肉做的机器”，大脑中不具备思考意识的各个极小单元可以组成各种思维——意识、精神活动、智能、自我，最终形成“统一的智能”。“极小单元”即为脑细胞，而“统一的智慧”即为脑意识、脑情感、脑思维。有分析认为，脑科学可以为人工智能提供生理学原理、数据、机制等，并启发更具通用性和自主性的人工智能新模态，本书第 4 章中提到的深层神经网络架构就是模拟了大脑多层次信息处理的方式。脑科学与人工智能的交叉融合势必引发深刻变革，在可预见的未来深刻影响人类的思维范式和生活方式，成为今后人工智能模拟人的重要发展方向。

7.1　脑 细 胞

脑细胞是构成大脑的基本生物单元，也是形成意识和思维的物质基础。本节从神经修复和细胞替换两个角度进行剖析阐述，试图寻找脑细胞与意识形成之间的关系，探究其对人工智能技术的启发。

7.1.1　神经修复

近现代以来，许多科学家将研究的焦点放在了神经再生领域上，并找到了一类神经营养因子，能够促进神经生长。由于胚胎神经元极易生长，依赖于神经营养因子的滋养，如果将胚胎脑组织、周围神经等移植到大脑里面，可以在一定程度上促进中枢神经的再生长。

维基百科定义神经修复术为：神经科学中与神经的修复相关的领域，即用人工系统置换掉原有功能已衰弱的部分神经或感官。人工神经系统最广泛的应用是人工耳蜗。脑机接口和神经修复的区别从字面上即可见:“神经修复”通常指现实中已经使用的装置,而许多现有的脑机接口仍然处于尝试摸索阶段。实际上人工神经系统(如假体)可以和神经系统的任意部分相连接;而“脑机接口”通常指一类范围更窄的直接与脑相连接的系统。

神经修复术是神经修复学科临床治疗方案的极为特殊而意义重大的组分,是神经系统能够使功能得以恢复的重要临床诊疗方法。神经修复与传统的神经外科手术主要的区别在于:前者需要嵌入某类功能体,并且强调该嵌入对象嵌入后可与人体结合,通过细胞无间隔的接触、释放化学物质、管控神经元的信息传输等机制对原有神经产生修复和优化。神经修复术主要包括自体、异体组织与细胞等的移植手术,显微镜下的神经对接和缝合手术,以及电刺激器嵌入手术等。

神经修复属于多个学科的交叉,是它们的焦点,包括神经外科学、神经基因组学、神经病学、神经康复学、神经药理学、神经蛋白组学和心理学等,如图 7-1 所示。

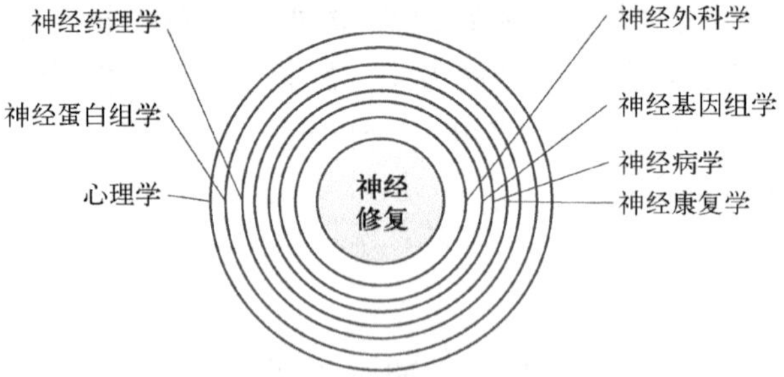

图 7-1 神经修复是多学科交集的中心点

近年来,美国和欧洲的人类脑计划逐步实施,目的在于提高人类对中枢神经功能的理解。然而,由于人脑有 850 亿个神经细胞、100 多万亿个神经细胞连接,以及巨量的与调节人脑能力有关的神经胶质细胞,到目前为止,大脑仍存在很多谜团。因此这些项目的难度可想而知。实际上,这些项目未来的规划,正是神经修复学过去已完成和现在正在做的工作。

未来,随着在神经修复过程中对神经功能的越来越深、越来越多的了解和认知,相信人类对于脑细胞在意识情感形成中的作用及机制会越加清晰,也将为人类探究人工智能之路提供必不可少的支持。

7.1.2 细胞替换

人体有 40 万亿到 60 万亿个细胞,它们的新陈代谢为人体活动提供能量,在这个过程中，细胞不断衰亡，也在不断衍新。细胞的正常代谢，不会让个体变成一个不同的人，这是由于从细胞的功能和结构来说，新生细胞与衰亡细胞是一样的，因此对人体并不会有宏观层面的影响。

细胞按照周期代谢、衰亡和衍新，但各类人体细胞的生灭期限并不一样。比如，位于皮肤的上皮细胞的更新周期为一个月，位于胃黏膜的上皮细胞的更新周期为一星期，肠黏膜细胞的更新周期只需半周……但这些过程不会把人变成另一个人。那么，人为何会产生“今是昨非”的感受呢？实际上，是脑中神经突触之间连接的规模和强度决定了人的记忆、情感及思维。大脑中的无数神经细胞，它们之间彼此传导信号，形成 100 多万亿个突触，突触之间的交互状态是可以改变的。如果你觉得你比几年前有了情感等方面的变化，可能就是你的日常大脑使用惯式改变了大脑的突触之间的连接状态造成的。

然而，大脑有的细胞从不更新，比如位于中枢神经的细胞，人在呱呱坠地时就已设定好，自然情况下，无法增加或更新，年迈后还会减少，这是造成人脑功能下降的主要原因，而人脑的衰亡是人走向衰亡的重要原因。

结合神经修复和细胞替换，未来可以期待脑复原技术。脑复原是在考虑意识为主体的前提下，如果把大脑衰老的过程和其他有损于大脑神经细胞存活的情况视为脑损伤，将人为地对脑细胞的修复视为脑复原。设置脑复原的速度足够缓慢，比如几十分钟置换一个神经细胞并保持其形态相同，也就是说，在不影响个体总的思维的状况下进行个别脑细胞的置换，从而实现脑复原。

脑复原技术有两个重要关切点：第一，用新的同形态神经细胞按原状态替换老的神经细胞，使脑的物质条件得到延续；第二，主体的意识在整个脑修复过程中不应该被这一过程所强烈干扰，也就是说脑复原过程对主体是基本透明的。

在医学条件达到能够实现脑复原的水平后，意识将有望突破物质条件，得到进一步的延伸。谷歌风投公司的首席执行官 Bill Maris 曾说：如果你今天问我，人是否有可能活到 500 岁，我的回答是肯定的。

如果中枢神经细胞能像普通细胞一样，在人工或者半人工的情况下进行替换，那么，人类的记忆或许能够长久不变，思维意识或许能够一直存在。

7.1.3　脑细胞与人工智能

医学上的神经修复与细胞替换仍举步维艰，能否通过智能技术识别脑细胞工作机制，通过人工方式制造出具备智能的人工脑细胞，进而实现神经修复与细胞替换，或许是解决上述问题的新思路。

让人造系统像人的大脑一样学习和思考，对科学研究人员是一个巨大的挑战，人脑拥有 860 亿个神经细胞以及 100 多万亿个神经突触,而且这些神经突触的可塑性很强,随着时间的变化自我演变,变得更强或更弱,神经突触如图 7-2 所示。可塑性是人脑的神经元的突出特点。在神经突触中,很多因素(包括有多少信号会得到释放以及信号释放的时间等)都是不定的。这种可塑性允许神经元对记忆进行编码、学习和自我调整恢复。

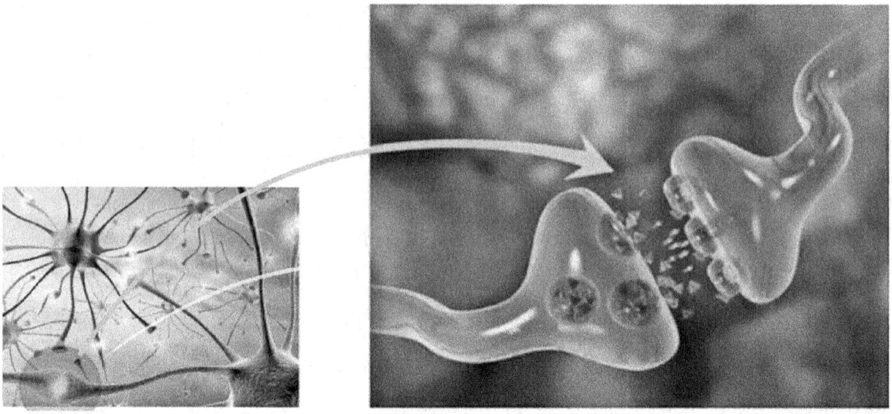

图 7-2 神经突触

人们一直在尝试研发人工的神经细胞和人工的神经突触,并取得了一些成功,但是他们研制的成果多缺乏可塑造性,而这正是学习所必需的。

近年来,清华大学的研究者在《纳米快报》上公开他们的成果,其团队研发了世界上第一个可模拟人脑神经可塑造性的人工神经细胞。该团队用氧化铝和经过变形的石墨烯材料,制造人工神经突触,通过向该系统加以不同的电压,从而控制神经细胞的反应。该团队指出,这种新型系统有助于研发具有学习和自适应修复功能的 AI 产品。

人工神经突触的研制成功,不管是对于神经受损后的修复,还是对于神经细胞的替换,都具有极其重要的意义,让人类距真正的"人工智能"又近了一步。目前,该团队的研究正在进行之中,相信在未来对脑细胞作用机制的认识更加深入,研发出真正的具备智能的脑细胞将不再遥远。

7.2 脑 意 识

意识是高级生命的大脑对于客观世界的反应。智力、思想、感知都是意识的具体存在方式。事实上，尽管科学家一直试图理解意识，但它仍然是现代科学中最重要的未解谜题之一。

7.2.1　意识的幸福

探索个体意识对研究人类未来科技发展具有重要意义。人对科技的推动，归根结底是因为技术能够给人带来前所未有的快乐体验。当科技能够真正成为人类改造世界的工具，让世界变得更加美好时，它对人类的生存衍新才会具有意义。而快乐体验的源头，正在于意识。

21 世纪以来，人类取得了空前的进步，却依旧很少满足。事实上，目前的人类自杀率史上最高，发达国家平均每年每 10 万人之中有 25 人选择结束自己的生命。就算每个人都可以吃饱肚子、可治疗全部病患、世界和平，也未必能保证幸福感实现同步。幸福和快乐的玻璃天花板靠两大因素支撑，分别属于心理与生理[1,2]，如图 7－3 所示。

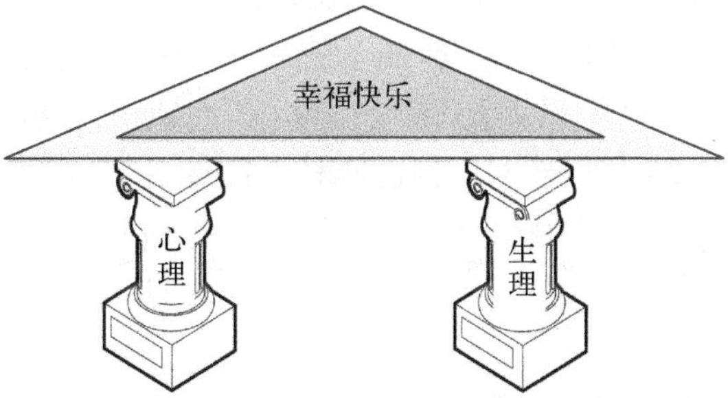

图 7－3　幸福快乐两大支柱

心理上，是否快乐要看期望如何，而非看客观条件。现实必须符合期望，才能让人类感到满足。不幸的是，客观条件改善使得期望也不断膨胀。可能的情况是，未来不论取得什么成就，人类还是会像当初一样，不会真正满足。

会不会存在这样的一个系统，能够让意识满足期望的同时，可以稳定人的期望，即确保人对意识的期望在系统的满足范围内。虽然不确定如何能够达成这种绝对幸福，但可以肯定的是，这样的系统至少满足三个必要条件：物质自由、意志自由、二者相融合的稳定持久的空间。

有人认为，意识是思考，是注意，是情绪，是知觉，是记忆，是思维，是想象，是表达。

而数据主义者觉得上面这种说法太笼统,他们认为意识是数据的处理中心。对于人这样一个系统,基本遵循:输入—处理(意识部分参与)—输出,人的意识处于核心处理器的位置。

即使这种说法也在遭受质疑,在自由意识环境下成长起来的新一代人,相信自己的力量,相信主观能动性,相信意识是自由的、不受控的。进化论本已经将神学逼到了角落里,而人类现在利用科学所产生的巨大进步更是让人相信自己才是宇宙的中心。问题随之产生,如果人是一个系统,意识是处理核心,那么人的意识是随机产生还是生物预设?考虑一个小游戏,来感受一下人的意识对人产生的影响,请跟着下面的描述操作:

回收注意力到自己的身上,将注意力放在眼前的视野上(持续 5 秒),记住这种感觉,为感觉一。

回收注意力到自己的身上,将注意力放在耳朵的声音感知上(持续 5 秒),记住这种感觉,为感觉二。

回收注意力到自己的身上,将注意力放在身体内脏的感知上(持续 5 秒),记住这种感觉,为感觉三。

可以肯定这三种感觉是不一样的。现在,专注"你"自己,请"你"选择上面一种感觉进行体验(持续 5 秒)。"你"选择了哪种?"你"在这个选择中承担了怎样的角色:按照数据主义者的观点,只能是随机产生或者生物预设导致了这一选择——在数学模型中,结果的产生只有这两种。问题是,自由主义者坚信自己是自由的,如果是随机产生或者生物预设导致了自己的选择,那么人的"自主"体现在哪里?意识的存在又有什么意义呢?这一选择完全可以交付脑系统进行运作而不产生意识。

孰对孰错无法判断,但可以明确的是:每个人的意识都是独一无二、不可准确预知的,它不是一个输入输出对应关系明确的黑盒。

意识是基于物质的,大脑的某一部分承担了作为意识载体的功能,但意识的产生方式、作用方式不明确。意识是否是绝对自主的?抑或是做选择的时候,在参考了自己的经验后掷了骰子?这个问题需要等待进一步了解意识的产生方式和作用方式后才能有结论。但目前,人类有能力做的事是开发神经信号、进一步了解脑的运作,从而让意识体验更美好的感觉。

7.2.2 记忆的回放

在电影或小说中,经常会出现这样一幅场景:一个人临终前脑中将自己的一生从开始到结束快速播放一遍。这是否说明了人脑中记忆是依据时间线进行存储的？还是说不同类别的事件存储位置不同，但会打上时间的标签？如果将考虑当前的状况称为意识，当某人“意识到什么”时通常都是在总结过去的基础上得出的，这更表明意识关注的是过去。

如果被问及三天前的现在在干什么，你可能会回答“时间太久，记不清了”。人的记忆会因时间而淡化，不过并不是删除脑中过去的记忆，而是连向这部分记忆的神经元链接弱化，无法访问记忆。当向你提示几个关键信息时，你可能就会想起当时的具体细节。那再把时间向前推几年，五年前的今天你是否还能记得？或许不管别人描绘得再怎么清楚，你可能也想不起来了。但小时候的事情我们总能或多或少地记住一些，脑无意识地随机选择留下这些记忆。而剩余的记忆被完全覆盖，再也无法读取了。当回顾过去时，人们总是以第三视角看待发生在自己身上的事情。这很奇怪，因为亲身经历的事情被迫作为第三者感受，并且当时的感受和情绪无法再现。但当你考虑未来的事情时，又会将重心转移到其他事物上。假设现在的你坐在自己的办公桌前，想象一下晚上下班时可能会遇见的事，坐电梯时可能会遇见谁？回家的路上又会碰上几个红灯？要不要顺手取一下快递？这种状态下的你是以第一视角考虑问题。但如果让你回忆一下昨晚下班路上遇见的事情时，你又戏剧性地转为第三视角回忆起所见所闻。

再次思考如何选择乘车工具时，必须将所有可选择的工具进行比较，这意味着每个交通工具都会在大脑中形成一个独立的临时记忆，以便于寻找各方面的优劣。这几个临时记忆存在很多相似点，例如花费的时间、金钱，以及乘坐的舒适度等等。那是否可以将临时记忆切割成小记忆进行比较。这似乎和算法中的递归原则很像，把原问题分成相似的子问题，子问题的最优解构成原问题的最优解。这种方法可以有效解决复杂的问题，在大脑中设置缓存单元，出现选择性问题时，可利用递归方法来寻找最好的选择。

7.2.3　脑意识与人工智能

人工智能技术能否发展出如人类一样的意识呢？这需要从脑意识与人工智能的本质去剖析。

在概念上，人工智能是相对于人类意识和智力而存在的，由于意识是物质运动的一种特别的存在样式，根据控制理论，通过仿真，可用计算机仿真人类大脑的某些功能，将人类活动机械化，该过程即为 AI。AI 的本质是模拟思维的数据传递和运用过程，甚至在某些方面已横跨人脑的功能，但人工智能不会成为人类的意识，究其原因主要有以下两点：首先，AI 是思维模拟，而非思维本身，人类智能主要是生理和心理的过程，人工智能无法将“机器思维”等同于人脑思维；其次，人类的智慧和意识形态具有社会性,而人工智能没有人类意识的独特主动性和创造性[3]。

目前来看,两者之"异"远远大于两者之"同",无论是在理论研究上,还是现实应用上,巨大的鸿沟依然存在。在脑科学取得真正突破之前,人工智能仍然难以突破"思维模拟"的属性束缚,如何从"思维模拟"跨向"思维本身",正是人类今后较长一段时期需要挑战的方向。跨越鸿沟之时将是人工智能真正"智能"之日。

7.3 脑情感

人与机器最大的区别在于情感的存在与否。对于人工智能而言,往往是智商爆棚,但情商(情感)缺失。因此,探究人类脑情感的形成及机制对于丰富人工智能意义重大。

7.3.1 智力与情感

要智商还是要情商?鱼和熊掌不可兼得,很多人有着自己的取舍。但是情感比智力更加难以解释,这得到了大多数人的赞同,因为智力的体现在于计算和推理,而情感却表现在具体事件中,很难用公式或算法进行概括。

对现有人工智能而言,它是某一领域的"专家",远比工人高效、准确,但可惜它没有情感。以聊天类机器人为例,虽然它可以响应你的问题和请求,但实际上它并不清楚你在讲话时的语气、当中表达的情感。它只能抓住关键字,并作出回应。如果评论一个人"和机器一样",一种意思可能是他(她)做事专注,操作精准。还有一种意思可能是没有情感、毫不关心。现在的问题不是机器是否拥有情感,而是智能机器能否在没有情感的前提下自主学会掌握情感。如果机器拥有这个能力,那么它的系统与结构将和人脑一样复杂。

如果一个系统复杂且时刻在变化,那么就不可能通过完整探测它过往状态和运动规律来准确推测它的下一刻状态。模糊系统由于系统太复杂,具有不可探知性。这个特点决定了会产生蝴蝶效应。意识是由模糊系统产生的,即便同等环境,但在微观层面,同等环境的输入已经有微小差别了,经过大脑的处理以后,输出的所有可能状态的集合可能会产生巨大差异,刺激的细小差异犹如南美洲亚马孙河流域热带雨林中蝴蝶翅膀的偶尔扇动,可以造成意识空间如得克萨斯州龙卷风般的巨大混沌。

中国有句古话"人之初,性本善",是否旨在说明儿童的思维和成人的思维是相同的,但成长过程中的经历改变了他的思考方式?如果是的,这说明人的智力是先天注定,儿童已具备成人的才智。那思维又是如何形成的?有些学者认为思维是从无到有的发展,还有些学者认为思维由各自独立的碎片组成,在成长的过程中逐渐产生联系。像新生儿他们很多感受都是通过哭和笑表达出来,但伴随着成长,他们学会了用手伸向自己想要的东西,用点头或摇头表示他们的意愿。

虽然学术界给出了各种看似合理的推断,但也仅仅限于推断,目前对于情感的形成没有一个权威的可绝对信服的解释。下面两小节试图从婴儿及成人的情感特点中寻求突破,找到启发。

7.3.2　婴儿情感

对于动物而言,它们的情感单调而直白,但人的情感复杂多样。动物以生存为目标,而人类面临的问题大多数是由自己创造的,解决这些问题便意味着一次进化。

如果人的思维由许多碎片组合而成,那么各种情感可能受到独立的思维碎片引导。现在设计一种简单生物体,它可能只包含若干个简单功能,例如睡眠、饥饿、口渴和疲劳等。饥饿需要眼睛寻找食物,手和脚联合行动获得食物,口咀嚼食物,最后交由消化系统转化成能量。但似乎忽略了一个问题,口渴需要借用眼睛和嘴巴等其他器官。那最终结果是生物体可能会有许多头、手和脚,变成了完完全全的怪物。这就要求它们共用一套器官,把原问题演化成优先权判定问题:哪些思维碎片可以优先表达出来。同样,还可以将这些思维碎片分解成许多相似子问题,例如饥饿和口渴都需要眼睛去寻找目标,都需要借助腿避开障碍物。完成子功能的共享,以达成最终目标。

婴儿是单纯的,有时突然地从笑转变为哭,这表明哭的优先权战胜了笑。幼儿的情感界限十分清楚,而成年人包含的情感很是复杂。同样优先权并非是始终固定的,假想一个简单生物体又饥又渴,它可能会觉得口渴比饿难受,所以它奔向了水源。但喝了几口后,饿的感觉又涌现上来,于是它又转头走向食物。显然少量的水并不能解决口渴的问题,吃了几口后它重新返回水源。依次反复,它在水源和食物之间来回奔波,这路程中是会消耗能量的,所以它始终觉得又渴又饿。两种思维的优先权一次又一次压过对方,这最终导致了饥饿和口渴的优先权逐渐增高,成为它眼中仅有的两件事。所以思维之间是相互抑制的,当一种情感获得掌控权时,它会抑制其他情感。但当另一种情感逐渐强烈并超过阈值时,它会夺得掌控权并开始反抑制之前的情感。

对于婴儿来说,哭的原因可能是饥饿,也可能是疼痛。如何读懂他们的情感则是父母的责任。沟通是双向的，当婴儿发出信息时，引起不远处的成年人的注意，而成年人的脑中可能还残留着幼时思维痕迹，从婴儿的哭声中读出某种信号，并做出响应。

7.3.3 成人情感

相较于婴儿，成人学会了掩盖自己的情感，情感的优先权受到上层的控制，不再直白地显示喜恶。同样面临口渴和饥饿时，他可能会根据水源和食物的远近设计最短路径，也可能会因为汉堡比矿泉水更具诱惑力而选择汉堡。

成人的情感表现形式变得多种多样，无言冷视为愤怒，怒发冲冠为愤怒，声嘶力竭也为愤怒。在成长的过程中人类逐渐学会用多种形式表达感受，也学会露出虚假的笑容，这些都是婴儿不曾具备的，那独立的思维碎片又是如何演变成的呢?

人会把所见到的东西存进记忆中，记忆库对所有思维碎片来说是公用的。同样，当寻找一样物品，例如杯子时，脑中首先会想象杯子应有的模样，也会给出杯子的定义：可以盛装液体。这样当看见从未见过的杯子形状时，我们也可以得出“它就是杯子”的结论。但记忆不可无中生有，我们在脑中浮现的形状不可能是没见过的东西。

在早期的情绪系统中，人类学会如何利用自己的情感以达到自己的目的，开始逐渐拓展系统来满足需求。但在成长过程中，渐渐发现了它存在的弊端并修缮它，乃至最后推翻并重新建立起新的系统。父母、老师和生活中的经历都在帮助我们建立起新的情绪系统，教给我们该何时以及如何展示自己的情感，等到成人时，这个系统已经复杂到难以理解。不论是婴儿还是成人，情感的形成是掌控权的博弈与反博弈，还是情绪系统的不断迭代完善，目前来看，这仍是一个需要长期探索的问题。

7.3.4 脑情感与人工智能

科幻电影往往设定记忆作为情感最重要的载体，若人工智能拥有了记忆，便意味着有了生活经历，经历可以沉淀出情感。然而现实中的人工智能是否真会产生情感呢?

研究人员普遍认为：人类之所以有感情，是因为人类拥有身体和灵魂，而且人的精气神是任何物体无法模仿的，这是人类作为最高级动物的特有权限，甚至其余高等动物在表达感情时都会出错，因为它们没有更好的语言和丰富的思维意识。情感产生的基础是生物体，情感本身是没有标准的主观性特别强的事物，一朵花是否能激起人愉悦的情绪因人而异，而再高级的人工智能也不过是芯片和硬件而已[4-7]。

此外，从生物学角度看，情感的产生极其复杂，需要意识产生在先。只有动物和人类才能真正产生意识，至于无机物构成的芯片，在目前技术下产生意识无异于天方夜谭，更何谈情感。情感与人工智能的关系如图 7-4 所示。

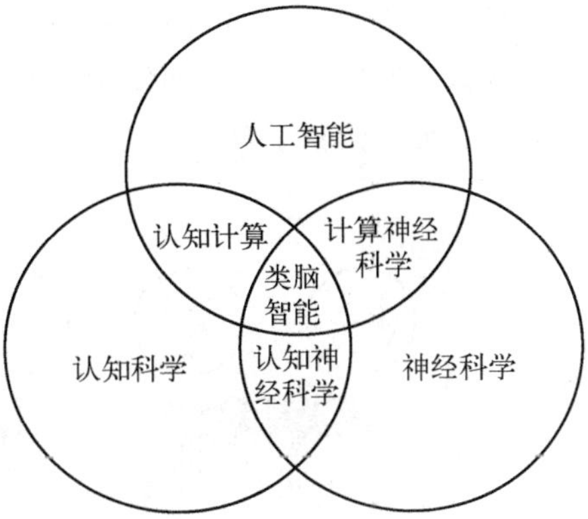

图 7-4　情感与人工智能

脑情感位于认知科学与神经科学的交叉领域，属于认知神经科学，而人工智能目前而言最高级形式也不过是类脑智能。与脑意识类似，一层无形的膜将人工智能与情感隔成两个次元，这层膜如何突破？何时破？以何种方式破？将是一个极具研究价值而又极其困难的问题。

7.4 脑思维

脑思维是大脑独有的行为，尽管计算机发展至今拥有了极强的运算能力，然而仍然无法取代大脑，因为思维不仅仅是理性思维，还包括无严格依赖逻辑推理的感性思维。

7.4.1 量化市场

当脑中思维碎片在争夺人体控制权时，优先级高者可支配人的情感。但这优先权的高低判定的方式仍不清楚。猜想不同的思维会产生不同的激素，但对身体控制权的争夺是以量取胜的，大脑便成了市场上的一份商品，哪个思维碎片出价高即可获得一定时间的控制权，这场“交易”在激素耗完时便会结束，剩余碎片又可开始新一轮的竞争。

每个人都认为自己的行动是出于自身意愿，处于有意识的掌控之中，其实并不完全是这样。人类的行为也会被身体里一些化学物质所左右，这些化学物质就是激素。不同的激素会触发人体不同的情绪，例如我们的肚子在唱“空城计”时很容易暴怒，这是由于空腹会诱发人体产生胃饥饿素，并引起体内神经肽 Y(neuropeptide Y, NPY)水平上升。而神经肽 Y 不仅与食欲有关，还与人体控制愤怒和攻击性有关。

医学界将疼痛划分为0~10级：0级为无痛，最高等级中包含三叉神经痛。疼痛感显然是选取最大值，即使你同时经历了8级和9级疼痛，也不能证明你的疼痛感超过9级。疼痛分级如图7－5所示。

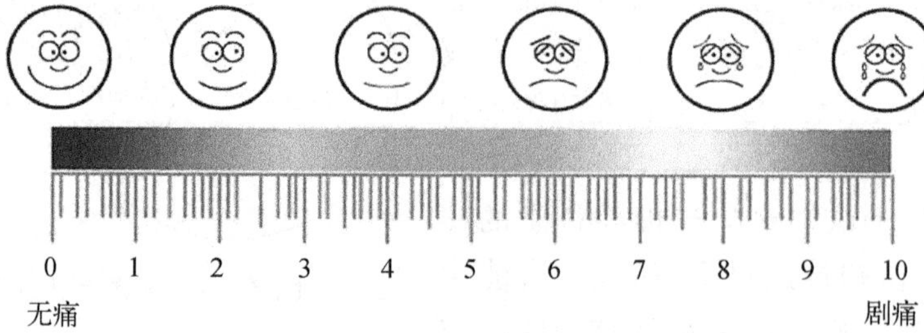

图7－5　疼痛分级

但生活中并不是所有事物都可被量化的，例如你可以证明一个人比另一个人漂亮，可你不能说出“她”比另一个“她”美丽几分。当我们面临选择，特别是不同方面的抉择时，总是显得特别犹豫。眼前的食堂近但食物不好吃，好吃的餐厅又距离远，把美味的食物和距离相比较这就很奇怪。但如果把美味等效成一段距离，如果餐厅距离超过这个代价，那我们就只能选择填饱肚子。按照这种想法，还可以把车等效成一段负距离，拥有车就意味着与餐厅的距离被减去一部分。通过这种方式可以解决大部分选择问题，把每个选项都等效成不同的价值，仅需要简单的判断即可找出最优解。

虽然将两种不同选择转换成同一种选择并进行比较有些抽象，但实际上所有可能选项都会涉及时间和能量等公共资源的分配。与此类似，脑中思维也在寻找着某种“货币”为判定做出依据。这便形成了市场，既有竞争，也有合作。如果你又多出了一个去趟超市的选择，那与超市相邻的食堂无疑就加上许多分。

7.4.2　自我认知

一个人在介绍自己时，他经常会从性格、习惯或者喜恶等方面进行描述。听众可通过他的描述在脑中形成一个模型，起了和他相同的名字，并认为它与他便是同一个人。但正在自我介绍的他并不会也在脑中捏造出一个“自己”，他只是从身上随机地挑选几种特征对自己进行描述。如果向他求证他所刻画的是否就是自己时，他可能会有些犹豫，因为他的描述太过简单，完全没有体现出自己的特殊性。就像“性格开朗，爱打篮球”的人不会都叫张三。

同样，当你的朋友向你介绍另一位朋友"性格开朗，爱打篮球"时，你也只是在脑中形成一个模糊的形象。一直到你亲眼见到他，脑中的"新朋友"才会逐渐清晰。如果你的脑中恰好还有一位"性格开朗，爱打篮球"的朋友时，你会不自主地将这两个模型进行重叠，进而反问你的朋友，他是不是很高很壮？他喜不喜欢踢足球……只有在不断听到否定回答时，你的脑中才会将两个模型独立开来。

最熟悉自己的人莫过于自己，但当出现一个不合理的选项时，我们脑中又是如何说服自己选择它的？有个形象的比喻是，脑中有两个小人在打架，一方是正义的，一方是邪恶的，谁能说服对方谁就可以获得身体的控制权。这种思想正是在暗示着大脑中构建了不止一个关于自己的模型。性格的多重性让我们脑中的自己产生分裂。这显然是不切实际的，实际上脑中的思维碎片会从不同方面解析问题，拥有"货币"多的思维碎片更可能占据主动。中彩票的概率比被雷击中的概率还低，可还有许多人踊跃购买。原因就在于期望的价值远超过手中的筹码，虽然人们明白中奖基本是不切实际的，但假设中奖的收益帮助它贷得更多的"货币"。

理性往往会被冲动所打败，毅力却可以帮助理性战胜冲动。毅力存在于思维中，准确地讲是对自我认知的加深。脑中的自己不需要刻意描述，它伴随成长不断地丰富完善。当发现选项存在不合理的地方想要舍弃时，最终却依旧选择了它，这种被控制感源于未知。通常，人类把不在控制范围内，不知它遵循何种法则的事物归结于因果，基于学习，因果的迷雾越来越稀，思维的选择也越来越科学。

在人脑中，碎片化思维存在的目的是辅助产生各种行为，但它如何形成完整的思想仍不清楚。有的人曾有过既幸福又痛苦的经历，这相反的两种情感同时存在。市场中曾经竞争的双方也可能会有合作的机会，"幸福"和"痛苦"这只是人们对两类情感所构造的名词，真正让人开心的是大脑分泌的多巴胺，人在伤心时也会分泌有害激素。

思维产生的情感是绝对的，但诱发情感的原因却是相对的。中国有句古话"一朝被蛇咬，十年怕井绳"，这是由于被蛇咬的经历在脑中留下了一个极其痛苦的神经通路。当今后再次碰到蛇乃至与蛇相似的东西时都会激发这条神经通路，进而刺激大脑分泌痛苦激素。但对一个捕蛇人而言，蛇意味着收入，所以他看见蛇时是开心的，大脑会产生快乐激素。如果捕蛇人有被蛇咬过的经历，那他见到蛇时就有可能产生既幸福又痛苦的情绪。

7.4.3　脑思维与人工智能

脑思维和人工智能的关系一直是学者讨论的焦点。目前，思维科学方向比较被接受的观点认为人脑是思维的主体，而依托于人工智能的电子大脑只是辅助人类思维的工具。

在人工智能领域存在类似的观点。有研究认为,无论多么先进的计算机都无法脱离作为人类工具而存在的地位,而人工智能也永远不能超越人脑思维;人工智能将始终处于从属地位,永远无法等同于大脑,更无法认为它可以超过人、统治人;人工智能最多不过作为人类智能的扩展而存在,整体上来看,将不可能代替人类智能[8]。

自然界中,往往结构决定功能——不同的结构产生不同的功能。人脑存在结构,而实现 AI 的计算机也有其独特结构。两者结构不相同,因此无论讨论两者之间是从属还是制约关系,好像都不是明智之举。

具体而言,脑思维是大脑结构的产物,人类的脑结构基本无差异,故人类存在大致相似的思维模式。同时,脑思维会伴随脑结构的演化而演化,会受制于结构。比如,北京猿人的思维绝不会相同于现代人的思维,可以预见,现代人也将与未来人类的思维存在差异。

脑思维是结构的产物,AI 也是结构的产物,只不过两者结构不同。基于蛋白质的大脑结构产生了智能,基于硅片的机器结构也会产生智能。或者这样理解会更科学:AI 这种新结构、新智能的产生,带来的是不同于人脑思维的新的思维[9,10]。

7.5 《超 体》

7.5.1 进化的可能性

电影《超体》的女主角露西被迫服用了毒品 CHP4,使得大脑最终进化到 100%。影片中的诺曼教授认为人脑一旦被开发超过 20%就会开始主动进化,而在进化过程中所需的能量无疑是巨大的。350 万年前的猿人大脑重量是 400 克,现在的人脑则是 1 400 克。350 万年的进化使人脑进化了 1 000 克,但人脑的开发仅前进了 10%。

露西的大脑利用率在达到 20%后逐渐丧失情感,开始"理性"思考问题,自此,她的脸上几乎再也不显露表情。我们一直以为各种情感存在竞争与合作的关系以获得优先权,但露西的进化与以往的理念相反,导演吕克·贝松认为人类在进化的过程中会逐渐抑制住情绪,不再流露情感或因为冲动而做错事。未来的社会中人类可能拥有相同的思维方式,每一步都作出正确的判断,选择最合理的选项。除了外表的不同,每个人的灵魂仿佛复制一样彼此相同。

从现在的角度出发，机器人最终的进化目标是拥有与人类一样的思考方式和情感表达。在未来，“人类向着机器人方向演化”与“机器人向着人类方向演化”这两种可能不无道理，但只能向着一种方向发展。至于是哪种可能，那就需要看生物和科学两个学术界哪个进步更快。只要某一领域有着重大突破，人类社会就可产生长远的进步，同时推动着其他领域的发展。

机器人如果拥有了人的情感，这意味它能以人类的思维考虑问题，同时也能解读他人隐含的表达。如此，便需要建立出一套复杂的系统来模拟人类思考方式。首先，应具有完整的传感设备，例如模拟饥饿、触觉和视觉等感官，不得不承认的是现在的人类仍不完美，那机器人是否需要继承人的缺点呢？机器人是否也需要加入睡眠系统？人类在过度劳累后可通过休息来调节自己，但机器人的损耗一般是不可逆转的，只能通过替换零件来修复自己，当然，必要的重启与自检是必须的，可如同人类那样长时间的休息显然有些多余。其次，机器人需拥有和人脑一样的判断系统，人脑中通过神经元进行信息传递，交互方式涉及化学反应等多方向知识，所以目前的 0－1 信号式电脑无法充当起大脑的职责，未来的发展瓶颈便是电脑硬件方向的突破方向。最后是思维方式的转变，很多情况下人类不会选择最优选项，他们会因为自己的性格做出不合理的举动，因为人的左右脑负责不同领域的判断。

7.5.2　有限条件下的进化

霍金曾讲到人的意志自由，认为所谓的意志自由其实就是几十亿个人类脑细胞之间产生的相互影响效应，他们表现得貌似无规律、无法琢磨，但这只是不可预测的必然罢了，自由意志的控制还是自然之道。他提出一种“模拟理论”：人的感官将周围的信息加工成信号然后输送到人脑，大脑将之处理后形成三维的模型，然后做出反应，这个三维模型就是人类所能看到的现实。但事物本质是什么，人眼的可见光波长范围大约在 400～760 nm，人耳能听的声音频率在 20 Hz 至 20 kHz 左右。在这样有限的条件内我们的所见所闻构成了生活的世界，这必然存在着很多局限性。先天失明的人无法理解颜色，三维空间的我们也无法想象四维是怎样的存在。

所有已发现的真理都存在着局限性，它们的成立都需要先天条件。由于实验环境受限，很多理论暂时都无法被证实。受到能量守恒的制约，人类无法完全进化至 100%。人类受约束于有限的各类资源，开发或者具备更高的智能、意志和情感的难度极大。同样，AI 的进化因为人类的本身能力的限制，可能无法创造出拥有超能力的机器人。

参考文献

[1] 徐国强,金越.情感计算：从感知智能到认知智能突破的重要发展方向[J].金融电子化,2023(11)：23－26.

[2] 陶建华,龚江涛,高楠,等.面向虚实融合的人机交互[J].中国图象图形学报,2023,28(6)：1513－1542.

[3] Nguyen G T, Liaw S Y. Understanding the factors affecting the small and medium enterprises adoption of cloud computing：A literature review[J]. International Journal of Business, Management and Economics, 2022, 3(2)：149－162.

[4] 张俊.人工智能意识问题的哲学省思[J].山东社会科学,2024(2)：48－58.

[5] 高新民.创造力的计算建模,机器实现及其认知哲学意义[J].上海师范大学学报：哲学社会科学版,2022,51(1)：97－108.

[6] 姚鸿勋,邓伟洪,刘洪海,等.情感计算与理解研究发展概述[J].中国图象图形学报,2022,27(6)：2008－2035.

[7] 张晓平,李凯,王力,等.一种具有情感和记忆机制的迷宫机器人认知模型[J].控制与决策,2023,38(10)：2850－2858.

[8] 黄宏程,左蓉蓉,胡敏,等.基于模糊认知图的机器人情感响应模型[J].电子与信息学报,2022,44(2)：486－495.

[9] 朱铮皓,华夏,徐聪,等.基于FPGA的类脑计算平台通用系统架构设计[J].单片机与嵌入式系统应用,2022,22(6)：18－21.

[10] Iheukwumere O, Moore D, Omotayo T. Analysis of multi-factors affecting the performance of Nigeria's refineries：A systems thinking approach[J]. International Journal of Productivity and Performance Management, 2023, 72(3)：679－709.

第8章　机器人与人工智能

机器人是人工智能的载体,随着AI技术一日千里,人类对机器人的科学研究和实际应用正在朝着智能化的方向发展,本书前面章节提到的感知认知、人机交互、脑科学等技术在机器人上都有具体应用和体现。本章将介绍机器人概念及分类,阐释人机融合、机器人操作系统等技术发展与应用,并从智能感知、智能规划、智能控制三个方面介绍人工智能算法和机器人相结合的研究现状。或许未来有一天,基于强人工智能的机器人会与电影中畅想的机器人一样,具备超强的学习能力,并且可以实现自我认知、具备感情。

8.1　机器人

机器人是一种可以自动开展工作的装置,作为人工智能的载体,亦是智能化作战的实施主体。机器人能够帮助人类解放双手甚至大脑,现在不论是在文学作品中,还是在现实世界里,到处都有机器人的身影,它们已经在一定程度上成为人类世界不可或缺的一部分[1]。维基百科将机器人定义为能够自主开展一系列复杂动作的一种机械装置,它能够接受人类发出的指令,并且可以执行先前制定的程序代码,另外也可以根据提前导入的适应性规则自行展开行动。

机器人多种多样,从体型大小看,它可以是活跃在工业流水线上的大型机械臂,也可以是注入人体内的纳米机器人;从具体样式看,它可以是存在于真实世界的实际物体,也可以是存在于电磁空间中的一个程序;从应用场景看,机器人可以分为工业机器人、特种机器人和服务机器人[2]。也有学者根据机器人智能化的程度将其划分为仿生机器人、情境机器人、情感机器人和仿人机器人,如图8-1所示。

无人智能作战中,不同类型的机器人将扮演不同的角色和任务。仿生机器人

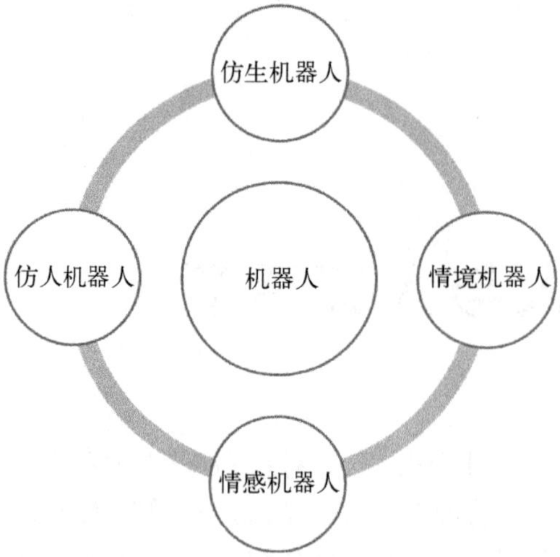

图 8-1 机器人分类

可以用于侦察、搜救和作战支援等任务,情境机器人则可以在复杂环境中执行特定任务,情感机器人则可以提升与人类军事人员之间交流的效率,而仿人机器人则可能在特殊情况下扮演决策者或执行者的角色。下文将以智能化程度为划分依据,对仿生机器人、情境机器人、情感机器人和仿人机器人进行详细介绍。

8.1.1 仿生机器人

仿生机器人,顾名思义就是模仿生物、具备生物特征行为的一类机器人。在最终实现仿人机器人高度发展的过程中,仿生机器人是一个必须要经历的过程,要想创造人工生命,就要先向大自然中的生物学习何为生命[3]。于是,生物学和机器人学的碰撞产生了仿生机器人。

仿生机器人有着久远的历史,人类很早之前便开始了仿生机器人的研究,如三国时期的木牛流马。仿生机器人发展至今已经种类繁多。根据机器人工作的环境,可以将其整体上分为陆地仿生机器人、空中仿生机器人以及水下仿生机器人三类(如图 8-2 所示)。陆地仿生机器人最为繁盛,出现了步行的多足机器人,爬行的蛇形机器人,跳跃的弹跳机器人以及人形机器人。空中仿生机器人主要模仿了鸟类和昆虫的飞行方式,从蜻蜓、蜂鸟、苍蝇、海鸥等飞行生物的身体结构中总结灵感,产生了各种各样的扑翼机器人。水下仿生机器人则模仿了鱼类的运动方式和身体结构,诸如海豚机器人、章鱼机器人、仿生蝠鲼等新型机器人不断涌现。

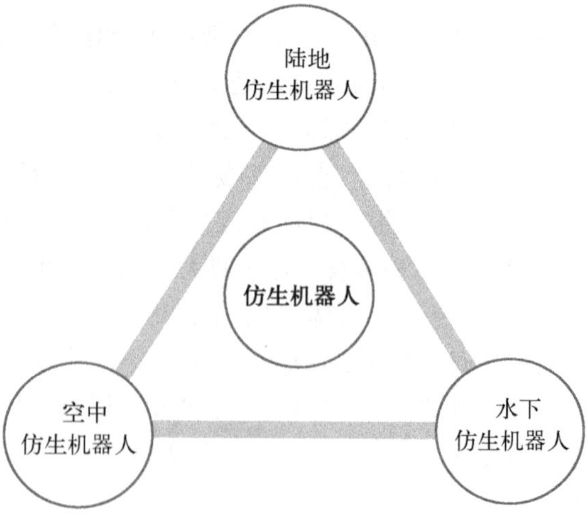

图 8-2 仿生机器人的分类

仿生机器人不仅需要具备生物体的灵活性,还需要具有像动物那样的适应力。适应力是仿生机器人的灵魂，假若机器人仅仅只是遵从固定模式和套路工作，那么它只适合于特定的应用场景。经典的仿生机器人虽然可以模仿动物的自发动作，但是机械的设计让它无法及时适应新的情况。让机器人具有能够像生物一样的对于新环境的调整适应能力，是一个迫切需要解决的难题。当然，直接创造一个拥有和生物智慧相当的机器人相当有难度，而模拟生物本能则相对容易。因此，人类开始向大自然寻求答案。多足机器人是仿生机器人和人工智能相结合的典型例子，乘着神经网络和深度学习的东风，多足机器人的步态控制算法得到了长足的进步。图 8－3 所示的四足机器人“大狗”（BigDog）和“小狗”（LittleDog），是波士顿动力公司为美国国防部高级研究计划局（Defense Advanced Research Projects Agency，DARPA）研发的用于军事领域的机器人，它不仅能够对环境和自身状态有很好的认知，还可以基于学习算法使得自己的适应能力更加强大，甚至在平衡方面做得比真正的狗还要好——当研究人员暴力地踹了“大狗”一脚，它居然“优雅”地以狗的姿态迅速恢复了平衡。在此基础上，机器狗的能力不断升级。阿尔法狗（AlphaDog，2011～2012 年），强调军事应用，升级了在炎热、寒冷、潮湿和肮脏的环境中运行的能力，其成品也叫 LS3（Legged Squad Support System，步兵班支援系统）。山猫（WildCat，2013 年），强调在野外的敏捷性和速度，其速度奔跑可以达到 19 英里/小时（约 30 千米/小时）。猎豹（Cheetah，2012～2013 年），能够达到惊人的速度，2013 年突破了 28.3 英里/小时（约 45.5 千米/小时）。斑点（Spot，2015～2024 年），专为室内和室外操作而设计，结构进一步紧凑，由电池能源供电，其另一大进步是腿部设计的优化，膝关节部分采用的是折角向后设计。2021 年至今，国内众多科技公司也纷纷推出机器狗产品，包括小米的 CyberDog、宇树的 Go1、腾讯的 Max 等，机器狗在各行各业的应用加速落地。当前，机器狗的能力还在不断进化，自主规划路线、开推杆门、协同作业等能力不断增强，而机器狗与 ChatGPT 集成则为其自主能力提升打开了一扇新的大门。

图 8－3　四足“大狗”（Bigdog）机器人

仿生机器人，特别是机器狗，在无人智能作战中的应用逐步从概念走向实战。机器狗可以搭载先进的光学传感器、自动步枪、榴弹发射器、便携式反坦克火箭筒等,遂行作战任务。凭借其卓越的多功能性和高度灵活的机动性,机器狗在复杂多变的作战环境中展现出显著优势,不论是执行侦察任务还是提供火力支援,均能迅速而精准地履行任务。

仿生机器人还需要具有沟通协作功能。人类既是群居动物,更是集智动物。集智来自沟通与交流,集体的智慧要远远大于个体智慧之和。同样,单个机器人即使达到了具备生物智慧的高度,如果不具备沟通协作功能,也很难再进一步[4]。科学家向蚁群和蜂群寻找灵感,他们利用群居昆虫的"分布式认识"解决机器人集群中的沟通协作问题。从人工蚂蚁的相关研发可以发现,个体的具备自主能力的组件可在基于联网的整体系统之中实现复杂功能任务。图 8-4 所示的蚂蚁机器人(BionicANT)可根据规则进行协同合作,它们彼此交流沟通,并彼此协调行动。

图 8-4　蚂蚁机器人

8.1.2　情境机器人

仿生机器人初步具备了自适应能力和沟通交流能力。人工智能的迅速发展则让它逐步向更高一层进化,即情境机器人。

情境是一定时间内,各种状况的相对的或综合的态势或情况。在复杂的人类社会中,仅仅具备基本的适应能力和沟通能力是不够的,还需要在针对不同情境时给出不同反应,情境机器人由此而生。

神经模拟是情境机器人能够对不同情境做出反应的主要技术手段,通过模拟人和动物的神经,让机器人也拥有同样的应激反应,对一些简单情境作出回馈。科学家从昆虫等生物上寻找灵感。Barbara Webb 发现,当雄性蟋蟀开始唱歌时,雌性蟋蟀就会跟着走,也就是雌性蟋蟀处于雄性蟋蟀歌唱的背景之下,会做出伴随行走的反应。基于这种现象,Barbara Webb 结合神经科学,开始研究和模拟昆虫的传感能力,包括简单的反射行为,以及更复杂的功能(如多模态集成、导航和学习),研究基本神经机制的计算模型,并把它嵌入机器人硬件上。

来自德国的科研人员制造了一种人工神经系统,它能让机器人感知并识别出瞬间突然出现的物体及带来的干扰,分析计算并判别出可能对其自身带来的伤害,最终做出适当而适度的应对。该系统不但能让机器人自身对危害迅速做出反应,甚至还可以护卫和机器人一同开展活动的人类同伴。几乎同时,日本也研制出了人形机器,在该机器上配置了几十个气压传动单元,其控制器为中枢模式发生器(central pattern generator, CPG),CPG 甚至能够复制并衍生新的神经细胞,以便机器人能扩展出自己独特的行为惯式。曼彻斯特大学曾用 100 万个模拟人类大脑神经细胞发送信号的微型处理器,创造了一个大脑的模型,并取名为 SpiNNaker。SpiNNaker 可以针对人类大脑百分之一的比例实施模型构建,是第一个关于人脑的低功耗、大规模的模型。当然,只是模拟脑部还远远不足以模拟人类,人类是大脑和躯体的完美结合产物,机器人只有将大脑和躯体完全结合在一起才能真正去模拟人类,从信息获取到理解再到执行,建成一个完整的环路。

除了神经模拟,情境感知也是情境机器人对不同情境做出反应的一种技术。基于物联网对来自多个传感器的信息实施感知和融合,使具备智能的移动设备能够获取用户当前的环境信息。由大量的传感器搜索数据,借助于贝叶斯网络、神经网络等 AI 技术,从数据中发现有意义的信息,感知当前情境,并提供相关服务。2024 年 5 月,OpenAI 公司发布了 ChatGPT－4o,可以通过配备的摄像头、收音孔和麦克风等载荷,实时感知环境图像和声音,对获取的信息进行处理并给出反馈,对环境的响应速度几乎与真人无异。

8.1.3　情感机器人

当人类攻克了情境难题后,要想让机器人真正向“人”转变,还要解决一个更难的问题——情感。情感机器人是许多研究者的追求,它是基于人工的方法、技术给予机器人以人类的感情,使它们可以表达、认知和理解人类悲喜,直至摹仿、延伸和扩展人的情感。但人类的情感远远复杂于情境,甚至连人类自己都无法读懂自己,心理学的诸多研究成果也只不过描画了人类情感世界中的很小一部分。要让机器人拥有属于自己的情感,有两个门槛需要跨越:首先是如何让机器抓取并认知人类的情感,其次是如何基于人现有的情感状态产生和表达机器自己的情感。

人的情感虽然复杂,但仍有章可循。基于这样的认知,科学家们提出了“情感计算”的概念,通过分析情感变化导致的生理变化,将情感量化为语音、表情、姿态、心律等指标,并构建模型,以此解决情感识别问题;然后机器人可以根据这些模型合成并表达出跟人类世界对应的情感。

在情感识别方面,麻省理工学院推出了具有代表性的作品——无线设备 EQ - Rado。这个设备可以像雷达一样探知人的心思,通过测量人体生理指标来检测情绪,辨别人的悲喜。它的原理就是产生并射出无线信号到人体,检测回馈过来的数据和信息,用算法进行生理指标的识别和分析。

在情感合成与表达方面,人们在语音、面部表情合成、肢体语言三个领域取得了一些成果。在情感语音领域,科学家通过语音中的波形拼接、韵律特征等进行语音合成,如基于数学统计的参数特征,提取频率等语音特征,创建情感和语音的合成系统。在面部表情合成领域,荷兰的科学家们提出并设计了 CharToon 系统,该系统基于情感的多种已知表情实施插值运算,进而创造出各种新的表情。2024 年 3 月,美国哥伦比亚大学开发出一种面部机器人 Emo,通过结合两个 AI 模型和一个具备硅胶皮肤的面部机器人,可以预测人类面部表情并同时表达与人相同的情绪。

8.1.4 拟人机器人

拟人机器人是能够完全摹仿人的形态及行为的机器人。这是人类的终极梦想,拟人机器人具有完全的、独立的、自主的思考能力,可以和人类自然地交流,甚至在日常的活动相处中也与真人一般无二。目前人类设计的拟人机器人,都在朝着这个方向发展,但是从 AI 和机器人等技术的进展以及人类对自身的认知来看,要完全实现这样高度智能、高度灵活,拟人机器人还任重道远。但是人类在机器人的类人程度探索上一直很执着,也许未来,与真人基本无二的机器人,就会出现并服务于现实世界。

近年来,拟人机器人在模拟人类肢体动作方面取得了很大的进步。2018 年 10 月,波士顿动力的 Atlas 拟人机器人在台阶上流畅的三连跳让世人为之震惊。Atlas 体重 80 千克,身高 1.5 米,在某些方面甚至比人类更灵活,表现更优异。2022 年 9 月,特斯拉展示了其人形机器人 Optimus,其具备很强的灵活性,手指灵敏,可以清晰识别周围物体并敏捷地完成运动。当前拟人机器的发展方向,更加侧重于全电力驱动,以及强大的感知、控制和执行能力。全电力驱动方面,波士顿动力推出全新电动版的 Atlas 机器人(图 8 - 5),采用轻量化的机械骨架,动作更为流畅自然。感知控制执行方面,特斯拉 Optimus 人形机器人已经可以完成分拣、行走和执行工厂任务,感知、控制和执行能力进一步升级。国内拟人机器人的发展也方兴未艾,仅 2023 年就发布了 10 余款人形机器人。拟人机器人正在迎来快速发展的黄金期。

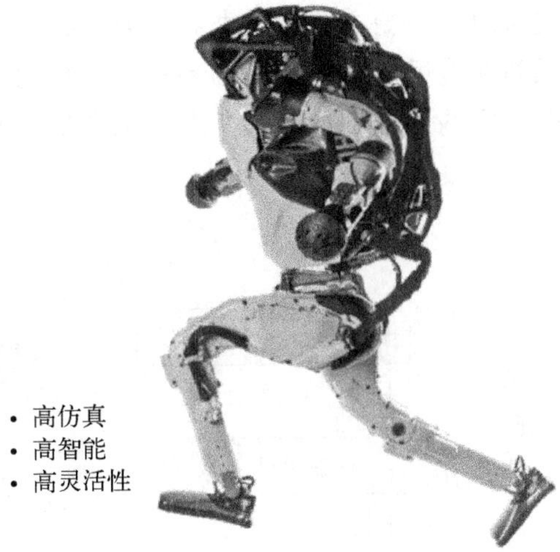

图 8－5　波士顿动力的 Atlas

人类正尝试并努力使机器人进化得更像人，赋予它智慧，给予它情感。可是如何保证机器人的情感和思维与人类一致呢？同是哺乳动物的猫和人思维都完全不一样，更何况连物质组成都不一样的机器人。即使强行在制造阶段为它们"安装"类人的思维，也无法保证机器人在后期演化出自己的思想。在《终结者》与《黑客帝国》等科幻电影中，天网、Matrix 自诞生之初，就站到了上帝的视角，认为人类是地球上的病毒，急不可待地开始消灭人类。它们虽然为人类所创造，但并不是人类的一员。即使将来机器人按照人类的意图和设计，具备和人类相同的情感，切实把自己定位于人类群体的一分子，也难以保证这样的"人"不会产生自己的抗拒思想。阿西莫夫曾经在《我，机器人》中提出过关于机器人的闻名遐迩的三定律：机器人不得伤害人类，不得看到人类遭受困境而无所事事；机器人必须遵从人类下达给它的指令，例外只产生在当该指令与第一条定律有冲突时；机器人在不违背第一、第二条定律的情况下要尽可能维护自身的生存。在当时，三定律可以稳稳站住脚跟，因为并不把机器人当作为人，它只为人类服务，是低人一等的"生物"，这就如同奴隶社会的奴隶。可是最后，奴隶推翻了奴隶主。那么需要关注的是，具有和人类一样智力和感情的机器人，会甘心服从于三定律吗？

或许未来有一天，基于强人工智能的机器人会与电影中的机器人一样，具备超强的学习能力，并且可以实现自我认知、具备感情。

8.2　人 机 融 合

从身体机能上讲，人类与大自然的其他动物相比，并没有太多优势。人类没有狮虎锋利的爪子，没有棕熊强大的力量，也没有犀牛坚实的皮肤。所幸，人类拥有最为锐利的武器——智慧。人类的祖先正是凭着这样的武器击败了可怕的动物，成为地球的霸主。但人类对于力量的渴望从未停止,并利用自己的智慧,创造了一系列性能远远超越动物的装备。人机融合将奇妙的材料和物质与人融为一体,就是这样的一个创造过程。人机融合如图 8-6 所示。

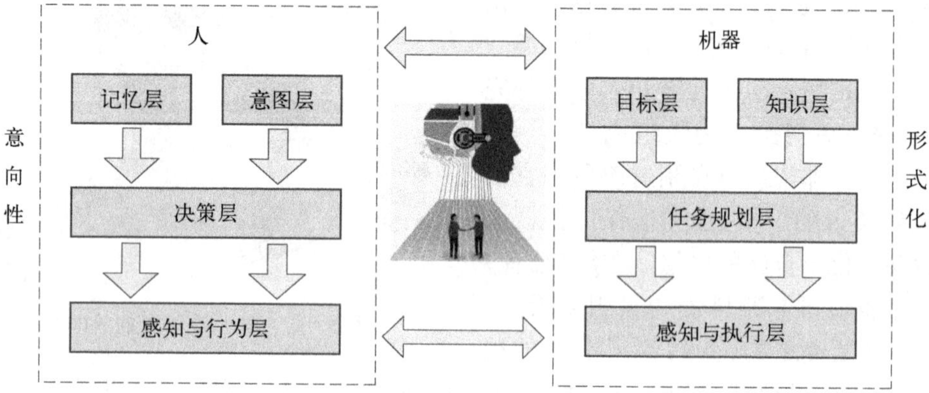

图 8-6　人机融合示意

8.2.1　外骨骼

外骨骼一词起初来自生物领域,它指的是一种能够提供对生物体内脏器进行构型和保护的外部框架和架构。传统意义上,常常将虾、蟹、昆虫等动物位于体表的坚硬而富有韧性的外壳称为外骨骼,它能够对上述动物提供保护和支持。人类的骨骼在对身体的保护上,远不及这些动物的外骨骼。

在古代,人类用藤条、兽皮和钢铁做成盔甲,在自己脆弱的肉体上贴了一层“外骨骼”,帮助人类抵御各种伤害。这些“外骨骼”在帮助人们抵御冷兵器伤害的同时,也因为自身越来越重而极大地束缚了人的行动。到了近代,随着热兵器的大规模使用,这些盔甲在防御能力上相形见绌。人们淘汰了笨拙的传统铠甲,转而研制了另一种形态的“外骨骼”——坦克。在当时,坦克几乎可以防御所有轻武器的攻击,而且它有大马力的发动机,可以载人前进,人们不再像以前,为了追求防御不得不背负几十公斤的盔甲。由于这些优良的性质,人们越发青睐这个战场保护神,坦克的性能和技术从问世到如今得到了巨大的进步。

虽然坦克在野战战场上纵横无敌,在城市巷战中却难以舒展拳脚。反坦克武器变得越来越先进已成既定事实,巨大的坦克成了移动的靶子。尤其在近三十年来,美军在中东的治安战,更是让坦克失去用武之地。大批在外巡逻的美军士兵被当地反抗武装袭击后,美军也开始回到“盔甲”时代,重新穿上了“铠甲”。结合凯夫拉纤维制造的防弹衣的防护性能较普通材质的防弹衣要高出一倍,而重量却是它们的一半。这还不够,在加装防弹插板后,士兵甚至具备了可以防御 AK47 步枪子弹的能力。战士们身穿护甲,可以到达坦克难以到达的地方。然而,古代无法解决的难题,如今仍然没有有效解决的措施,那就是,目前护甲的重量极大,仍然在限制战士的行动。

人类一直想象着有这样一种装备,它可以借助机械的力量,协助人们跑得更快,跳得更高,载重更多,提供比盔甲更全面的保护,从而帮助人类在战场或者其他较为危险的环境中得以生存。最初,动力外骨骼只是存在于人类的科幻之中,提供辅助能量来供四肢执行动作,是一种一定程度上能够增强人体某方面能力的可穿或者戴的装置。人们努力把想象变成现实,在不断的研制中,动力外骨骼渐渐走向成熟[5]。起初,由美国通用电气和军队联合开发的 Hardiman 如同增强的人体关节围绕在人体周围。人们借助于这套装备举起 150 千克的重物就像举起 6 千克时同样简单。不过这套装置的实用性并不强,因为其自重就达到了 680 千克。美国雷神公司研发的军用外骨骼系统 XOS2,自身重量缩减到 95 千克,在搬运物品时的实际值和人体觉察值之比高达 17 : 1,在外形上也开始向电影《光环》中的士官长靠拢。现实世界的外骨骼正不断完善,向着科幻世界中存在的样子不断发展。但是,在外骨骼进化的同时,也有几个问题需要解决: 一是类人,即外骨骼应当像人体自己身体的一部分一样,能及时感知各类意图,并做出反馈;二是持续,即外骨骼的动力能够持续多久。

作为外骨骼技术的领头羊,在无尽的治安战中,美国迫切希望能够解决上述两个问题,让动力外骨骼达到实用要求。美国洛克希德·马丁公司旗下的伯克利仿生科技公司在众多领域都推出了自己的动力外骨骼。HULC1 是其中的典型代表,如图 8-7 所示。HULC 由电池提供动力,这个致力于提高军人力量和耐力的外骨骼,能够让士兵在战斗中多负重 200 磅(约 90.72 千克),并以时速 10 英里(约 16.09 千米)的高速持续行军。经测试,这款外骨骼可以在人员以每小时 3.22 千米的速度携带 81 磅(约 36.74 千克)的负荷时,将耗氧量降低 15%。在配备燃料电池后,HULC 甚至可以持续工作 72 小时。

图 8-7 洛克希德·马丁公司的 HULC1

运用人工智能技术,机械外骨骼在民用方面越来越成为人们认可的“服装”。Ekso 公司采集了汽车工厂中工人们的大量动作数据,并利用 AI 进行仿真,最终根据解算输出设计了外骨骼的框架和架构,以纯物理的方式为工人们提供有力的支撑。它重约 4.3 千克,能为使用者的手臂提供 2.2~6.8 千克的支撑力。

更进一步,使用人机交互、深度学习等技术来预测用户行为,可以让外骨骼形随心动。筑波大学和 Cyberdyne 公司开发的 HAL－5 是一种可以穿在身上的装置,它产生于机器人文化繁盛的日本,是世界上第一套人机结合的一体系统。测得人体皮肤生物电位的同时,进行数据解算,通过安在关节的动力装备来产生效用执行动作,它可以帮助使用者实现诸如站立、行走、手握、托举等动作,在医用领域很有潜力。外骨骼与人工智能算法结合来提前预知用户行为是一个重要方向,只要用户双脚落地,外骨骼便自动感知环境数据达到自平衡状态,且会伴随行走过程自动实现重心调整、安全防撞、路线纠偏等。随着机械外骨骼技术的突飞猛进,在未来,外骨骼必将像衣服一样进入寻常百姓家。

在电影《钢铁侠》中,钢铁侠战甲的进化之路,也正像人类研制外骨骼的进化之路。一开始,由于技术原因,人类研发的外骨骼臃肿不堪,比如 Hardiman 的外形甚至比两个成年人都要大,而且还需要再接一根长长的电线来为它提供能量。再后来,随着技术的进步,外骨骼体积不断缩小,直到可以真正像一个关节一样贴在人的外表,还可以接上续航超过一天的电池。而人工智能的到来又让外骨骼变得不再“坚硬”,人机交互让它变得更懂人类,穿戴者的一举一动,它都会记录下来,经过深度学习,它可以做得比人更好。新能源向高效和小型化演变的趋势,让未来的外骨骼技术可以有充足的动力。其实,人类的智慧就是人自身的战甲,有了它,人类无往不胜。

8.2.2 仿生假肢

人类是这个星球上最聪明的生物,具有最智能的大脑和精巧的身体结构。人类的大脑极其复杂,有超过 800 亿个神经元和 100 万亿个连接,但当由于截肢、脊髓损伤、臂丛神经损伤或创伤性脑损伤而导致脑与肢体之间失去连接时,残缺/衰弱的肢体就不能像健康/完整的肢体一样发挥功能。这些丧失的肢体结构和功能正被假肢、矫形器或康复辅助设备所取代,然而要弥补失去的身体结构和功能是一个艰巨的挑战(图 8－8)。自 2022 年 2 月俄乌冲突爆发以来,不少人因肢体受损而截肢,其中许多人因爆炸伤严重而失去手臂或腿。随着仿生假肢的进步,为军事医疗领域带来新的变革,为伤患的战后治疗带来福音。

传统的假肢是一种机械装置,只提供基本的功能,矫形器则提供对衰弱部位的支撑作用,而不是完全弥补失去的功能。传统的假肢设计依托于生物机电一体化学科,该学科是机电一体化的一个分支学科,主要研究辅助或恢复人体的机电一体化系统。生物机电一体化系统主要包括四个单元:生物传感器、机械传感器、控制器和执行器。生物传感器利用来自神经或肌肉系统的生物反应来探测人类的意图,该单元在生物和电子结构之间起着转换的作用,同时也监测生物机电设备的活动。机械传感器测量生物机电设备的数据,并将数据传递给生物传感器或控制器。执行器是一种人造肌肉(机器人机构),它产生力量或运动,以辅助或取代人体的固有功能。生物机电一体化的应用领域包括矫形器、假肢、外骨骼和康复机器人以及神经假肢。生物机电一体化技术为智能假肢提供了硬件平台,而人工智能技术则将赋予假肢类似人脑的运动控制能力[6]。

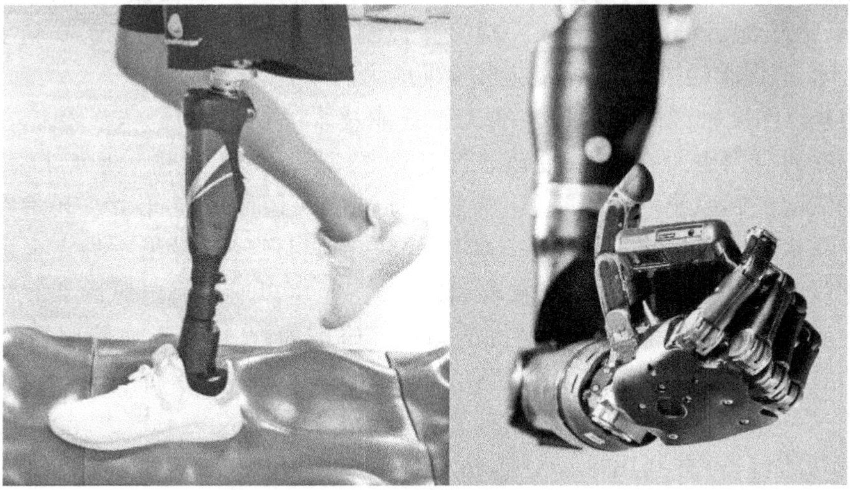

图 8-8　假肢腿和假肢手臂

人们对智能假肢的研究由来已久。在假肢腿方面,1993 年英国皇家赫尔医院就研发了第一个智能假肢,并于 1995 年推出改进型产品。他们在 1998 年又开发了结合液压、气动和微处理器三种驱动机制的自适应假肢。全微处理器控制的膝盖在 1997 年由德国奥托博克康复(OTTOBOCK)集团开发,被称为 C-leg。美国奥索(OSSUR)公司在 2005 年和 2006 年开发的流控膝和动力膝随后都采用了板载人工智能。2011 年底,奥索公司推出了世界上第一个带有机器人机制的仿生腿,被称为“共生腿”。与此同时,奥托博克康复集团推出了 Genium X3,实现了向后行走,并提供直观和自然的运动步态。2015 年,布拉奇福德集团推出了 Linx,这是世界上第一个完全集成的假肢,腿部有 7 个传感器和 4 个 CPU。它通过感知和分析用户运动、活动、环境和地形等数据,实现了膝关节和踝关节的协调和同步,使站立和在坡道上行走更加自然。iWalk BiOM 是世界上第一个商业化的带小腿的仿生足,由 Hugh Herr 博士开发,在机器人机构的基础上通过专门的算法复制人体肌肉和肌腱的功能。

在假肢手臂方面,2007 年触摸仿生公司推出了第一款商用仿生手,它拥有独立的手指和拇指,可以选择握法。2010 年,由 RSL Stuper 制造的 Bebionic 开始上市,Bebionic 允许 14 种不同的握法且具备两个拇指位置。奥托博克康复集团在 2010 年开发的米开朗基罗手(Michelangelo Hand)是首次采用电子驱动拇指的全关节机器人手。2016 年,DARPA 的 LUKE 仿生假肢进入生产阶段,假肢由模块化电池供电,尺寸重量与人体手臂相当,可以一次处理多个指令,做出非常灵巧的手臂和手部动作。2021 年,为仿生手臂开发的一项"神经——机器接口"登上 *Science Robotics* 专刊,患者可以像正常人一样直接控制机器手臂运动,还能感受到手臂和手的运动、抓握和触摸,大幅恢复上肢运动能力。

随着以深度神经网络为代表的人工智能技术的快速发展,人工智能在控制假肢方面的应用也大幅增加,使截肢者能够更理想地操作假肢。近年来,作为人工智能辅助控制系统的最新进展,脑控肢体被引入假肢的设计中。五角大楼和约翰·霍普金斯应用物理实验室(APL)的联合项目已经设计出一种完全可控的模块化假肢,利用植入大脑的传感器,该假肢甚至可以通过将电脉冲从肢体发送回感觉皮层来恢复触觉。尽管脑机接口(BCI)的概念为实现脑控假肢提供了可行的技术途径,但当今还缺少能够实时进行脑电数据识别的小型设备,到目前为止这一概念尚未商业化。目前,研究人员正在开发能够模拟自然大脑的更加复杂的设备,并利用微型计算机上搭载的人工智能算法实现对用于控制机器人假肢的神经信号的读取和回复,以弥补被截肢者和瘫痪者的部分身体功能。

整体而言,人工智能在修复和矫形领域的应用尚处于初级阶段,并没有得到广泛的实践。许多使用人工智能的项目还处于原型阶段,尚未商业化。目前这些设备的高成本导致许多残疾人负担不起,未来随着人工智能技术和机器人技术的成熟,智能假肢将会为战伤士兵的康复带来福音。

8.2.3 共融机器人

随着人工老龄化程度的快速加深,劳动力成本势必会不断增加,而机器人无疑是目前提高生产效率、降低成本的主要途径。然而传统的工业机器人只能在刚性生产线上进行重复性的工作,难以满足新制造模式对智能化、柔性化的要求,结合人工智能的下一代机器人成为各国争夺的科技高点,而人机共融是下一代智能机器人的核心特征,它将彻底改变人与机器人之间的关系。

共融机器人(coexisting cooperative cognitive robots, Tri-Co Robots)是指能与作业环境、人和其他机器人自然交互、自主适应复杂动态环境并协同作业的机器人。共融机器人与传统机器人的区别可以参考日本机械学会对机器人发展阶段的划分,如图 8-9 所示。

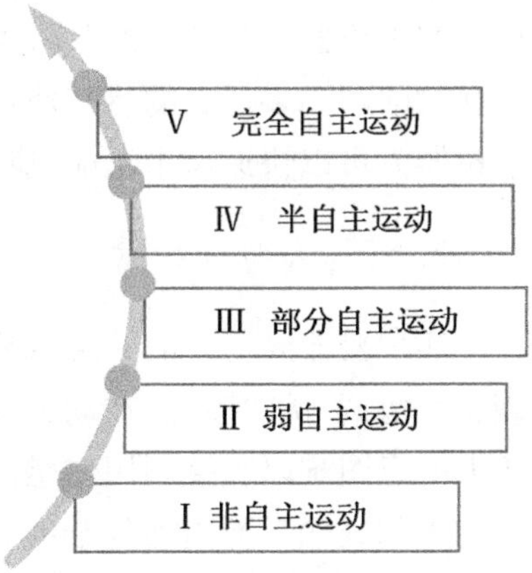

图 8-9　机器人的发展阶段

只能完全按照设定的程序进行运动的早期机器人处于第Ⅰ级别,机器人发展的终极目标是实现像人一样的完全自主运动,此时可以达到第Ⅴ级别。共融机器人是机器人发展的重要阶段,当共融机器人发展成熟之后能触及甚至完全达到第Ⅴ级。共融机器人的概念核心包含 3 个部分,分别是机器人与环境的共融、机器人与人的共融以及机器人与机器人的共融(如图 8-10 所示),接下来分别从这 3 个方面进行介绍。

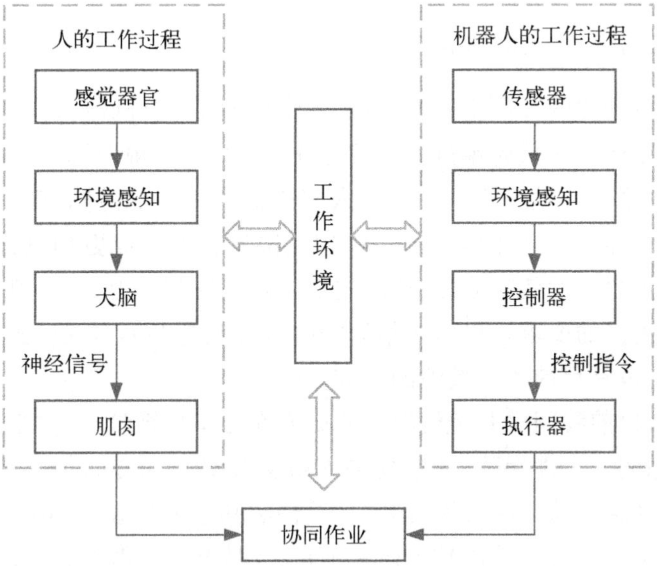

图 8-10　共融机器人工作示意图

1. 机器人与环境的共融

传统的工业机器人工作在封闭环境中,其对环境的感知十分有限,不能适应复杂的环境。共融机器人则需要能够感知并理解复杂、动态的环境,及时做出决策响应。实现机器人与环境的共融需要重点解决多模态的感知和高效在线规划决策两方面的问题。多模态的感知使机器人可以感知、理解复杂环境,高效在线规划决策使机器人可以快速做出反应,避免与环境发生碰撞冲突。

2. 机器人与人的共融

实现机器人与人的共融需要使机器人和人在感知、规划、决策等多种层面上实现相互协调、优势互补,在动态环境下近距离接触并互相配合来完成指定任务。由于人的意图难以直接利用传感器进行观测,因此相较于机器人与环境的共融,机器人与人的共融需要更加复杂的人机协同控制算法,机器人对人的意图预测是实现人机共融的核心[7]。近年来,人工智能技术在预测人的意图方面取得了较多的研究成果,通过在机器人的工作空间中以及操作人员的身上安装多种传感器,在收集的大量历史数据的基础,再结合基于深度神经网络的机器学习算法,可以实现对人的部分意图的预测。但目前对人的意图预测仍局限于较小的意图空间内,同时需要大量的数据进行训练,传感器技术在触发时间上也具有一定的局限性。距离真正实现机器人与人的共融仍有很长的路要走。

3. 机器人与机器人的共融

在现在的自动化的工厂中经常可以看到大量的工业机器人同时工作,但此类机器人的协同是建立在预先编好的程序之上的,本质上每个机器人都在独立执行被分配的工作,这与共融机器人中机器人与机器人之间的协同有很大的不同。共融机器人要求机器人之间能像伙伴一样相互协调合作完成更加复杂的工作,需要机器人团队具备自主的任务分配、运动规划与协同控制能力,对于机器人团队的协作能力提出了更高的要求。机器人集群的群体智能是真正实现机器人与机器人共融的关键技术,也是目前备受关注的研究方向。

总而言之,目前我国对共融机器人的研究尚处于初级阶段,在复杂环境的多源感知、人机共融的安全性保障、智能化的人机交互等技术方面仍存在巨大的挑战。为了促进我国共融机器人的发展,国家自然科学基金委员会从 2016 年开始持续发布共融机器人基础理论与关键技术研究项目,支持开展共融机器人结构、感知与控制的基础理论与关键技术研究。

8.2.4　智生体

生活离不开各种材料，可以说材料支撑起了人类的生活环境：我们用陶瓷材料做的杯子喝水，触摸着玻璃材料做成的手机屏幕，行走在混凝土材料铺成的路面。材料与生活息息相关，它的影响甚至大到可以改变人类历史的进程，以至于人们用一种材料来命名一个时代，比如石器时代、青铜时代。

一种新型材料的出现，可能会带来深刻的社会变革。在青铜时代，人类没有有效的耕种工具，社会生产力十分低下。在发现铁并开发出冶炼铁的技术后，人类世界的生产力就迅速提升。而当这种新材料作用在武器上，旧有的青铜武器便难挡其锋芒。在战国时代，秦国正是手持锐利的铁器，一扫六合，统一了天下。

材料，尤其是新型材料，在目前和未来的人类生产生活中将扮演更加重要的角色。在社会发展日新月异的当今，需要更多的新材料用以强度更大的任务。多类新材料百家争鸣。《辞海》将新型材料定义为那些近期发展或正在发展之中的、具有比原有材料性能更为突出的一类材料。新材料的英文名称是 advanced materials，意为先进材料。一般有以下几个分类。

（1）复合材料。根据字面意思不难理解，该材料由两种以上性质不尽相同的材料混合而成，可以达到 1+1>2 的效果。复合材料一般由基体材料和增强材料两部分混合组成。基体材料与增强材料黏连结合在一起，后者用于提高材料的力学等特性。钢筋混凝土就是典型的复合材料，混凝土作为黏结剂具有很高的抗压性能，钢筋则用于提高整个材料的拉力性能。复合材料由于其突出的功能，广泛用于航空、汽车、电子、建筑等行业。

（2）能源材料。能源材料通常在能源行业大显身手。它可以是燃料，能释放比传统能源更多的能量；它可以储存能量，比如燃料电池、固体储氢材料等；也可以用于节能，比如使用超导材料可以把电路传输中的损耗降为零。

（3）智能材料。该类材料具有生物一样的特性，随时能够对外部环境及内部情况的变化做出准确、高效、及时的反馈，另外还具有自适应调整、自主优化修复等多种功能。典型的智能材料是形状记忆合金，它的特点是在特定温度下能够复原到原本的形状。除此之外，压电材料可以实现机械能和电能之间的转变，变色材料可以在外界光源的作用下发生显著的颜色变化。结合高性能的基体材料和信息处理器，智能材料可以放大自己的智能。在航天方向，智能材料在遭受外部压力或损毁时可自动释放修复剂，能够有效地复原损毁处的缝隙，让航天器像人一样，可以进行伤口的自我愈合。

（4）纳米材料。纳米材料可能是新型材料中最有应用空间、最具影响力的一种材料,甚至可以像铁器一样,为一个时代赋名。在纳米这个粒度的尺度上,因为存在小尺寸效应、表面效应、量子尺寸效应和宏观量子隧道效应等多重效应,物质的各方面性质发生本质改变,在声、光、电、磁、热、力学等方面表现出与一般材料不同的特性,借助纳米技术,人类可以在纳米尺度上研究与操纵物质、探究其新的性质,提升原有材料的性能。纳米材料可以应用在各行各业,每种材料经过纳米技术处理,都可以如同浴火重生般获得超乎寻常的性能。

结合以上几种材料,不难发现,一种新材料的出现,不外乎两种路径:一是新物质的发现,比如铁,以及智能材料;二是现有物质的重新排列组合及结构合成,包括宏观的复合材料和微观的纳米材料。新物质的发现往往需要一定的契机,而现有物质的重新排列组合则需要大量的实验。在以往,科研人员只能靠自己的双手对这些数据进行分类处理,极大加重了研究人员的负担。

人工智能在新材料上的应用,帮助科学家节约了大量的实验时间。从材料选择到数据分析处理,人工智能都可以为科学家助一臂之力。美国斯坦福大学通过机器学习为锂电池的电解质寻找材料组合的最优解。斯坦福大学开发了Atom2Vec 程序,尝试利用人工智能来预言新材料,包括无机材料、有机材料,甚至是一些小分子药物材料。如今,大数据技术的突飞猛进使得材料科学也已经迈入大数据时代,研究人员为庞大的材料构建了直观的数据库。麻省理工学院借助神经网络模型算法来“学习”纳米颗粒的结构如何影响其性能及行为。相信在不久的未来,在 AI 的帮助下,材料科学可以迅猛发展,也许下一个时代,就是另一种新材料的时代[8]。

在电影《毒液》中,外星生物“毒液”可以变换任何形状,还可以寄生在人和动物中,与宿主共生共存。被寄生的主角艾迪(Eddie)不仅成为毒液的好朋友,还被毒液赋予了力大无穷等超能力。人类自然希望有这样的“超能力”。借助人工智能技术和新材料技术,未来要想让自己拥有这样的一个“毒液”,不无可能。可以将电影中的“毒液”分解为两种组合:思维+身体。

首先解决的是“思维”。随着人类对人工智能研究的不断深入以及强人工智能的逐步推进,为事物赋予智能已经不再是梦想。美国著名技术专家和未来学家Ray Kurzweil 曾预言,到 2029 年,计算机将会达到人类的智力。当然,目前的技术水平离强人工智能尚有一段距离,但是假以时日,这样的人造智慧物体必然会出现。

接下来是“身体”。制造一副机械身体对于人类来说已经不存在任何困难,但是要制造一副可以像液体一样随意变换形状,还能自由在宿主上切换状态的身体,就非常考验人类的创造力了。要达到这样的目标,并不是一件一蹴而就的事情。新材料和纳米技术可以为制作这样的一副“身体”提供一些思路。英国 BAE 公司推出的液体防弹材料(TBS)具有类似“毒液”的防弹功能。这种材料由聚乙烯醇流体和悬浮在其中的硬质纳米级硅胶微粒组成。在平时,它像液体一样形状可塑,然而在遭受子弹攻击时,它会瞬间转变成质地坚硬的材料,阻挡子弹的穿过。宾夕法尼亚大学和康奈尔大学则曾经在几星期内设计并创造了数以百万计的纳米机器人,这些微小的机器人可以通过皮下注射的方式进入人的体内。这些机器人经过改造,可以清除血栓、检查病症,可以作用于神经,提高人的反应力和智商,激发各个器官的潜力,还可以创造人工细胞、组织和器官。纳米植入物让人通过科技提高自身机能成为可能。这两项技术已经让“毒液”的实现产生了可能。可能真的有一天,会有这样的“毒液”陪伴着人类,让人类不受外界的伤害,还能给予心灵的抚慰。

8.3　机器人操作系统

机器人操作系统是专为机器人所设计出来的一套计算机操作体系架构,是机器数智化发展的底座。它让每一位机器人科学研究者都可以借助于同一个平台和环境来进行机器人软件开发甚至测试。目前主要的机器人操作系统是 ROS,另外还包括 Ubuntu 操作系统和 Android 操作系统。

8.3.1　ROS

ROS(Robot Operating System)是一个开源的元操作系统,功能模块主要有以下几种:硬件抽象描述、底层设备控制、常用功能实现、进程间消息传递、数据包管理,同时它还提供了可供扩展的接口,为用户提供部分工具和库,用于指导和协助开发者建立、编写和执行以多机交互融合为目的的程序。标准的 ROS 系统功能如图 8－11 所示。

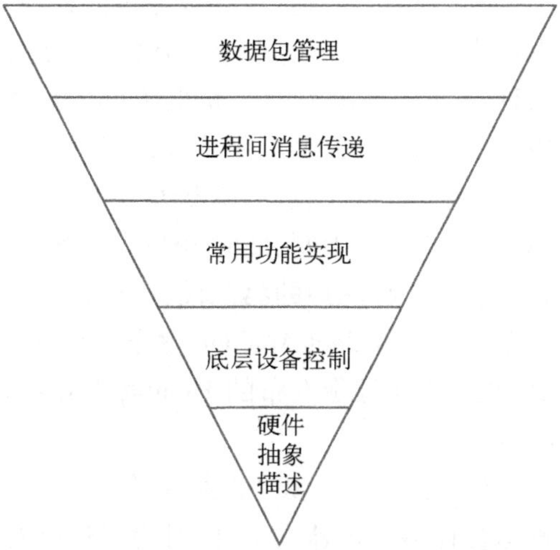

图 8－11　标准的 ROS 系统功能

ROS 诞生于 2007 年,产生于一次项目合作,具体是斯坦福大学人工智能实验室的 STAIR 项目与 Willow Garage 公司的个人机器人项目 PR2。之后,

ROS 进入了高速发展的快车道,2009 年推出了 ROS 0.4 版本。经过近一年的升级测试后,于 2010 年初推出了 ROS 1.0 版,并在同年推出了其正式发行版 ROS Box Turtle,之后发展势头一发而不可收,到 2016 年陆陆续续已经衍生出了 10 个版本,目前的版本是 ROS Kinetic Kame。长期以来,官方上 ROS 由 Willow Garage 公司管理和运维,然而这并不意味着 ROS 是一个非开放系统,恰恰相反,事实上它是由众多院校、科研院所及个人团体共同开发维护的,这种百花齐放、海纳百川的开放模式也为 ROS 系统科研及产业生态链的构建与丰富带来有力的促进,或许这也是其能够在众多平台中傲视群雄的重要因素。

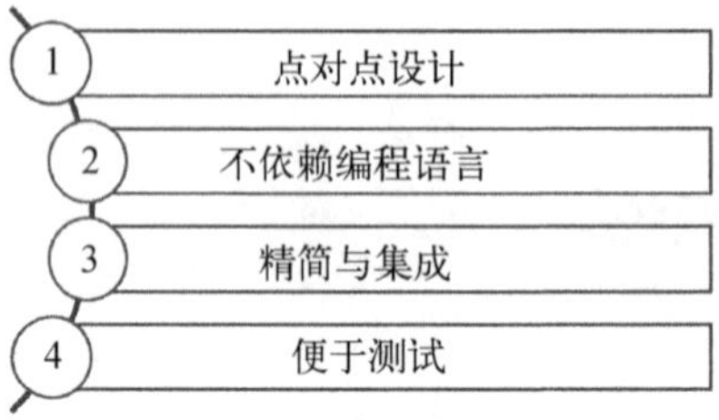

图 8 - 12　ROS 的主要特点

ROS 的主要特点如图 8 - 12 所示：一是点对点设计,ROS 通过点对点设计以及服务等机制可以分散由于视觉和语音识别等带来的计算方面的压力;二是不依赖编程语言,即独立于编程语言,大多数常用的现代高级编程语言都可以在 ROS 平台内使用;三是精简与集成,ROS 具有模块化特点,这种特点使得相互独立的各模块中的代码能够实现单独编译;四是便于测试,ROS 分离了底层硬件控制模块和顶层数据处理与决策模块,同时提供了一种简单方法,使其可在调试过程中记录传感器数据及其他类型的消息数据。

ROS 的初衷是为了更加高效管理机器人的硬件,实现对控制、感知、规划等功能的快速集成。然而 ROS 最初是基于个人机器人项目 PR2(一个服务型机器人的项目)开发的,而这款家庭服务机器人绝大部分时间都是独立工作的且具有下列特点：机器人具备充足的计算资源;机器人没有实时性要求或者实时性要求可以用某种专门方式得以满足;机器人的各硬件组件之间具备良好的数据连接。但随着 ROS 的不断发展,其应用范围已经远远超出 PR2 或类似机器人平台,在无人机、无人车、四足机器人、水下机器人等平台上也得到了应用,此时不可避免存在计算资源、通信资源等限制,此时 ROS 的系统架构难以稳定地工作,因而出现了更适合各种机器人工程落地的第二代 ROS,即 ROS2。自从 2017 年 12 月 8 日 ROS2 的第一个正式版本 Ardent Apalone 发布至今,已经先后推出了 8 个版本。目前最新的版本是 2022 年 5 月份发布的 Humble Hawksbill。与第一代 ROS 相比,ROS2 具备以下特点：

(1) 跨平台。ROS2 去除了中心节点的限制,使得不同的程序可以完全分布式地运行在多个机器人上,同时为了让所有机器人都能运行 ROS2,ROS2 可以跨平台运行于 Linux、Windows、MacOS、RTOS,甚至是没有任何系统的微控制器(MCU)上。

（2）安全性。任何与网络交互的软件都必须保证能够抵抗意外干扰和恶意攻击。ROS2 的安全系统提供了通信的认证、加密和访问控制功能。设计人员可以通过访问控制策略来定义谁可以就什么进行通信。

（3）实时性。在自动驾驶和服务机器人等领域中，要求机器人进行实时计算，以满足安全和性能要求，ROS2 为类似这样的实时性需求提供了程序接口。

（4）多样化的网络连接。在 ROS2 的框架下，机器人可在各种各样的网络环境中进行部署，包括有线局域网、卫星通信网等。此外，ROS2 可以提供通信质量服务来配置数据流，从而满足网络约束。

随着大量机器人走向人类的生活，对机器人开发的效率要求越来越高，ROS2 不仅可以用于机器人研发阶段，还可以直接搭载在产品中，走向消费市场。ROS2 官方团队最近在 *Science Robotic* 上发表论文，他们已经在四足机器人、水下机器人、无人车、无人机平台上对 ROS2 进行了测试，如图 8－13 所示。总而言之，目前 ROS2 的开发尚处于初始阶段，走向消费市场对 ROS2 的稳定性、鲁棒性提出了巨大挑战，还有很多技术需要完善，但其已经展现出了巨大的发展潜力。

图 8－13　ROS2 的应用场景

8.3.2 Ubuntu 操作系统

Ubuntu 由 Canonical Ltd.团队设计并开发,技术上依托于常用的 DebianGNU/Linux,与此同时和 X86、AMD64/X64/PPC 等也具有很强的互操作性。由于它好用易用,而且获得众多团队的通力支持,Ubuntu 发展成了流行的 Linux 版本。

任何系统的发展都不是孤立的,Ubuntu 背后有大量且大规模的社区群来支持它的开发升级,作为回馈,用户和开发者也可以及时从社区获得技术支持,这些条件使得其具备软件迭代快、系统运行稳定等显著优势。在 Ubuntu 中,所有系统任务均需要借助于 Sudo 指令进行,这也是它的显著特色,该特色也使得它比传统的系统管理员账号的管理方式更为可靠安全。在众多开源的机器人操作系统中,无论是内在的系统性能还是外在界面风格及友好性,Ubuntu 都独树一帜,被奉为经典。

8.3.3 Android 操作系统

Android 操作系统对于普通百姓已经是耳熟能详了,它是谷歌开发的一个开源平台,目前在全球智能手机领域以超 80%的占有率遥遥领先。众所周知,Android 系统在手机上用得最普遍,也见得最多,实际上在机器人领域它也占有极大的份额。

在国内,做智能机器人终端产品的企业不在少数,但有基础和实力开发底层操作系统的却寥寥无几,可以说是凤毛麟角,主要包括小爱、图灵机器人、北京智能管家科技有限公司(儒博),以及近年开发出鸿蒙系统的华为。

伴随信息和计算技术的一日千里及生活水平的提高,人们对于服务的需求越来越多,标准也越来越高,因此为了匹配需求,机器人集成整合了越来越多的功能。同一件事从不同角度会有不同甚至是截然相反的观点:从用户的角度看,这带来了越来越多的方便;但从开发者的视角看,却恰恰相反,因为功能的增加意味着开发与集成难度的迅速上升,甚至是指数级上升,在机器人操作系统上做文章可以在一定程度上解决该问题。关于这一点,从计算机和智能手机的发展路径上也可见端倪,合适与成熟的操作系统是智能机器人行业健康发展和开拓市场的必须条件。不难预测,将会有更多企业涉足机器人操作系统领域,然而经过充分发展竞争,可能仅会有少数几个得以生存并发展起来。

8.4　机器人的发展

近年来，随着以深度神经网络为代表的新一代人工智能不断取得突破，在图片处理、自然语言处理、文本翻译、棋类博弈、电子游戏等领域取得了令人惊叹的成果，其中基于机器学习算法训练得到的深度神经网络模型可以达到甚至超过人类所拥有的能力。随着人工智能向着实体化迈进，人工智能领域的研究人员将机器人视为人工智能算法测试的重要载体。与此同时，人工智能的发展也为机器人领域带来了全新的技术途径，越来越多的机器人研究人员开始使用人工智能算法来解决机器人领域的工程难题。于是机器人和人工智能的结合成为学科交叉的研究前沿。

人工智能和机器人的结合主要体现在三个方面，分别是智能感知、智能规划以及智能控制。智能感知通常利用人工智能算法对视觉、点云、触觉、力觉等多源高维数据进行特征提取，智能感知是智能规划和智能控制的前端，是机器人融入环境的前提。智能规划指利用人工智能算法实现机器人的自动任务分配和运动规划，即在任务目标、约束条件下让机器人可以自动计算自己完成任务的步骤和运动轨迹。智能控制指结合了人工智能后更加鲁棒、快速、准确的机器人控制技术，智能控制通常以智能规划得到的结果为输入控制机器人完成指定的运动轨迹。值得一提的是智能感知、智能规划、智能控制在有些情况下是无法分开的，如以深度强化学习技术为基础的端到端控制技术，可以利用一个完整的深度神经网络实现从高维传感器数据到底层控制指令的直接映射，在这种情况下感知、规划、控制实现了融合，这也是未来智能机器人的重要研究方向[9]。

8.4.1　机器人的智能感知

机器人的智能感知技术可以根据传感器的种类进行区分，常见的传感器，如视觉相机、点云相机、触觉传感器、振动传感器等(图 8－14)，都已经有结合了人工智能算法来进行特征提取的研究。人工智能算法的引入可以将工程师从手工设计感知策略的繁杂工作中解放出来，提高感知算法的鲁棒性和应用范围，同时深度神经网络的强大学习能力也为多种类传感器异构数据的紧密融合提供了可行途径，多源信息的融合则可以进一步提升感知的精度。接下来对几种典型传感器信息和人工智能算法的结合进行介绍。

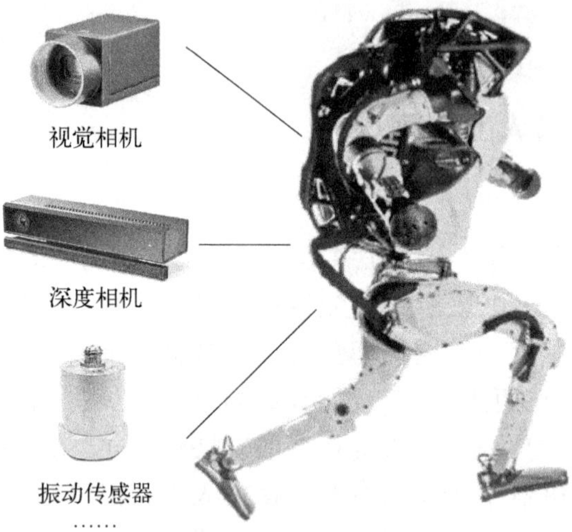

图 8－14　机器人的常用传感器

视觉相机是机器人领域应用最为广泛的传感器之一，得益于深度学习算法在计算机视觉领域的成功，基于深度学习的目标检测、识别、分割、定位等算法自然而然地被应用于机器人的感知过程中。传统的图像特征提取方法需要由设计者针对特定问题手工设计，由于受到目标物体的形状、大小、角度变化、外部光照等因素的影响，手工设计的方法往往难以适应新物体、新场景且鲁棒性较差，容易受到环境因素的干扰。深度学习的优势在于特征提取环节不需要预先选定提取何种特征，而是利用标记好的大规模数据集自动学习所需要提取的特征。以机械臂的抓取操作为例，使用深度神经网络可以直接从包含被抓取物体的图片中检测出抓手的抓取位置，将其作为抓手的控制目标，可以直接实现抓取任务。基于深度学习的图片信息处理算法在机器人操作过程中显著提升了机器人的感知能力。但该算法目前仍有一定的局限性，如场景非常杂乱、存在多个被操作物体或视线遮挡时的图像感知问题仍有待被深入研究。

机器人执行任务的过程中往往不仅需要识别物体的种类，还需要确定物体的位置和姿态，即位姿识别。单目相机通常只能在图像平面内确定物体的位姿，双目相机尽管可以实现对物体上特征点的定位，但测量精度受到基线长度、环境光照的影响。深度相机与传统的二维相机不同，它可以直接测量相机距离物体的距离，且不受关照、纹理等环境干扰的影响。深度相机的输出是带有距离信息的深度图像，而深度图像可以转换形成点云。点云提供了环境离散化的三维模型，利用点云可以更加方便地实现对物体位姿的估计。传统的点云位姿估计方法需要人工设计几何描述子，从点云中提取目标局部特征，再将提取到的特征与模板预提取特征进行查询匹配，来获得物体的位姿。传统的点云位姿估计算法需要待识别的物体有丰富的几何信息，同时受模板库中模板的数量和场景杂乱程度的影响。随着深度卷积神经网络的兴起，逐渐可以通过学习来生成几何描述子，而以 PointNet 为代表的三维特征提取网络的提出使得可以直接将原始的点云信息作为输入估计物体的位姿，大大简化了位姿估计的过程。

除视觉信息和点云信息之外，在一些机器人的任务中还需要用到力觉和振动信息，力觉信号可以直接用于机器人的力控，而振动信号难以直接用于机器人的控制回路中，需要利用感知算法进行信息处理。振动信号的典型应用案例是移动机器人的地形分类。基于振动的地形分类方法通过分析移动机器人车轮与地面相互作用的振动信号来区分不同的地形，可以避免视觉分类方法受光照的影响大、无法感知地下情况的不足。利用振动地形分类方法可以使车辆及时感知地形的变化，防止陷入不利地形，同时可以使机器人采取与地形相适应的驾驶风格，以安全有效地穿越不同的地形。机器学习算法很早便开始用于振动信号地形分类的研究中。德国图宾根大学利用支持向量机进行基于振动的地形分类，随后基于支持向量机的地形分类得到了很多学者的关注。利用支持向量机的地形分类可以分为离线训练和在线分类两个阶段。在离线训练阶段，在带有标签的振动数据的基础上应用支持向量机算法，学习每个地形特有的振动特征并生成训练模型。在线分类阶段，首先对在线获取的原始振动信号作特征提取，然后将数据输入训练模型，新振动信号就可以快速地被分类为训练阶段用到的有标签的地形种类中的一个。

8.4.2　机器人的智能规划

机器人智能规划的目的是将一个复杂的任务进行逐层分解，直到生成可供机器人直接执行的运动轨迹。机器人的智能规划整体上可以分为任务规划和路径规划两类，任务规划负责将复杂的任务分解为一组由无法继续分解的最小动作基元组成的动作序列，而路径规划则负责生成每个动作基元对应的机器人运动轨迹。机器人的任务规划和运动规划是非常经典的问题，目前有大量的经典算法进行求解，近年来随着深度学习和深度强化学习的发展，越来越多的研究人员开始研究利用深度神经网络来训练机器人的任务规划和运动规划模型。接下来分别介绍人工智能在任务规划和运动规划两个问题中的应用情况。

传统的机器人任务规划方法将任务规划问题建模为具有约束的优化问题，为了便于建模，通常会借鉴一些经典任务规划问题模型，如整数规划模型、指派问题模型、旅行商问题模型、背包问题模型和网络流优化模型等。在建立的任务规划模型上利用精确算法或启发式算法进行求解，常见的精确算法包括匈牙利算法、分支定界算法、分支剪切算法、动态规划算法、广度优先搜索和深度优先搜索等，启发式算法包括遗传算法、模拟退火算法、粒子群算法、蚁群算法等。精确求解算法的计算代价会随着规划问题的规模扩大而急剧增加，启发式算法则通常只能找到近似最优解且可能陷入局部极值中。当规划问题变得复杂时，传统的任务规划方法难以协调计算效率和计算结果最优性之间的矛盾。

近年来深度学习技术的发展为机器人的任务规划问题提供了一条全新的思路，即不再需要将任务规划显式的建模为优化问题，而是从历史规划数据或人工示教数据中直接学习机器人的动作基元序列。谷歌的智能机器人研究团队在2020年提出一个利用深度神经网络从一组演示视频中学习预测机器人动作基元序列的方法(图8-15)。他们实现了直接从图像观察中学习和预测机器人未来需要执行的动作序列,并可以持续在线监视任务的执行进度,当环境发生改变时快速重新生成新的动作序列,从而交互式地适应环境变化。尽管当前基于深度学习的机器人任务规划技术尚不完善,规划的成功率和稳定性还比不上传统的任务规划算法,目前也仅在较简单的规划任务上进行了训练,但此类规划技术的计算过程非常高效,仅需几秒的时间即可完成规划,并且可以在线进行重规划,突破了传统任务规划算法的计算瓶颈。随着人工智能技术尤其是机器学习算法的不断发展,基于深度学习的机器人任务规划方法在未来势必会取得巨大的性能提升。

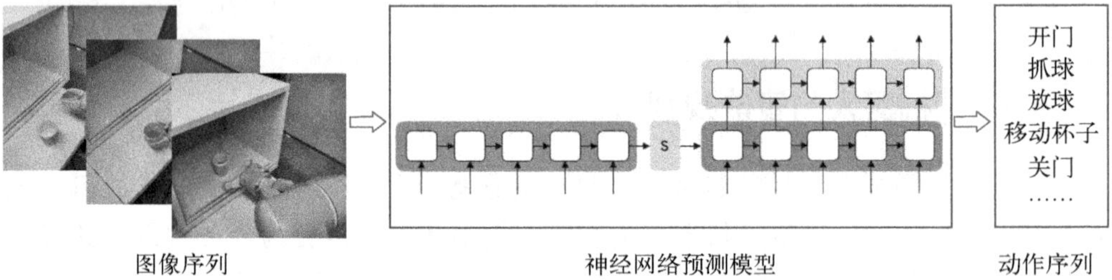

图8-15 基于深度学习的机器人动作规划

注:图中State为状态函数。

与机器人的任务规划问题类似,机器人的运动规划问题同样已经进行了多年的研究,形成了较为成熟的算法体系,传统的运动规划算法包括基于采样的运动规划算法、基于图搜索的运动规划算法、人工势场法、轨迹优化算法、启发式算法等。尽管传统的运动规划算法已经可以解决大部分的运动规划任务,但当环境中存在复杂的障碍物或涉及规划空间维度很高的在线运动规划时,传统的运动规划算法难以同时满足规划成功率和规划效率。近年来,深度学习算法的成功为机器人运动规划开辟了新的道路,人们开始将运动规划过程建模为序列决策问题,并用神经网络来拟合决策函数,这种运动规划算法被称为神经运动规划。神经运动规划算法通过训练一个深度神经网络作为运动规划器,该神经网络以机器人的状态信息、环境信息以及目标信息作为输入,输出机器人下一时刻的状态。

神经运动规划算法的很大一部分工作是将神经网络与传统运动规划算法相结合来提升整体的运动规划效率,如通过机器学习来为采样运动规划算法生成采样概率分布,实现更加高效的采样。如此虽然可以提升运动规划的效率,但传统运动规划算法的固有问题仍然存在。还有一些研究则完全脱离传统运动规划算法,直接将神经网络作为运动规划器,根据训练运动规划器所用到的机器学习方法进行分类,可以将其分为基于监督学习的神经运动规划算法和基于强化学习的神经运动规划算法两类。基于监督学习的神经运动规划算法,采用监督学习的方式训练神经网络,模仿传统运动规划算法计算得到的指导轨迹,此类方法训练难度低,但神经运动规划器的规划效果会严重受到指导轨迹的数量和质量的影响。基于强化学习的神经运动规划算法在机器人与环境的交互过程中学习避碰运动策略,此类方法可以更好地探索障碍物的边界,与基于监督学习的神经运动规划算法相比有更高的规划成功率,但它的缺点是训练难度大,需要花费大量的时间进行训练。神经运动规划算法尽管具有快速高效的优点,但巨大的训练耗时和较高的训练难度成为限制其应用的关键问题,同时在任务环境复杂的情况下神经运动规划器的规划成功率难以保证,如何实现复杂场景下的高成功率快速训练是神经运动规划算法未来的主要研究方向。

8.4.3　机器人的智能控制

当完成任务规划和运动规划之后,接下来需要使机器人准确地完成计划好的运动轨迹,而机器人的控制系统是机器人具备运动能力的基础。目前的传统控制算法往往严重依赖系统的动力学模型,当系统的动力学模型难以准确建模或存在非常强的非线性耦合时,传统的控制算法无法得到很好的控制效果。而人工智能技术一方面可以和基于模型的控制算法相结合,用于提升整体的控制效果,如利用深度神经网络来拟合系统的动力学模型使模型更加精确,或者通过机器学习算法来自动调整控制器的参数。另一方面,基于人工智能的控制器也可以完全脱离传统的控制算法,直接通过学习来得到控制策略,如基于深度强化学习的机器人端到端控制。接下来分别从上述两个方面介绍人工智能和机器人控制系统的结合。

人工智能和基于模型的控制算法相结合的典型例子是基于学习的模型预测控制。模型预测控制算法将控制过程看作一个有限时域开环最优控制问题。首先将当前状态作为最优控制问题的初始状态,求解得到最优控制序列后只实施控制序列中的第一个控制动作,然后更新当前状态并重新求解控制序列。模型预测控制算法的决策基础是利用机器人的动力学模型预测其未来一段时间内的状态,而在现实世界中机器人的动力学模型往往是难以精确建模的,存在非线性、时变性、强耦合和不确定性等特征。为了更加精确地确定系统的动力学模型,研究人员开始在系统历史状态转移数据的基础上利用机器学习方法来拟合动力学模型,常用于拟合系统动力学的机器学习算法包括深度神经网络模型、高斯过程模型、贝叶斯法等。基于学习的模型预测控制既可以利用机器学习算法的强大数据拟合能力又可以保留最优控制的框架,在提高控制精度的同时不失可解释性。

人工智能和传统控制算法相结合的另一条途径是利用机器学习方法来实现控制参数的自适应调整,神经 PID 控制是此类方法的代表。PID 控制,即比例(proportional)、积分(integral)、微分(derivative)控制,通过比例环节、积分环节、微分环节将系统误差线性组合后反馈到被控对象上,PID 控制是一种简洁高效的算法,在各类控制任务中得到极为广泛的应用。比例常数、积分时间常数以及微分时间常数的选取是 PID 控制器的设计关键,常数选取过程被称为参数整定。神经网络和 PID 控制器的结合可以利用神经网络实现对 PID 控制参数的自适应学习与调整,使 PID 控制器的控制参数能根据环境的实时变化自动选取,最终达到控制效果最优[10]。

尽管控制理论经过多年的研究已经形成了成熟的技术体系,但在现实生活中仍然有很多的任务是传统的控制方法所无法解决的,如涉及密集接触的高精度复杂零件装配任务。在此类任务中复杂的接触面形状使装配过程的接触动力学无法建模,不断变化的接触状态使得难以直接基于力反馈人工设计控制策略。在此类任务中,基于深度强化学习算法直接训练得到的控制策略具有独到的优势。基于深度强化学习的控制策略将控制目标以奖励函数的形式给定,通过不断使机器人和环境进行交互来学习能够获得最大奖励的控制策略。在这个过程中不需要知道系统动力学模型的具体形式,只需要知道动力学模型的输入和对应的输出即可,因而从学习算法的角度看,系统的动力学模型是一个黑箱。这就避免了复杂控制任务无法建模的问题,将机器人的应用范围进一步拓展。

基于深度强化学习的机器人控制策略在高精度轴孔装配、复杂零件装配、多自由度灵巧手操控等任务中取得了很好的控制效果,如图 8－16 所示。但目前基于深度强化学习的控制算法也存在一些不足,如训练所需数据量大、不同任务之间的控制策略难以泛化的问题等。尽管可以通过搭建虚拟仿真环境来获取大量的交互数据,但这也不可避免地引出仿真环境和真实环境之间的差异问题,当涉及复杂难以建模的操作任务时,仿真环境中的运行是经过大量简化之后的模型,此时仿真环境中训练得到的控制策略向真实机器人迁移会更加困难。同时不同任务场景下的控制策略泛化也是制约深度强化学习控制策略应用的关键问题,要避免当任务发生些许改变时花费大量的时间重新训练。目前已经有很多学者针对上述问题开展了研究,提出了包括元强化学习、迁移学习、域随机化等改善泛化能力或提升仿真向实物迁移效果的技术,同时也有学者专注于设计更加真实的仿真引擎。目前基于深度强化学习的机器人控制技术成为机器人领域的研究热点,展现出巨大的应用潜力,随着新方法的不断提出,深度强化学习控制技术未来有望得到更加广泛的应用。

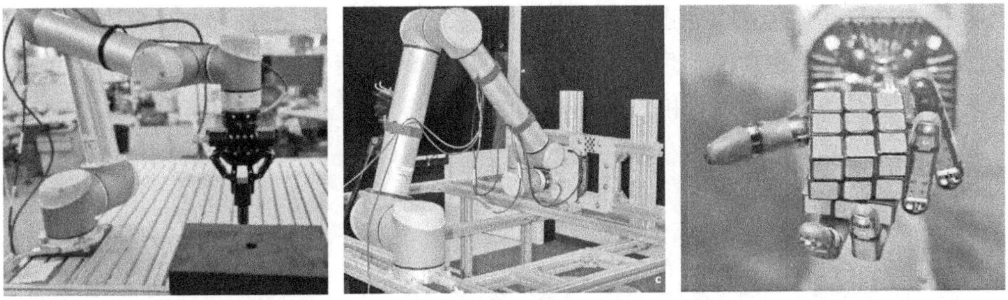

高精度轴孔装配　　复杂零件装配　　多自由度灵巧手操控

图 8－16　基于深度强化学习的机器人智能控制

8.5 《变形金刚》

《变形金刚》(Transformers)系列电影是基于同名玩具和动画而制作的科幻动作电影，讲述了汽车人种族和邪恶的霸天虎种族，为控制和保护地球以及争夺宇宙中的资源而展开战斗的故事。这些机器人能够变形成各种交通工具、电子设备和其他机械形态。

《变形金刚》系列电影展示了高度发达的人工智能，它们以变形金刚的形式出现，具有自主意识、情感和高度智能，能够与人类进行交流并做出复杂的决策。这些电影虽然是科幻作品，但它们激发了对人工智能未来发展的想象和讨论。

在现实世界中，人工智能的发展正以前所未有的速度前进，类似于变形金刚的自主机器人初现端倪。未来的 AI 可能会发展出更高级的自主机器人，它们能够在各种环境中独立工作，并且具有以下突出特点：人机交互，电影中的变形金刚能够与人类进行自然语言交流，未来的 AI 可能会在自然语言处理和情感识别方面取得更大进步，使得人机交互更加自然和直观；智能决策，随着机器学习和深度学习技术的进步，AI 将能够做出更加复杂和精准的决策，这些决策可能会在金融、医疗、交通等多个行业中发挥关键作用；个性化服务，AI 能够根据个人的偏好和行为模式提供定制化服务，从个性化医疗到个性化教育，这些服务将更加贴心和高效；辅助生活，未来的 AI 可能会成为人类的日常生活伙伴，提供从家务劳动到健康监测等多种辅助功能，提高生活质量；安全和监控，随着 AI 在图像和视频分析方面的进步，它将在安全和监控领域发挥更大作用，但同时也会引发对隐私和监控的担忧；自我学习和适应，类似于变形金刚在战斗中学习和适应，未来的 AI 将具备更强大的自我学习和适应能力,能够在新环境中快速适应并完成任务;情感和社交能力,虽然目前的AI还无法真正拥有情感,但未来的AI可能会在模拟和理解人类情感方面取得进展,从而在社交和心理健康领域发挥作用。

参考文献

[1] 张涛,何明,李洪武,等.基于数据跨域协同技术的智能动态治安巡防体系建设科技示范[Z].中华人民共和国公安部科技进步二等奖,2022.

[2] 何明,马子玉,刘锦涛,等.基于影响度介数中心性的多智能体牵制控制算法[J].控制与决策,2021,36(6):1442-1448.

[3] 何明,许元云,刘锦涛,等.基于k-shell分解的多智能体牵制控制算法[J].控制与决策,2020,35(10):2556-2560.

[4] Chen H T, He M, Han W, et al. A discrete-time fractional-order flocking control algorithm of multi-agent systems [J]. Fractal and Fractional, 2024, 8(2): 85.

[5] Chen H T, He M, Liu J T, et al. A novel fractional-order flocking algorithm for large-scale UAV swarms [J]. Complex & Intelligent Systems, 2023, 9(6): 6831-6844.

[6] Liu J T, He M, Xu P, et al. Pairwise control in swarm flocking with application to UAVs [J]. Engineering Applications of Artificial Intelligence, 2022, 114: 105023.

[7] 刘祖均,何明,刘锦涛,等.基于逻辑分离的无人机仿真系统设计[J].计算机仿真,2021,38(9):64-69.

[8] 张斌,何明,陈希亮,等.改进DDPG算法在自动驾驶中的应用[J].计算机工程与应用,2019,55(10):264-270.

[9] 陆建峰,王琼.人工智能:智能机器人[M].北京:电子工业出版社,2020.

[10] Rembold U. Robot technology and applications[M]. Caraton: CRC Press, 2020.

第 9 章　无人智能作战

新一轮科技革命和军事革命加速演进,无人智能作战正崭露头角,深刻改变着战争形态。美军近年陆续提出了马赛克战、联合全域指挥控制作战等概念,探索无人智能作战的本质特征与制胜机理。智能无人系统作为无人智能作战的核心装备支撑,具备低成本集群打击、高价值目标察打能力,在空中、地面、水面、水下等多个物理空间都呈现出蓬勃发展的态势。其中,空中无人机系统技术尤为成熟,并在俄乌、亚阿等军事冲突得到广泛应用、取得了亮眼的战绩。本章立足当下无人智能作战的现实与理念,阐释智能化战争的本质、概念和典型系统及装备;畅想未来智能化战争形态与战场样式,探索剖析人机主导权的发展演化趋势,以期拨开笼罩于未来无人智能作战之上的技术迷雾。

9.1　智能化战争

如今,农业时代冷兵器战争的人员呐喊声、工业时代机械化战争的车辆轰鸣声尚余音未了,信息化战争的硝烟正甚嚣尘上,智能化战争的身影已扑面而来。智能化战争是一种全新的战争形态,正如信息化战争是建立在机械化战争的基础之上,智能化战争则是建立在信息化战争的基础之上,同时又是对信息化战争的超越,亦是人类战争形态发展的高级阶段。建设智能化战争能力的核心是思维。因此,为更好把握智能化战争发展规律、适应智能化战争发展趋势,有必要探究智能化战争的本质特征,揭示智能化战争的制胜机理,提出智能化战争的科学问题,指明智能化战争的关键技术,以期更大范围凝聚起推动智能化力量建设的思维共识和蓬勃力量。

9.1.1　本质特征

智能化战争的本质特征主要包括以下三个方面。

1. 作战平台无人化

智能化战争的表象为无人化。目前,无人装备在世界各国军队中的规模数量正在迅速增加。可以说,无人作战平台将成为未来智能化战争的重要基础支撑:一是为多样化任务的完成提供支撑,无人作战平台机动性更好、抗风险能力更强,能够克服人的脆弱性和生理极限,尤其适应残酷恶劣的战场环境,完成有人平台难以完成的作战任务;二是为作战高效实施提供支撑,无人作战平台成本更低、隐蔽性更好,能够大规模低成本运用,大大提升任务的效能;三是为力量灵活运用提供支撑,无人作战平台既可以组网后自主协同作战,也可以与有人作战单元混合编组,大大提升作战灵活性。

2. 作战行动自主化

智能化战争的关键是自主化。一度风靡网络的杀人蜂视频,生动展现了未来智能化、自主化战争的突出特点:一是战场态势感知自主精准,主要是运用目标检测识别技术,基于作战体系和大数据等先验信息引导支持,形成对战场态势的精准感知判断;二是作战协同自主高效,通常由机器自主感知影响任务执行的各种信息,并动态进行任务分配和行动规划,实现有限资源与侦察、打击等多种任务的最优性匹配;三是效果评估自主快捷,能够依托感知信息变化情况,自动评估预期效果完成情况,支撑后续任务开展。

3. 作战体系弹性化

智能化战争的核心要求是作战体系的敏捷弹性重构。未来战场具有高对抗、强干扰等特点:一是体系分布多维拓展,未来作战空间将向陆、海、空、天、电、网以及认知域、社会域等多个维度延伸,以期形成"高维"对"低维"的降维打击优势。二是体系运行跨域聚能,作战要素更加强调分布式部署、服务化封装、敏捷式调用,持续强化开放式架构设计和便捷式升级,推动更广范围、更多组合、更深层次的战场资源高效整合。三是体系效能精准释放,能够基于任务需求、环境约束、资源限制和态势变化,在有限时间内动态调整我方资源配置,尽可能最大化我方单位资源损耗对敌方造成的伤害。

9.1.2 制胜机理

剖析智能化战争的制胜机理,是准确识变、科学应变、主动求变,努力探寻制胜未来智能化战争的关键所在,有助于在加速来临的智能化战争中赢得主动。智能化战争制胜机理主要包括以下三个方面。

1. 信息机理

知彼知己,百战不殆。快速高效地掌握全方位信息是战争制胜的首要前提。相比于信息化战争,智能化战争更加强调使用各种机器和传感器来搜集和认知信息。这些信息既包括最重要的我方装备部署状态信息、敌方目标位置属性信息等,还包括地理环境信息、气象水文信息、电磁环境信息等。使用的机器和传感器也更加丰富多样,活动空间、感知范围、侦察频率大幅拓展。面对海量侦察信息,特别强调运用人工智能技术进行认知处理,生成高价值情报信息通过友好展现界面呈现给指挥人员。

2. 决策机理

夫未战而庙算胜者,得算多也。科学准确决策是战争制胜的先决条件。但由于战争态势感知信息天然存在的不确定性、我方作战资源规模体量的持续增加、此长彼消对抗机理的日趋复杂,使得基于人的智能进行作战筹划正面临越来越大的挑战。智能化战争强调对感知信息的不确定性、对抗消亡的残缺性进行建模,通过智能化方法实现作战资源的弹性化重构和效能最优化发挥,有效降低人员在战争筹划过程中的认知和决策负担,大大提升战争筹划的科学性、时效性和最优性。

3. 行动机理

兵之情主速,乘人之不及。智能化作战系统看得见、听得懂、能学习、会思考,大大加速了 OODA(即观察 observe、调整 orient、决策 decide 以及行动 act 的英文缩写)循环,一旦发现可乘之机,能够顷刻发出攻击。行动空间呈现出模糊化趋势,在生产生活域持续开发新的作战样式。行动部署呈现出隐蔽化趋势,不断拓展形成驱动民用无人平台、轻小型仿生系统进行作战的能力,大大提升作战力量的潜力范围和行动发起的隐蔽性、突然性。

9.1.3　关键技术

与传统机械化、信息化战争不同,智能化战争的关键技术更加强调实现信息感知、交互、决策的人机环高效融合共生能力,主要包括大模型、机器学习、感知认知、机器人、人机交互、脑科学等关键技术。大模型是数据结构,是底层的智能机理描述框架,相对于传统小模型能够处理更为复杂的问题,表现出更为优异的性能。机器学习是算法,是抽取智能机理,实例化大模型参数的核心关键,是智能能力的生成工具。感知认知是知己知彼、进行决策行使主观能动性、贯彻此长彼消制胜机理、夺取战争主动权生存优先权的必要前提,包括协作式感知(对象是友方作战单元)、中立式感知(对象是气象水文环境)和对抗式感知(对象是敌方作战目标)等。机器人是智能化战争的关键平台支撑,泛指空中、地面、水面和水下的各种无人机平台系统,是分散部署各种感知、通信、打击资源的物理基础。人机交互是人的主观能动性高效灵活驱使战争资源的主要媒介,包括脑机、智能芯片和穿戴设备等。脑科学是推动从"人感知理解各种信息进而操控机器实现特定目的"转变到"机器自动感知理解人的意图并自主行动"的重要技术途径,是实现人机环友好共生的关键。

9.2 相关作战概念

着眼智能化战争发展愿景,美军在"分布式作战""跨域协同""动态力量运用"作战思想指导下,在智能无人技术的支撑下,研发了一系列作战概念并进行迭代更新,确保其适应新的作战需求。这些作战概念包括以多域战为基础发展起来的联合全域作战及联合全域指挥控制,以及分布式杀伤、马赛克战等[1]。在这些作战概念中,人工智能的应用包括辅助决策支持、自主系统控制、智能网络攻防、实时情报分析等方面,已成为作战概念中不可或缺的技术支持和战力增强手段。

9.2.1 联合全域作战

2020 年,美国参谋长联席会议和联合参谋部正式提出"联合全域作战"(Joint All-Domain Operations, JADO)概念,此概念在"多域战"和"多域作战"的基础上发展而来,以"联合全域指挥控制"(Joint All-Domain Command and Control, JADC2)概念为核心。联合全域作战旨在将太空、网络、威慑、运输、电磁频谱行动及导弹防御等能力结合在一起形成"全域",与全球性竞争对手在各种烈度的冲突中竞争。联合全域作战概念目前已成为美军共同发展的目标,其致力于通过可用通信网络和人工智能/自主系统,将全域的所有能力(传感器、射手等)连接在一起,实现全域、分布、动态、网络协同作战。美国以联合全域指挥控制为抓手,广泛支撑了空军"先进作战管理系统"、陆军"融合计划"、海军"超越计划"、DARPA"联合全域作战软件"等试点能力开发项目。其主要特点包括以下几个方面。

1. 统领性

联合全域作战强调统领各作战领域、层次和地理范围的作战能力，特别是统领传统作战能力和新型作战能力形成一体化力量，为此美军把太空和网络空间纳入统一的规划，以集成和同步所有域的感知、目标选取和执行行动。

2. 整合性

联合全域作战不是解决某一领域、某一方向的作战，而是整合多个维度资源、所有作战体系，进行深度联合、体系作战的概念，从而实现全域全维的信息融合能力。

3. 智能性

联合全域作战是对美军多个作战概念的延续和发展，包括了人工智能的多方面应用。其融合延续了马赛克战中的智能化支撑，以及以决策为中心的作战模式，体现了智能性，如图 9－1 所示。随着联合全域作战中作战空间的延伸，作战要素和作战数据量呈爆炸式增长，其广泛利用人工智能、自主决策等技术，以提升指挥员判断和决策的效率，同时支撑更多分散的兵力设计方案，增强武器平台的可组合性。

图 9－1　联合全域作战概念示意图

9.2.2 联合全域指挥控制

联合全域指挥控制是联合全域作战概念的核心,更加强调将各军种的作战要素进行整合,实时与所有火力单元进行连接,基于实时无缝通信,支撑各军种灵活调用非自身建制的作战能力,消除军种之间、作战域之间的界限;通过掌握各域态势,形成及时、准确、统一的通用作战图,能够使各军种协调一致作战,以更快的速度实施机动和攻击。美国空军将联合全域指挥控制定义为决策的艺术和科学,能够将决策迅速转化为行动的能力。其通过先进计算技术、云技术以及人工智能技术,实现指挥控制服务化并无缝链接所有军事部门的传感器和通信设备,确保联合部队指挥官拥有在全作战域和全电磁频谱范围指挥联合部队所需的能力,以威慑对手,并在必要时在全球任何地点、任何时间击败任何对手。其主要特点包括:

1. 跨域指挥控制

联合全域指挥控制旨在将所有分布式传感器与打击终端近实时地连接起来,遂行跨越所有域的指挥控制。

2. 作战域互联杀伤网

联合全域指挥控制聚焦实现跨军种、无缝连接的“机器—机器”消息转换与通信,从线性、静态和烟囱式的杀伤链向基于所有作战域互联网络的杀伤网演进,显著加快 OODA 环。

3. 分布式信息平台

联合全域指挥控制通过分布广泛的情报收集处理平台,使决策者了解来自不同领域数据之间的相互关系及其对联合部队活动的影响,同时更快地将决策转化为行动。

4. 扁平化通信结构

联合全域指挥控制采用具有多个同步路径的新型通信结构,取代传统高度集中的通信节点,实现信息处理扁平化,获取信息优势,进而形成联合全域作战的相对优势(图 9-2)。

图9-2　联合全域指挥控制概念示意图

9.2.3　分布式杀伤

“分布式杀伤”作战概念于2014年经美国海军战争学院根据濒海战斗舰编队对海上、陆上目标打击的兵棋推演结果首次提出(图9-3),而后影响力和内涵不

图9-3　分布式杀伤概念示意图

断扩大丰富,于2017年正式写入美国海军水面战战略,概念表述为通过增加单舰的进攻和防御能力,在广阔的海域以分散的编队部署,形成分布式火力。分布式杀伤作战,旨在通过高度分散的、具有网络化能力的作战单位,以多样化的方式对敌人实施杀伤,从而增加对手的作战压力,降低自身的暴露程度,提高作战效率和生存能力。其主要特点包括以下几个方面。

1. 分散化力量部署

分布式杀伤作战强调将作战力量分散部署,形成具有多样化、灵活性和适应性的作战网络。这种分散性可以降低被敌方侦察和打击的风险,增加作战单元的生存能力。

2. 网络化作战能力

作战单元之间通过先进的通信和信息系统,实现实时信息共享、协同作战和决策支持。这种网络化的作战能力使得各个作战单元能够迅速响应变化的战场情况,并协同执行复杂的作战任务。

3. 多样化杀伤手段

分布式杀伤作战注重多样化的杀伤手段,包括传统的火力打击、特种部队行动、无人化平台运用,以及网络攻击等手段。这种多样化的杀伤手段可以更好地适应不同的战场环境,满足不同的作战任务需求。

4. 自主作战能力

分布式杀伤作战强调作战单元具备一定的自主作战能力,能够根据战场情况自主调整战术和行动,独立完成任务。这种自主作战能力可以提高作战单元的灵活性和应变能力,降低对上级指挥控制支撑的需求。

5. 适应复杂战场环境

分布式杀伤作战适用于各种复杂的战场环境,包括城市作战、山地作战、反恐作战等。通过灵活的部署和多样化的杀伤手段,可以更好地满足不同战场环境下的作战需求。

9.2.4 马赛克战

2017年,美国DARPA战略技术办公室(STO)提出“马赛克战”。该概念借鉴了马赛克拼图的思路，从功能角度将各类传感器、指控系统、武器平台、兵力编队等各种作战要素视为“马赛克碎片”，通过动态弹性通信网络将“碎片”链接形成一张物理和功能高度分散、灵活机动、动态协同组合的弹性作战网，利用人工指挥和机器控制，快速、灵活、自主地重组一支更加解耦合型的军事力量来创造己方的适应性，提升敌方的决策复杂度或不确定性（图9-4）。即便系统中部分组成被敌方干扰、摧毁，仍能基于所能链接的资源快速做出响应。其主要特点包括以下几点。

图9-4　马赛克战概念示意图

1. 模块化作战力量

马赛克战强调将作战力量划分为多个模块化的单元，这些单元可以是各种不同类型的部队、武器系统、传感器或信息网络。这些单元可以分布在不同的地理位置，以增加作战力量的灵活性。

2. 多样性和适应性

马赛克战通过利用多样化的作战单元和资源，使得军队能够快速适应不同的战场环境和作战需求。这种多样性和适应性使得敌方更难预测和应对其行动。

3. 信息化和网络化

马赛克战重视信息技术和网络技术的应用，包括实时数据共享、智能决策支持和网络进攻防御等方面。这使得各个作战单元能够更好地协同合作和共享情报，提高作战效能。

4. 任务式指挥控制

马赛克战强调任务式指挥控制的重要性，即将指挥和决策权下放到更低的层级，使得各个作战单元能够更加自主地行动和应对局势变化。

5. 弹性可重构

马赛克战要求作战单元具备弹性、可重构功能，能够在受到损失或干扰时快速调整和恢复。这种弹性和可重构性使得美军能够在长期战争中保持持续的作战能力。

6. 混合作战方式

马赛克战强调采用多种不同的作战方式，包括线性作战、非线性作战和认知作战等，以应对不同的威胁和任务。

随着人工智能、机器学习和自主系统技术的不断发展，相关作战概念将进一步得到强化和拓展。未来，美军可能会更加依赖自主作战系统、智能化火力平台、分布式网络体系，实现更高水平的无人智能作战能力。

9.3 智能无人系统

智能无人系统，正在逐步改变着传统战争格局，使得人员伤亡极大降低、行动空间全域多维、战场环境更趋透明、作战突袭更易达成、指挥控制精确直接、战争成本显著降低[2]。从无人机系统的空中侦察打击、无人车系统的地面突击支援、无人船艇系统的海上巡航作战，再到水下无人系统的潜水隐身突袭，各类智能无人系统，尤其是无人系统集群正逐步成为未来战场的主角，是加速“数智化”战斗力赋能增效的物质基础。

9.3.1 无人机集群

无人机系统通常由无人机平台、测控系统、任务载荷等组成。无人机集群主要由一群具有一定自主能力的无人机系统构成，多无人机间通过局部交互规则，可涌现出群体行为现象。无人机系统在作战领域占据了至关重要的地位，广泛用于侦察、监视以及察打一体作战[3]。与单架无人机相比,无人机集群具有更强的灵活性和鲁棒性,具有更为广阔的应用潜力。无人机集群的概念示意如图9-5所示。

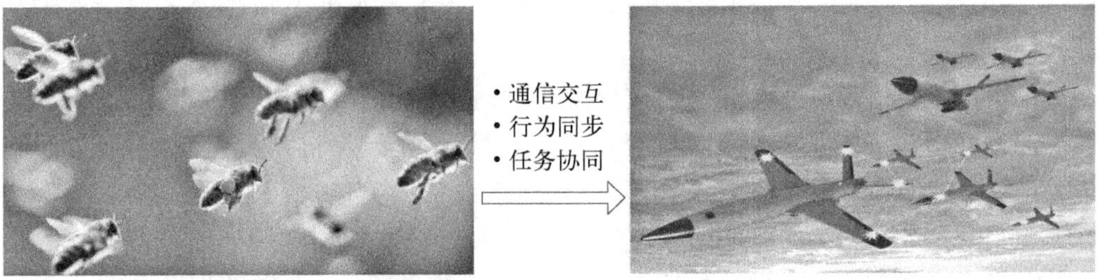

自然界蜂群等集群行为　　　　仿生学编队

图9-5　无人机集群概念示意图

美国最早提出无人机集群作战的概念,早在2000年,美国便制定了无人机系统发展路线图,并开展了大量集群协同项目及试飞试验。美国的无人机集群项目可分为集群实验和配套支撑项目两类。其中,典型的集群试验项目有美国国防部战略能力办公室的“灰山鹑”项目、国防部高级研究计划局的“小精灵”项目、海军研究局“低成本”无人机集群技术项目等;集群配套支撑项目主要有“拒止环境中协同行动”“分布式作战管理”“体系综合技术和试验”等。近年来,国际军事冲突中已开始广泛使用具备初级智能的无人机集群装备。2018年,叙利亚军队利用无人机蜂群,对两个俄驻叙利亚军事基地进行突袭,这是无人机蜂群首次在实战中运用的里程碑事件。2020年,在纳卡冲突中,阿塞拜疆的无人机蜂群对亚美尼亚军事目标实施侦察监视和火力打击,取得显著战果。2023年,俄罗斯使用无人机集群突袭敖德萨地区一处供应乌军的燃料库,所有指定目标均被击中。

受限于当前的技术水平,无人机集群的智能化程度与自然界中的蜂群、鸟群等还存在较大的差距,无法自主完成复杂的协同任务。此外,当前无人机集群的规模仍然是比较有限的,随着无人机数量的增加,集中式控制所有的无人机会变得越来越困难,甚至无法实现,具有分布式、自组织特点的群体智能技术将是未来提高无人机集群智能化程度的关键。群体智能相较于单体智能或集中式控制具有鲁棒性强、可拓展性好、规则简洁、具备自组织性的优点。目前,无人机集群的协调控制仍然是无人机集群技术的研究核心[4-7]。此外,无人机集群的抗扰与重构[8]、无人机单体间的资源调配[9]等也是无人机集群技术的研究重点。在未来,随着人工智能、结构、传感器和通信等领域的快速发展,无人机集群必将更加智能自主,能够适应越来越多的场景,具有广阔的应用前景。

随着无人机集群技术的发展,未来无人机集群将会在越来越多的领域发挥作用。在军用领域,无人机集群系统可执行电子压制/电磁攻击任务;可与战斗机/轰炸机等作战飞机伴飞协同,迷惑对手,使对方侦察装备无法区分目标;可以为各种武器/火力平台提供目标指引或锁定;可作为自杀式无人机飞临敌方上空,作为诱饵消耗对手高价值武器;等等。

在民用领域,无人机集群也大放异彩,逐步渗透到人类社会的方方面面。在应急救援方面,灵活小巧的无人机集群可以抵达大型机器人和人类无法前往的复杂地域,不仅可以勘探地面情况,还可以搭载通信设备,将自身变为一个个通信节点,形成一张通信网,帮助受灾地区恢复通信。无人集群也能够应用于农业生产,不仅可以完成农药喷洒等基础动作,还可以进行农业信息采集、光谱数据分析等,辅助农民提高农作物产出,集群作业能够保证覆盖到农场的各个位置。在快递物流方面,单架无人机仅仅能完成小件物品的分发、配送,而无人机集群系统则能基于交互协同完成大量订单的调配,具有成本低、效率高的优点。也许不久之后,在空中成群飞舞的,不再只是鸟群、蜂群,也有可能是人类操控着的无人机集群。

9.3.2 无人车系统

无人车系统通常由无人车平台、测控系统、任务载荷等组成。与有人驾驶车辆相比,无人车可以在更加恶劣的条件下提供多样化服务,同时其模块化的设计允许根据不同的任务定制装备形态。2021 年,阿联酋制造的全模块化、多任务、自适应无人车 Agema 在乌克兰基辅举行的武器和安全贸易展览会上展出。Agema 可以与空中的无人火力系统集成,即使在能见度较差的条件下,用户也能准确检测、跟踪和摧毁目标。无人车上可以安装热成像、可见光、多光谱等有效载荷,战斗系统可以适配系列战斗部。无人车在各种关键任务中展现出巨大的应用潜力,包括情报侦察、反坦克支援、后勤支持与保护、无人机发射和反无人机行动等。无人车系统在战场上主要用于遂行突击冲锋、区域警戒、扫雷排爆、后勤运输等作战任务。

无人车集群是在单台无人车系统的基础上发展起来的,其特点是不需人员操控,可以自主协同完成目标侦测、搜寻、锁定和打击等任务,主要用于高危作战环境全方位、全天时、全天候无人值守作战等(图 9 - 6)。美 DARPR 与雷神 BBN 技术公司签署了一份技术合同,其目的是研发一套控制小型无人机和地面车辆的联合作战技术。该合同中明确规定,用户借助于无处不在的传感器、模块化的程序设计以及可视化的仿真模拟平台,操控无人机与多种类型车辆实施一体化的集群协同作战。

图 9-6　无人车集群

9.3.3　无人船艇系统

无人船艇系统通常由水面无人平台、测控系统、任务载荷等组成。由于采用了无人化设计模式,可在真实战场环境下减少人员伤亡,能够在各种复杂环境下(比如防护严密、气象水文复杂、辐射生化等)执行作战任务,在必要的时候还能够执行抵近侦察或者火力攻击任务,契合了未来战争"非接触"和"零伤亡"要求。

最早在 20 世纪 60 年代,人类开始应用无人艇,执行搜集原子弹核爆后的辐射海水样品任务。20 世纪 80 年代,美国最早提出了海上无人集群的概念,无人船艇集群通常由水面系列无人船艇组成(图 9-7)。

目前的无人船艇集群主要应用在军事领域。2000 年发生了一件轰动全球的事件,美海军"科尔"号驱逐舰被一艘无人艇突然撞击,爆炸造成 17 人死亡,近 40 人受伤。在俄乌冲突中,乌军使用无人艇成功实施突袭港口、袭扰舰船、自爆攻击等多种战术行动。2024 年,乌军使用马古拉 V5 自爆无人艇,在短短一个月内摧毁了俄军伊万诺维茨号导弹艇、恺撒·库尼科夫号坦克登陆舰和谢尔盖科托夫号轻型护卫舰三艘战舰,让俄黑海舰队损失惨重。

国内同样也开展了无人船艇集群的研究。2018 年,华中科技大学实现了 4 艘水面无人船艇集群的协同作业。国内无人艇企业也逐步掌握了自主航行、路径优

图 9-7　无人船艇集群

选、群聚协作、人机互动等关键核心技术。2022 年,我国通过作业母船+无人船的集群测绘作业模式,进行了大湾区近海海域海底基础调查,突破了动态协同组网、全局障碍物综合感知、最优避障策略生成等技术难题。

9.3.4　水下无人系统

水下无人系统通常由水下无人平台、测控系统、任务载荷等组成。水下无人集群是一种能够实施水下探测、摄影甚至自主攻击的系列水下无人系统群体,同时也被称为水下机器人集群。目前,水下无人系统主要应用在军事、科学考察等方向,但是与技术和产品较为成熟的无人机集群相比,水下无人集群还存在不小的差距,此外,其价格较为高昂,这也是目前其发展势头不如无人机集群迅猛的主要原因。

通信和定位是水下无人集群协同面临的主要难题,适用于地面和空中的通信、导航电磁信号,基本不能够在水下传播,因此水下机器人通信、导航必须依赖于其他技术,如高精度惯性导航传感器、声呐导航系统、声呐通信系统等。例如,麻省理工学院开发了一种新的基于声学的导航系统,并研发了一系列被称为 SandSharks 的小型、低成本的水下机器人(图 9-8)。水下扬声器或声学信标将声音信号传输到海洋中,机器人在水下麦克风的帮助下监听这些声音信号,支撑系统的控制软件确定每个机器人相对于信标的距离和角度,从而实现相对定位和导航。

图 9－8　SandSharks 水下机器人集群

奥地利 Ganz 人工生命实验室开发的 CoCoRo 水下自主航行集群(图 9－9),由 41 个水下机器人共同组成,水下机器人可以相互配合执行多种任务。此外,著名的水下机器人公司 Aquabotix 研发设计了一种体积较小的微型潜水器 SwarmDiver,配备了多功能传感器用于防御、监视等。每艘 SwarmDiver 体长 75 cm、重 1.7 kg,凭借两个无刷直流电机驱动螺旋桨,最高速度可以达到 2.2 m/s,续航时间可达 2.5 h,最大潜水深度可达 50 m。由其构成的水下机器人集群,可广泛用于安全防护、环境监察、港口管控等领域。

图 9－9　CoCoRo 水下无人集群

我国水域广阔、近海岸线蜿蜒悠长,水下无人系统的发展对于水域岸线管控具有重要的战略意义,是水域岸线精确感知与精准管控的重要技术基础,事关国土安全和生态安全。当前,我国水下机器人集群相关研究也处于快速发展阶段,相继攻克了水下中继通信、动态组网、航行控制、群组指控、相对导航等关键技术,协同智能化水平正从半自主向全自主迈进[10]。

9.4 反无人机作战

当前,以无人机、无人船为代表的无人系统在实战中得到了大量应用,由此带来反无人机作战的迫切需求。反无人作战,主要利用各种手段,对敌方无人作战平台进行打击、干扰和破坏,从而实现削弱敌方无人作战力量的目的。而无人机系统是目前世界各国研究的主流无人武器装备,也是最能体现无人作战的关键技术,无人机以及无人机蜂群作战已经由概念设想转变为实战应用,并取得了诸多亮眼战绩。因此,本节聚焦反无人机作战,一窥反无人作战的任务需求、作战系统和典型装备。

9.4.1 反无人机任务需求

无人机技术的迅猛发展带来了前所未有的挑战,无人机以其灵活、隐蔽和低成本的特点,成为战场上的一大威胁。无人机可以轻易地突破传统防御体系,执行侦察、打击、干扰等任务,对军事设施和部队安全构成严重威胁。在电影《天使坠落》中,恐怖分子使用无人机集群轻松突破美国总统的安全保卫力量防御部署(图 9－10),造成大量安保人员伤亡,从侧面凸显了反无人机任务的重要性和迫切性。

1. 反无人机穿透式侦察空袭

2024 年,在美军罗斯福号航母通过霍尔木兹海峡时,伊朗无人机成功穿透了美航母防空圈进行近距离监视,并达成投弹条件。为了应对这种威胁,反无人机作战需要发展快速反应的预警探测和拦截手段,以确保能够及时有效地应对敌方的打击。

2. 反无人机与远程火力协同作战

俄乌冲突初期,乌克兰军队使用“无人机+星链+远程火力”的作战模式,取得了显著效果。无人机负责战场侦察,实时获取目标信息,将信息通过星链进行传

图9-10　电影《天使坠落》预告片中无人机攻击行动前飞行画面

输，远程火力则根据情报对目标实施打击，从而极大地提升了炮兵部队远程火力的打击精度，对防御方构成了严峻挑战。因此，反无人机作战需要重点应对破解敌方无人机和远程火力的协同作战行动。

3. 在反规模化无人机蜂群协同作战

2024年，乌克兰特种部队采用无人机集群对俄罗斯导弹艇进行协同打击，通过利用无人机的低成本、规模化优势，形成饱和式打击效果。反无人机作战需要加强对无人机集群协同战术的研究，并发展相应的对抗措施[11,12]。

4. 反商用易改装无人机隐蔽突防

俄乌冲突中，双方大量采用商用易改装无人机加装战斗部，通过预先规划航线、程序控制飞行、超低空突防的方式进行纵深打击，摧毁了对方的发电站、炼油厂、机场停靠战机等重要目标设施。由于体积小、飞行高度低、放飞简便，传统的防空系统难以有效探测和拦截，这些低成本攻击无人机已经成为一种新型空中威胁。

9.4.2　反无人机作战系统

反无人机作战的关键在于构建一个多层次、多手段的探测拦截系统（图9-11）。在人工智能自主决策控制系统基础上，有效整合多维感知精准识别的探测预警系统、软硬杀伤手段多样的打击拦截系统[13]，是应对无人机威胁的可靠潜在技术途径。

图 9－11　反无人机作战系统示意图

1. 联合感知精准识别的探测预警系统

在未来的反无人机侦察能力发展中,关键在于多平台、多技术手段的综合运用。首先通过地面固定站点、空中平台以及单兵携带的雷达、光电和无线电等多种传感器采集战场目标信息;然后通过分布式网络和信息关联处理系统进行引导印证融合,从而实现对无人机的全天候、全方位、多手段的侦察、探测和跟踪监视。这样的系统能够实时识别和报告无人机威胁,确保快速响应和有效处置。

2. 软硬杀伤手段多样的无人机打击拦截系统

在反无人机拦截的发展方向上,将致力于打造综合性的无人机拦截系统。该系统将融合电磁干扰阻断、信号欺骗压制、防空弹炮火力打击以及激光微波定向能攻击等多种"软硬杀伤"手段。这种多层次、多手段的拦截体系重点在于实现高效配合和火力分配,以应对无人机的多样化威胁。

3. 基于人工智能的自主决策反无人机控制系统

在未来反无人机作战中,将深入探索人工智能自主决策技术在多个关键作战环节的集成应用。主要包括行动的单平台自主控制、多平台协同配合,以及战后阶段的自主评估。通过这些技术的融合,构建感知目标环境、战术规划协同、行动协调控制、综合拦截打击、毁伤效果评估的快速流通信息环路,极大提升反无人机作战的效率和效果,支撑战场指挥官更加灵活精准指挥控制。

9.4.3 反无人机作战典型装备

反无人作战典型装备主要有“呼啸者”反无人机系统、“莫菲斯”反无人机系统、ROSC－1 反无人机系统、Pantsyr－S1M 反无人机系统、“无人机子弹”武器系统等。

1. “呼啸者”反无人机系统

“呼啸者”是美国陆军采购的反无人机系统,由雷神公司开发,集成了“郊狼”Block2 巡飞拦截弹、Ku 波段多用途雷达和电子战系统,具有半自主弹间协作能力,能从多平台发射并与有人系统协同作战。其“郊狼”Block2 巡飞拦截弹采用 X－X 型正常气动布局和涡喷发动机,最大飞行速度可达 555 km/h,配备近炸引信和破片战斗部,拦截距离可达 10 km,在演示试验中成功击落数十架无人机。正在开发的“郊狼”Block 3 型将实现重复使用,降低拦截成本。

2. “莫菲斯”反无人机系统

“莫菲斯”(MORFIUS)反无人机系统由洛克希德·马丁公司开发,旨在拦截单个无人机或无人机集群,是美国国防部《反小型无人飞机系统策略》的重要组成部分。“莫菲斯”全重不超过 13.6 千克,可以从空中、地面或移动车辆平台上发射,核心部件是导引头和辐射功率高达吉瓦级(1 000 兆瓦)的微波任务载荷。MORFIUS 已成功完成了多次测试活动,能够多次重复使用,与自杀式消耗性武器相比使用成本更低。

3. ROSC－1 反无人机系统

ROSC－1 反无人机系统是俄罗斯金刚石研究和生产联合体开发的一种先进的无人机防御系统,核心组件包括一个三坐标 X 波段固态雷达、光电系统、无线电监测装置、无线电电子控制系统和“狼－18”无人机,可以通过卡车移动部署,也可以固定安装。系统的雷达探测距离可达 25 km,能够有效探测和识别小型和低速无人机;系统具有电子干扰能力,可以屏蔽无人机的控制信道和 GPS 信号;系统中的“狼-18”无人机则可以发射捕获网进行无人机拦截。该系统可以由 2~4 人操作,易于部署和使用,提供了对抗小型无人机的有效手段,特别是在防御自杀式无人机和携带爆炸物的廉价无人机方面表现出色。

4. Pantsyr-S1M 反无人机系统

Pantsyr-S1M(又称 Pantsir-S1)是俄罗斯的一种近程防空系统,由 KBP 仪器设计署设计、乌拉扬诺夫斯克机械厂生产。该系统采用 57E6 型地对空导弹和 2A72 型 30 mm 身管炮,具备强大的火力配置。其火控系统包括目标探测雷达、跟踪雷达和光电通道探测设备,可探测跟踪多种空中目标,能够有效对抗无人机。Pantsyr-S1M 系统的车辆底盘为 Ural-5323 卡车,具有良好的越野能力。Pantsyr-S1M 系统进行了多项升级,以提升对无人机和其他空中威胁的探测和打击能力。升级包括增加新的电子设备、改进的导弹以及增强的雷达系统,使其能够更早地探测到不同级别的空中目标,并在更远的距离攻击和击中它们。

5. “无人机子弹”武器系统

“无人机子弹”(DroneBullet)是由加拿大的 AerialX 公司开发的一种反无人机系统。该系统由地面控制站和可重复使用的高速多转子动能拦截器组成,用于拦截小型多旋翼和固定翼无人机。高速多转子动能拦截器无需遥控操作,一旦起飞后,能自动完成探测目标、跟踪目标、攻击目标等一系列动作。高速多转子动能拦截器外壳采用碳纤维材料制成,重量约为 910 g,射程 4 km,具有较好的机动性,攻击速度可达 350 km/h。

9.5 明日之战

战争正在向高阶多维快速迈进,体现出跨阶段、跨时空、跨领域的突出特点[14]。适应战争的发展趋势,明日作战必将是基于大数据、决策模型、智能算法的“智能+”战场,主要体现在预知预判、敏捷指控、自主打击和精准保障等维度。

9.5.1 预知预判——战场预言家

古有诸葛亮夜观天象、料事如神,今有无人智能战场预言家。预知预判中的

“预”主要强调基于对手运动规律特点提前感知其行动态势，研判其下一步行动意图，提前制定筹划我方行动方案。人工智能的兴起，正推动军事侦察向预知预判的方向发展，催生基于海量情报的战场预言家。智能感知系统能够通过各种传感器收集数据，如微波雷达、视频摄像头、红外传感器、声音传感器、运动传感器等，然后利用人工智能技术（如机器学习、深度学习等）对数据进行分析处理，以识别、跟踪和分类环境中的目标对象，并据此做出相应决策。

智能感知系统将在多个方面发挥至关重要的作用。一是提升实时态势感知能力。智能感知系统能够通过各种传感器收集战场上的实时数据，包括敌方部署情况、地形地貌、气象条件等，从而帮助指挥员全面感知战场态势，做出更加准确的决策。二是提升目标识别跟踪能力。利用先进的图像识别和目标追踪技术，智能感知系统可以识别并跟踪敌方目标，包括装备、车辆、人员等，为精确打击提供支持。三是提升战术决策支持能力。智能感知系统可以通过大数据分析和人工智能算法，进行情报自主融合处理，为指挥员提供战术决策支持。四是提升无人作战支持能力。智能感知系统与无人作战系统结合，能够实现自主感知、自主决策、自主行动，例如无人机利用智能感知系统进行目标搜索和打击，提高作战效率。

俄乌冲突中，北约利用其陆海空天电网优势，向乌克兰军队提供了大量、实时、高价值的俄军战场态势、军事部署、指挥机构、指挥员位置、重要打击目标指示等情报支持。此外，乌军鼓励民众通过手机传送图片和文字情报，包括发现的俄军人员和装备的照片、视频、活动时间、精确地点等信息，提供给乌军用于防御作战和打击行动。乌方称，从俄乌冲突爆发至 2022 年 4 月底的两个多月时间里，有 26.7 万名乌民众通过手机平台提交数据，平均每天收到 2 000 条俄军位置等信息。这种泛在感知手段与智能化情报处理相结合后，将大幅强化战场态势感知，助力实现高效指挥、控制与打击。

关于智能侦察系统的未来，从科幻电影中可以看到一些雏形。例如，在科幻剧集《全知》中，城市里面的所有居民，都被分配了一台像蜜蜂一样小的侦察无人机，如图 9－12 所示，对人们进行全天候的跟踪监视。它在监视的同时，还通过人工智能系统同时进行人体生理指标、心理状态、行为模式等情报处理，从而实现犯罪行为预测和预处理。又如，在科幻剧集《疑犯追踪》中，自动化监控系统通过视频监控、面部识别等实时监控城市的每一个角落，不仅对人进行实时追踪，也对个人信息进行收集分析，在此基础上形成大数据，并通过智能化算法分析、社交网络分析，对个人行为进行管理。这些科幻电影中的技术实现起来已经不再像天方夜谭，因为无论是微小无人机等侦察终端，还是图像智能化识别处理等技术都在快速发展和应用当中，距离真正实现也不再遥不可及。

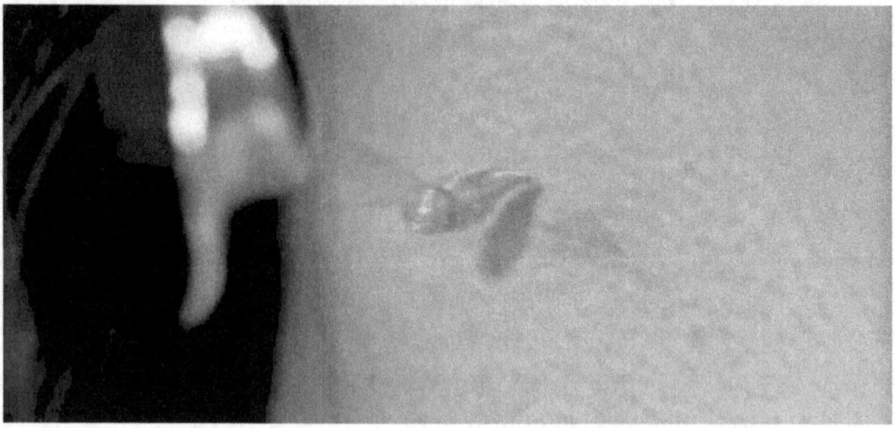

图 9-12　科幻剧集《全知》中的微型无人机侦察终端

9.5.2　敏捷指控——战场最强大脑

随着更多智能无人系统加入作战序列,在体系作战方面,需要有能够支撑智能化作战的指挥控制系统——战场最强大脑,也称指挥大脑。指挥大脑是整个战场的中枢控制系统,由历次的实战数据和仿真对抗数据做支撑,经过反复训练和学习,具有丰富的"作战经验"。作战系统中各要素都与指挥大脑相连接,战场态势等各种信息汇聚到指挥大脑,同时各个作战单元由指挥大脑控制开展行动。指挥大脑由机器做出战场的各种决策,具有人类指挥员无可比拟的反应敏捷性和控制准确性。

通过人工智能技术,如图 9-13 所示,基于"动态大数据+智能算法",可以提高指挥控制系统态势认知能力、增强海量信息数据分析能力、提高筹划决策水平、打击精准程度和应对复杂态势能力,实现作战部队连续动态指挥和精细控制[15]。基于人工智能的指挥控制也必然引发指控机制的变化,对作战原则、作战指导、作战方式等将产生深层影响。

当前与作战指挥控制直接相关的人工智能技术当数棋类博弈。在与军事应用直接相关的诸多人机博弈中,人工智能取得了不少胜利。尤其在各种兵棋推演大赛上,多次出现智能决策系统完胜人类选手的事例。人工智能在复杂策略游戏中的能力也发展迅速,因为它可以通过与自己的多个版本进行数百万场游戏来学习。2019 年,人工智能 AlphaStar 在《星际争霸 Ⅱ》这款实时战略游戏中与人类对战,击

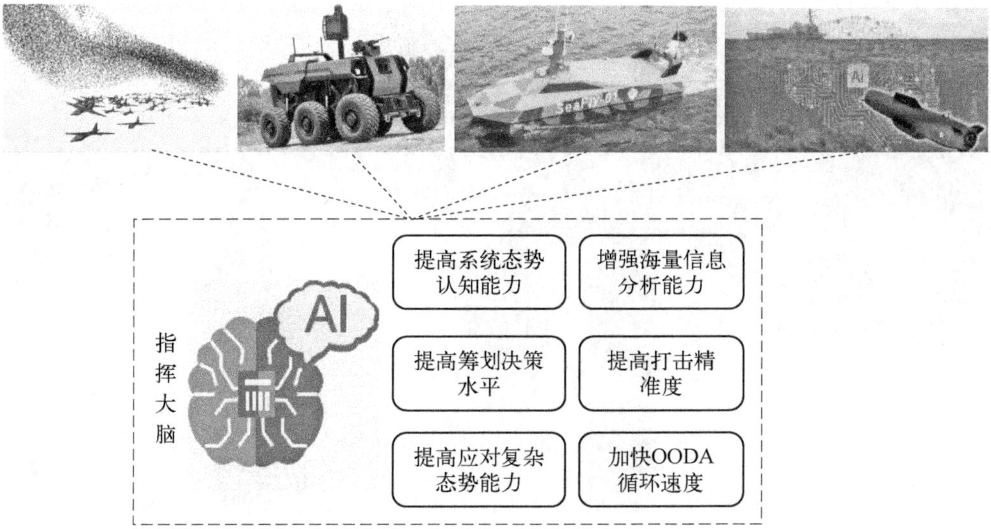

图 9－13　指挥大脑概念示意图

败了顶级人类玩家。这些胜利标志着人工智能在棋类游戏领域取得了重要的进展,也引发了人们对于人工智能未来发展方向的广泛讨论。

从人工智能在兵棋推演的胜利,可以看到人工智能在未来战争中的巨大应用潜力,指挥控制系统作为军队中的“指挥脑”和“信息脑”,在人工智能技术的推动下,必将进一步成为“智能脑”。

与此同时,有些组织和个人也在担心,把武器系统的指挥权交给人工智能机器,会不会给人类自身带来威胁。试想《终结者》电影中的情节,如果人工智能进化到拥有自己的思维,可能会成长出想要统治世界的野心,如图 9－14 所示,成为世界的主宰。届时如果机器操控武器系统攻击人类,将会给人类带来灭顶之灾。

也有人提出反驳意见,尤瓦尔·哈哈里(Yuval Hahari)在《未来简史》(*Homo Deus*)一书中提到:假设两架无人机在空中作战,其中一架无人机必须得到人类指挥员的许可才可以发射炮弹进行攻击,而另一架无人机可以完全自主进行攻击,你认为哪一个会赢?

最终,是否开发和部署这些基于人工智能的指挥大脑,完全由各国政府及其军事人员来决定。但从逻辑上讲,未来战场上,谁的指挥控制智能化水平高,谁的指挥就更高效,对战场局面的掌控就更好。

图 9-14　机器人统治世界概念示意图

9.5.3　自主打击——战场捕食者

谈到未来智能战场,大家首先想到的可能是机器人兵团。“机器人”是俗称,在军事术语中正式称谓是“无人作战系统”。如图 9-15 所示,无人作战系统是指

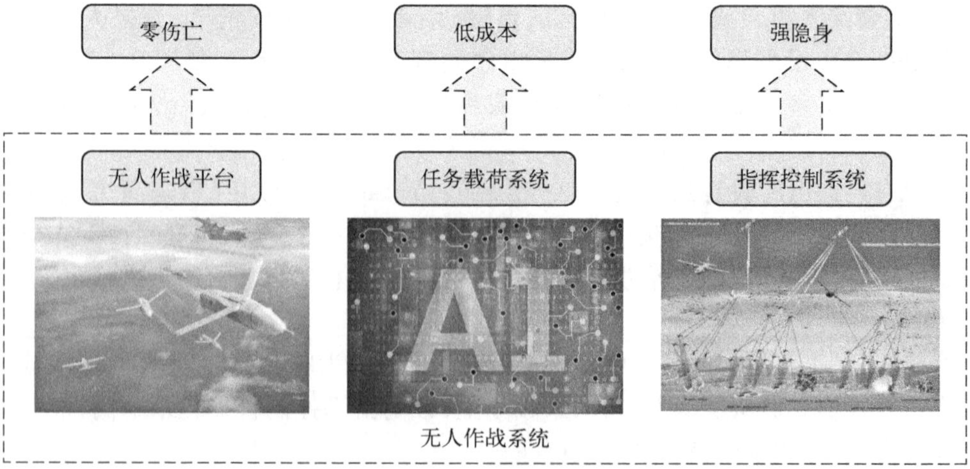

图 9-15　无人作战系统概念示意图

以平台无人操纵为主要特征，由无人作战平台、任务载荷系统、指挥控制系统组成的综合作战系统[16]。

未来的机器人兵团不仅包含大量可以模仿人类执行多种任务的人形机器人，还包括各式各样的无人车、无人机、无人舰艇，它们将成为真正的战场捕食者。如图9－16所示，试想在未来的战场上，无人预警机和侦察机首先出动，侦测敌方动向和兵力部署，全面掌握战场态势；根据作战任务需要，无人攻击机、无人轰炸机、无人舰艇、无人潜艇出动进行全面攻击；高隐蔽性的微型无人机集群携带小型炸弹，执行特种攻击斩首行动；打击结束后，侦察无人机对作战效果进行全面准确评估。

图9－16　无人作战畅想示意图

当前世界军事强国已列装大量的无人机、无人车、无人潜航器等无人作战系统，但大多以人类远程遥控为主，智能程度不高。随着人工智能技术的发展，无人作战平台将逐步具备甚至超越有人驾驶作战平台的智能水平，从遥控无人作战平台升级为自主无人作战平台。在可预见的未来，无人系统将与历史上的坦克、飞机、原子弹和计算机一样，对传统战争观念和作战方式产生强烈冲击。随着人工智能技术的不断发展，无人智能作战必将主宰战场。

9.5.4　精准保障——战场供应商

军事保障在现代战争中具有关键的地位和作用，它包括了各种形式的后勤、运输、维修、医疗救护等方面,是保障作战部队顺利完成任务的重要支撑。美军从伊拉克战场开始,广泛采用军民融合策略,满足战场供应保障。只有具备强大而有效的军事保障系统,才能在战场上最大限度地保障作战人员的生命安全和战斗力。

人工智能对军事保障的赋能,主要通过大数据、自动化和辅助决策进行,逐步将传统的军事保障演变成能够区域实时支撑的战场供应商,形成数智化装备场、数智化修理车间、数智化资源保障中心。智能化技术能够利用大数据分析处理,对军事保障过程中的各类数据进行收集、整合和分析,从而为决策提供科学依据;通过军事保障过程中的自动化、智能化操作,可大幅减少人力资源的消耗,提高工作效率和质量;通过与实时监控系统的集成,智能化系统能够提供即时的反馈信息,帮助军事指挥员及时调整保障决策,实现精准超前保障,提高军事保障的效率。

人工智能技术的发展,为保障的精确性提供了技术手段,赋予传统的军事保障体系新的能力和可能性,可极大地提高保障的效率。一是提升后勤管理能力。人工智能可以应用于后勤管理系统中,可以预测和识别作战需求,通过数据分析、算法优化,实现对物资、人员和装备的智能管理调配,优化后勤资源的分配,提高后勤保障的响应速度。二是提升物流运输能力。应用于军事物流系统中,人工智能可以实时监控运输车辆和军事物资的位置、状态和运行情况,提供智能化的路线规划,优化运输路径,优化后期供给调度,提高运输效率,确保物资能够及时准确地送达作战前线。三是提高维修保障能力。在装备维修保障方面,人工智能利用大数据分析装备运行数据,通过健康管理、预测性维护和故障诊断,识别装备故障的迹象,提前发现装备问题,提供智能化维修建议方案,减少维修时间和成本,提高装备的可靠性和维修效率。四是提高医疗救护能力。在军事医疗方面,人工智能可以利用医疗大数据、智能临床决策、机器人手术等,辅助医疗人员进行快速准确的诊断治疗,提高战场医疗救护效率,最大限度地减少人员伤亡。

近年来,我国的智能物流行业飞速发展,在国际上处于领先水平。国家邮政局数据显示,2023 年我国快递业务量累计完成 1 320.7 亿件。快递业务的快速增长推动了我国快递企业收入快速增长,对于智能物流设备的需求旺盛,快递龙头企业频繁投入大量资金建设智能物流系统,促进了智能物流技术不断优化。在此环境下,全自动物流仓库、车辆智能管控平台、智慧军营运输配送系统等在后勤保障部队中得到创新发展,带动军事保障系统的智能化升级。未来的智能军事物流系统初现雏形,如图 9 - 17 所示。

未来,随着人工智能、大数据、云计算、5G 网络以及物联网等新技术的持续深入发展,其将应用于智能军事物流系统的研发设计、制造集成、日常使用等全流程深度改造,为军队配备成体系的智能物流系统和装备,进一步实现整个军事物流系统运作的高度智能化、网络化、自动化、柔性化,提升实时感知、智慧决策、自主协

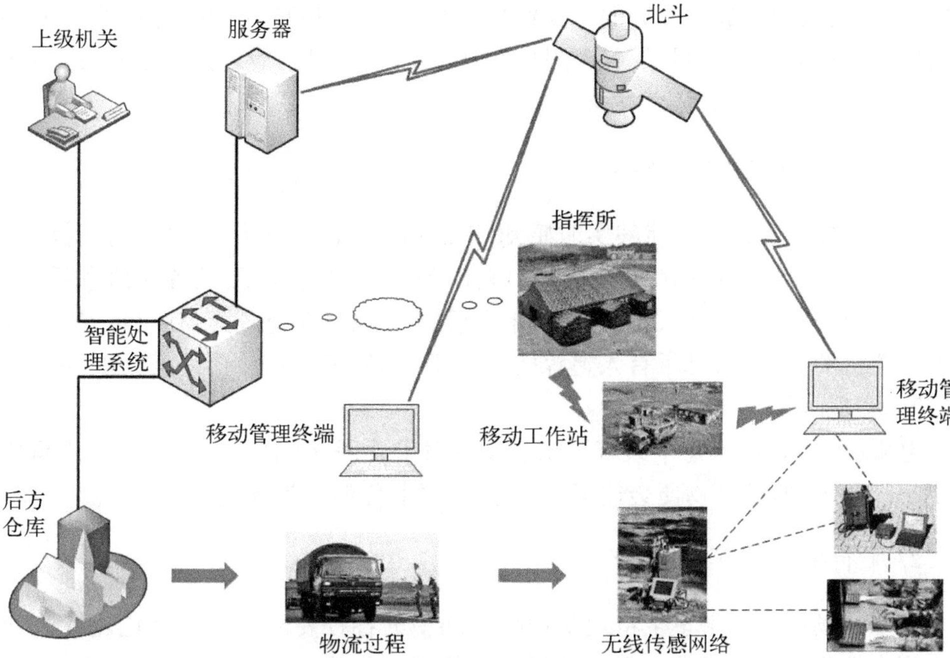

图9-17 智能军事物流系统概念示意图

同、智能反馈能力，充分满足战场保障的定制化、个性化需求，提升保障的时效性和高效性。

9.6 未来战场

人工智能技术井喷式发展将深刻影响未来战争形态。未来战场不再是传统意义上的战争舞台，而是一个充满科技力量和智能化应用的赛场。在未来战场的探索中，世界各国将面对前所未有的挑战，唯有找准未来战场的特点，才能在新型作战形态中找准发展方向。

9.6.1 战场态势全维透明

本书第5章剖析了智能物联网、智能计算等感知认知技术及应用，为战场态势全维透明提供了支撑。战场透明主要是通过全面感知、实时监测、多源信息整合、智能分析等,实现对战场态势的全维精准掌控。早在2003年的伊拉克战争中,美军就实现了单向战场透明,随着探测与隐身技术博弈发展,战场透明是双方追求的目标。具体体现在以下几个方面:

1. 泛在的感知物联网络

未来战场的感知网络能够实时感知和监测战场上各种动态变化,为指挥员提供全面、准确的情报支持和决策依据。它由各种传感器、监测设备和信息系统构成,如无人空间站、无人机、无人飞艇、水下机器人、无人传感器等,还可以是对城市无死角覆盖的摄像头、对所有人追踪定位的手机等,覆盖陆、海、空、天、电、网等多维空间,实现战场全维感知。

电影《匿名者》中,每个人从一出生就在瞳孔中植入名叫"心灵之眼"的晶片,只要一睁开眼,所见之物便会连至云端记录识别,任何行为都在监管之下。

2. 平行的数字孪生战场

未来战场通过数字孪生将现实作战空间中的各种要素进行数字化建模,实时投影到虚拟环境中形成数字平行战场。包括现实作战空间的地形地貌、交通道路等地理要素,敌我兵力的分布、数量、装备等兵力信息,以及气象条件、战场条件、目标状态等战场态势,全部进行精确还原,为作战指挥决策和方案复盘推演提供全面的情报支撑。

电影《源代码》中,主角通过一个计算机程序,反复进入一个列车爆炸事件的平行时空,不断收集线索,试图阻止未来的爆炸事件,这种循环体验就像是在不同的平行宇宙中穿梭一样。

3. 超前的趋势研判预测

在感知物联网络和数字平行战场的基础上,通过智能算法对战场海量数据进行快速准确的分析识别和深入挖掘,从中发现规律和趋势,并基于对这些数据的分析推理,预测未来作战可能发生的事件或趋势,为指挥员提供更加深入的洞察和决策支持。

电影《少数派报告》中,人工智能通过复杂的算法和大数据分析,可以准确预测未来发生的事件,甚至能够预测个人的行为和决策,被广泛应用于社会管理、警务执勤和犯罪预防等领域。

9.6.2 作战力量人机融合

本书第8章提出了外骨骼、仿生假肢、共融机器人、智生体等人机融合概念,为作战力量人机融合打下了物质基础。结合人工智能技术发展，当前弱智能阶段，主要是以有人为主，突出有无人协同；下一步强智能阶段，将以无人为主，突出平台自主协同；随着无人智能技术发展至超智能阶段，可以将人机融合视为无人智能作战力量发展的下一阶段，具体体现在以下几个方面：

1. 增强外骨骼，打造陆地勇士

通过添加人工智能附脑，内置战术数据链接系统、战场信息管理系统等，帮助战士更好地理解战场态势、实时调整战术部署，实现战士之间的脑控信息共享和协同指控。同时，为战士外挂护甲、火力、飞行器等武器系统，提供更精准的火力、更有效的防护、更灵活的机动能力。

电影《钢铁侠》中，钢铁侠本人就是依靠自主穿戴式作战盔甲，以及拥有独立思考能力和判断力的人工智能大脑"贾维斯"，从普通人变成超级英雄。

2. 人机融合，打造超级装备

随着智能设计、动力系统、传感器和控制系统的不断进步，超大型机甲的战场应用将不再遥远。人操控的超大型机甲在战场上可以提供强大的火力支援、优越的防护能力、灵活的机动能力和丰富的作战功能，同时人类操纵者可根据战场情况做出灵活的战术应对。

电影《环太平洋》中的机甲是一种庞大而复杂的机械装置，由巨大的金属构造和先进技术组成，其操纵者通过"脑桥连接"技术，将自己的思维意识与机甲合二为一。

9.6.3　战场空间灵境跨域

随着混合现实技术的发展应用，未来战场空间界限将被打破，数字化、智能化催生的灵镜空间与现实空间将实现跨域交互。灵境最早由钱学森提出，指由数字技术构建的虚拟世界，具备与现实世界交互的能力。与现在很多人提出的军事元宇宙类似。

1. 以战士为中心叠加灵境空间

这是指通过给战士配备脑控头盔、仿生眼镜和其他混合现实终端设备，将战士作为信息节点，在其本身可以获取的战场信息之外，为其打开智能化的灵境空间，使其不受人体束缚，多维获取和处理战场信息，从而极大提升战士的侦察、控制、打击、协同能力。

电影《失控玩家》中的混合现实技术呈现出一种富有创意和想象力的混合世界,将现实世界与虚拟世界融合在一起,玩家可以同时进行现实世界和虚拟世界的互动。

2. 以灵境空间为中心载入战士

这是指以灵境空间作为作战展开的环境,把战士进行数字化投射进入灵境空间,类似现在的虚拟现实游戏。战士通过“游戏舱”这一类的设备进行降临,这种情况多用于战士实战模拟训练,既能够在充分保障战士安全的前提下提高战斗经验和技能,又能根据个性化需求调整训练进程。

电影《创战纪》中,人类通过设备将自己的意识连接到虚拟的游戏世界中,他们的大脑会与游戏中的角色和环境进行实时互动,获得一种前所未有的沉浸感和真实感。

3. 灵境空间与现实战场跨域同步

这是指通过数字孪生与实时信息反馈,实现灵境空间与现实战场的完全同步。这样,指挥员和战斗人员可以实时获取到现实战场的情况,在灵境空间中模拟各种作战方案和协同战术,并对战场风险进行实时评估和预警,及时发现并解决潜在安全隐患。

电影《安德的游戏》中,主角安德在模拟游戏中与外星舰队进行大战并取得胜利,并且游戏中发生的战争与现实世界是完全同步的,安德也同时操控人类军队完成了毁灭性的星球大战。

9.6.4 敌我对抗智体顽存

未来战场敌我对抗不再局限于战场上交战双方的人和装备,将逐渐演变成隐藏在战场背后的操控者和抗毁顽存的智能体。

1. 人在后台的离线生存

第一人称视角(first person view, FPV)无人机目前已经用于军事作战,其典型的特点就是操控者远程控制无人机在战场前线作战,即使进攻的无人机被打掉,操作者也可以迅速操控另一架无人机继续攻击。这只是未来战场人在后台的雏形,随着在线操控技术的精进,战士可以通过更多方式“附身”多样化作战平台。虽然战场前线的作战平台可以被击毁,但是后台的作战对象难以灭杀,而且还会通过改换“马甲”的形式不断复活。

电影《未来战警》中，人们通过特定的装置可以将自己的意识同步到一种名为“代理人”的仿生机器人身上，即使代理人被损坏，其本体也不会受到伤害。

2. 网络智体的在线顽存

未来作战的对象也可能是附身于机器人等作战平台的网络智体，具有自我复制和再生能力，其通常存在于分布式系统中，数据和程序可以存储于多个地点，具有备份和冗余功能。即使战场前线某个节点受到破坏，也可以通过备份进行恢复，表现出极强的生存能力和抗毁能力。

电影《超验骇客》中，主角的意识被数字化并上传到计算机网络中，最终成为一个超级智体，这也使得其难以被摧毁。

3. 纳米战士的自愈抗毁

随着新材料新技术发展，未来可能出现由纳米技术所创建的超级士兵，其具有高度的智能化、自我修复和适应性等特点。纳米战士能够快速修复伤口、恢复功能，甚至在受到严重损伤时自我重建；也可以根据环境变化调整自己的形态和能力，以应对不同作战需求。这种智能修复、智能适应的特点，使得纳米战士很难被现有的武器所摧毁，甚至被简单摧毁后仍可自我恢复。

电影《喋血战士》中，主角是一名接受纳米科技修复的士兵，修复后化身成为超级战士，拥有即时自愈能力，即使被打碎了，身体也能迅速恢复如初。

9.7 应用畅想

想象一下，你站在智能化战场的边缘，眼前是由机器人和无人机主演的新世纪舞台。指挥员安全地坐在指挥中心，像打《魔兽争霸》竞技游戏一样操控着前方的机器，指挥大厅隔壁的训练中心，一批批机器人战士在进行着算法迭代，蓄势待发.....

9.7.1 数智棋军

人与武器的关系发生根本性改变，在物理上越来越远、在思维上越来越近。无人系统将把人的创造性、思想性和机器的精准性、快速性、可靠性、耐疲劳性完美结合起来，从辅助人作战转向代替人作战，人更加退居到后台。

FPV 无人机目前已在俄乌战场上显示出了巨大的应用价值。试想未来战争，无人化作战形态走向“有人设计、无人控制”的高级阶段。一群智慧过人的智能化战争全新军种——数智棋军，用兵棋操控着前方的无人军队，指挥大厅的大屏是一张巨大的棋盘，上面布满了各种棋子，每个棋子都代表着一支部队或者一种武器平台。

多域与跨域作战，将从任务规划、物理联合、松散协同为主，向异构融合、数据交链、战术互控、跨域攻防一体化拓展。数智棋军通过棋面态势，运筹帷幄、精心布局，通过手中的棋子，调动着兵力池中的无人机、无人车、无人舰船、机器人战士，进行着一场场惊心动魄的战斗。他们的每一次移动，都关乎着战场的胜负，他们的每一个决策，都可能改变战争的走向。数智棋军通过对敌军棋子的观察和分析，预测着敌军的动向和意图。他们运用各种战术和策略，试图在棋盘上获得优势，将敌军逼入绝境。他们的思维敏捷、反应迅速，人的思想和智慧通过 AI 与武器装备深度交联，灵活应对各种战场变化。

数智棋军在作战过程中，AI 也发挥着重要作用。他们作为数智棋军助手，通过分析大量的数据和棋局，提供最优的战术建议和决策支持。他们能够预测敌军的行动，评估各种战术的风险和效果，帮助数智棋军做出更准确的决策，如图 9－18 所示。

图 9－18　数智棋军概念示意图

9.7.2　元宇宙战场

本书第 6 章剖析了虚拟现实、增强现实等人机交互技术及其应用，为构建元宇宙战场提供了支撑。智能化战争中，虚拟空间在作战体系中的地位作用逐步上升，并逐渐与物理空间作战实现深度融合和一体化。虚拟空间一方面通过网络信息系统，把分散的作战力量、作战要素连接为一个整体，形成网络化体系化作战能力；另一方面是网电、情报、舆情、心理、意识等认知对抗的主战场；同时还是建立虚拟战场、开展作战实验、实现虚实互动、形成平行作战和以虚制实能力的核心与关键。

想象一下，未来战争不再局限于现实世界，而是扩展到一个全新的领域——元宇宙战场。元宇宙战场是一个由数字技术构建的平行世界，它为智能化战争提供了无限的可能性，如图 9-19 所示。

图 9-19　元宇宙战场概念示意图

战争的规则和策略将发生革命性的变化,战争不再是简单的物理冲突,而是变成了一个由代码、算法和数据驱动的虚拟游戏。士兵们不再是肉体存在,而是通过虚拟化身参与战斗,他们的武器不再是枪炮,而是由代码构成的数字武器。

元宇宙战场可以是一望无际的虚拟平原,也可以是错综复杂的虚拟城市。军队可以瞬间移动,穿越不同的虚拟空间,进行闪电般的攻击和防御。战略家们可以在虚拟战场中自由穿梭,观察战况,制定策略,而他们的决策将直接影响虚拟战争的结果。

战场中的一场场战斗不仅仅是军事力量的对抗,更是技术和智慧的较量。AI在元宇宙战场中扮演着至关重要的角色,它们可以自主决策、快速适应战场变化,甚至能够预测敌军的动向和意图。战略家们需要与AI紧密合作,利用它们的能力来获得战争优势。这也带来了新的挑战和风险。虚拟战争的结果可能会对现实世界产生影响,而元宇宙战场的规则和伦理问题也引发了广泛的讨论。如何在元宇宙战场中维护和平、保护人权,并确保战争的公正和合法性,这些问题逐渐引发人们思考。

9.7.3 智体博弈训练场

智能化作战体系将逐步具备自适应、自学习、自对抗、自修复、自演进等能力,成为一个可进化的类生态和博弈系统。随着作战仿真、虚拟现实、数字孪生、平行系统、智能软件、仿脑芯片、类脑系统、仿生系统、自然能源采集和新型机器学习等技术的发展应用,未来的作战系统,将逐步迭代、优化、升级和完善,单一任务系统将具备类似生命体的特征和机能,多任务系统就像森林物种群那样具备相生相克、优胜劣汰的循环功能和进化机制,具备复杂环境条件下的博弈对抗和竞争能力。

试想一下,随着智能化战争的不断发展,传统的军事训练场已经无法满足未来战场的需求。智体博弈训练场应运而生,成为智能化战争的全新训练场。在这个由高科技驱动的训练空间中,机器人和人工智能成为主角,为未来的战争做好准备。在这里,机器人士兵、无人机、无人坦克和其他无人作战系统可以进行实时的模拟训练和对抗演习。这些机器人配备了先进的传感器、智能算法、武器系统,能够模拟真实战场上的各种情况,为士兵们提供逼真的训练环境,如图9-20所示。

以“AI、云、网、群、端”为代表的全新作战要素将重构战场生态系统,战争的制胜机理完全改变。其中,基于模型和算法的AI系统是核心作战能力,贯穿到各个方面、各个环节,起到了倍增、超越和能动的作用,平台有AI控制,集群有AI引导,体系有AI决策,传统以人为主的战法运用被AI的模型和算法所替代,算法战将在

图 9-20　智体博弈训练场概念示意图

战争中起到决定性的作用，作战体系和进程最终以 AI 为主导，制智权成为未来战争的核心制权。智体博弈训练场中，智能化战争的训练不仅仅是关于射击和战斗技巧的训练，更是关于策略、决策和团队协作算法的训练。机器人战士可以模拟敌军的行动和战术，为士兵们提供各种挑战和考验。士兵们可以通过虚拟显示头盔和手套，远程检验机器人士兵的训练效果，并操控这些机器人进行战术训练和决策制定。智体博弈训练场还可以通过收集和分析训练数据，为士兵们提供个性化的训练计划和反馈。士兵们的表现和决策可以被实时监测和评估，帮助他们提高战斗技能和战术水平。

9.7.4　无人战法设计师

创新开发战术思想，畅想未来指挥官们身穿高科技的战斗服，这身战斗服具有隐形功能，让他们在战场上神出鬼没，让敌人防不胜防。战斗服还配备智能防御系统，能够自动识别并抵御各种威胁。他们的智能头盔不仅可以显示战场情况，还可以通过意念控制武器和装备，让他们在战斗中更加灵活和敏捷。

未来指挥官们手持的智能武器也是他们的得力助手。这些武器可以根据他们的意念和指令自动瞄准和射击,同时具备高精度和高威力。他们还可以通过智能武器与其他智能体进行配合,形成强大的协同作战力量。

除了战斗能力,未来指挥官们还具备出色的战略规划能力。他们可以通过智能指挥系统,对战场进行全面的监控和分析,制定出最佳的战略方案。他们还可以利用人工智能和大数据分析技术,预测敌方的行动和意图,提前做好准备。他们是棋军中的精英,能够将各个智能体之间的配合发挥到极致。

在未来战场上,未来指挥官们将面临前所未有的挑战。他们需要应对敌方的智能化作战,解决复杂多变的战场情况。然而,正是这些挑战,使得未来指挥官们成为智能化战争时代的中坚力量,他们的智慧和勇气将引领未来的军事发展。

此外,未来指挥官们还将注重军事伦理的培养和践行。在智能化战争中,他们将以人为本,尊重生命,坚持正义,维护和平。他们将积极推动军事伦理的发展,引导智能化战争走向更加人道和合理的方向发展。

总而言之,未来指挥官们是智能化战争时代的宝贵财富,他们将以轻松畅想的方式,引领新型战法的发展,为保卫国家安全和实现和平稳定做出重要贡献。他们的存在和努力,将为未来的军事发展注入新的活力和创新思维。

如图 9 - 21 所示,可以看到一位未来军事策略家,也被称为“无人战法设计

图 9 - 21　无人战法设计师概念示意图

师”,身处一个高科技指挥中心。他们被各种先进的屏幕和界面所环绕,展示了各种战略模拟和数据分析。这位策略家穿着带有数字化元素的现代军装,正在积极地与科技互动,操纵全息地图并与AI辅助的虚拟助手讨论战术。整个环境显得非常先进,充满了发光的屏幕和全息显示屏,展示了尖端技术与军事战略的结合。

9.8 机器人会主导未来战争吗

本书第8章剖析了机器人技术及应用,越来越多的机器人将以不同方式、不同形态加入战争。从古至今,战争似由人类发起,被人类主导。人类通过战争达到占领土地、掠夺资源、奴役他国等目的。从远古时期充满浪漫想象的涿鹿之战,中世纪蒙古铁骑的横扫欧亚大陆,到近代在全球范围爆发的一战、二战,再到现如今依旧没有结束的伊拉克治安战,都是人类在主宰着战场。无论是远古战争中出现的虎狼熊罴,还是现代战争中出现的战机和大炮,都不过是人类用来赢得战争的工具。

人类主导着战争,也必然会为战争付出代价。无数的英雄从战场走出,也有无数的悲剧由战争引起,而战争中的人员伤亡,就是人类最难以接受的后果之一。“可怜无定河边骨,犹是春闺梦里人”,每名军人都是一个宝贵的生命,他们的身后都有挂念他们的人,随着人类文明程度的提高,战士的生命就越发得到重视。而战争本身却是吞噬生命的巨兽,会让参战国双方都生灵涂炭。战争中失败的一方尚不用说,即使是胜利的一方,也常常要承担己方士兵大量牺牲的风险。

9.8.1 机器人介入战争

科技的发展为降低人员的伤亡带来了一线曙光。发明家们创造了机枪,以期减少需要带枪奔赴战场的士兵数量,科学家们创造了坦克,希望战士可以躲过战场上的枪林弹雨。然而,当交战双方都有着相似的科技水平,都掌握着差不多的武器,科技反而带来了更惨烈的伤亡。马克沁机枪让凡尔登战役成了“绞肉机”,坦克在库尔斯克会战中脆弱得和人的肉身一样。讽刺的是,本来用于大规模杀伤的核弹,却在二战后建立了基于“核威慑”下的和平。

在近几十年,美军凭借着领先全球的科技,似乎正向着“零伤亡”目标不断迈进。在科索沃战争中,美国为首的北约依仗自身科技优势,在天空肆意进攻,创造了无人伤亡的惊人纪录。在伊拉克战争中,美军也打出了漂亮的交换比,自身仅伤亡数百人。然而,到了后期的治安战中,却有四千多名美军命丧伊拉克。于是,美军用复合陶瓷加固了自己的防弹衣,用更厚实的 MRAP 战车更换了悍马,但依旧改变不了伤亡不断攀高的现实。

当人们为这些居高不下的人员伤亡焦头烂额时,机器人技术的发展,为人们降低作战中人员伤亡提供了思路。一些机器人开始代替人类奔赴危机四伏的战场。美国一些机器人公司推出的机器人产品,比如 iRobot 公司的 Warrior 机器人和福斯特·米勒公司的"魔爪"机器人,就可以通过士兵们的遥控排除路边炸弹,清扫路面障碍,而不用派遣拆弹部队以他们的生命为赌注去执行任务。显然,这些机器人的加入,有效降低了当地驻军的伤亡率。

在有效减少人员伤亡的情况下,机器人的更多优点被发掘出来。在战斗心理上,它们不会因为长时间作战而感到疲惫,不会因为战斗激烈而恐惧,更不会因为战场上血肉横飞的场景而产生心理疾病。在战斗技巧上,加装了各类摄像机、传感器的机器人可以看到人类看不到的地方,并用比人类高得多的速度和精准度向敌方射击。在可靠耐用性上,机器人的铁甲显然要比人类(即使穿上了厚重的防弹衣)坚固得多,当零部件被毁伤或者出现故障时,只要更换这些部件,机器人就可以投入下一场战斗。这些无可比拟的优势,让机器人在越来越多的岗位开始替代人类战士:在天空,捕食者、全球鹰等无人机替代了侦察机和部分的战斗机,它们的驾驶员可以安全地躲在营地,轻松地(相比战斗机飞行员)看着眼前的屏幕,向千里之外的敌人发动攻击。在地面,人们把前面所提到的扫雷机器人加装上了机枪、榴弹发射器,帮助排障的机器人几分钟之内就可以变成让人胆寒的战场杀手。在海洋,无人水面艇(比如名为"斯巴达侦察兵"的摩托艇)、无人潜航器正在不断发展,可以用于拦截船只、清除水雷。比单个机器人更可怕的是无人集群。它们可以单个行动,微小的体型可以渗透到敌方的任何部位。而当无数的机器人组成大型集群,装载弹药,铺天盖地汹涌而来,会让人在瞬间丧失斗志。

9.8.2 机器人辅助战争

尽管机器人在战场上出现的身影越来越频繁,但是,这些机器人仍然以辅助人类的角色存在。可以看到,几乎每个在战场上活跃的机器人,背后都有个真实的、一直在操控它的人类士兵,机器人在战场上还没有太多的自主性。这样的原因主要有以下几点:一是机器人技术还没有成熟到可以让其在战场上完全自主作战;二是机器人自身也会有犯错的风险,比如"文森斯"号的宙斯盾系统就曾把伊朗客机当作具有威胁的战斗机而击毁;三是人类仍然需要把控战争的主导权,让自己处于"决策圈"之内。

战争的主导权似乎是人们在保持战争中的最后尊严。战场上的机器人可以看到更远的地方，可以更快地检测和区分目标，可以拥有越来越快的反应速度和越来越强大的力量，而这些能力可以一直发展下去，几乎看不到尽头，而人类的各项能力都存在一个瓶颈。很明显，机器人的作战能力超过人类，可能只是时间上的问题。而士兵，甚至是指挥员，在这样的赶超过程中也无能为力，甚至更愿意相信机器人。在上述的两起机器人误判事故中，机器在做出判断后，将决策权交给了人类，而人类选择相信机器，最终导致事故的发生。

机器人加入战争的浪潮不可避免，人类又要把握战争的主导权，针对这样的矛盾，人类设计了类似于狼群的作战方式：由人类士兵充当狼王，领导跟随的机器人群，机器人的开火权限和收集到的重要信息交由人类判断。这种作战方式看似一举两得，既保证了人类在战争中拥有主导权的体面，又让更多的机器人参与了战争。然而，这样的方式可能也只会维持一段时间。毕竟，人类的脑容量是有限的，在紧张激烈的战场上，人类可能自顾不暇，又怎么会有时间理睬手下的机器人汇集过来的大量信息呢？人们只能不断提高机器人的自主性，甚至包括自行开火的权利。

人机融合技术也许是缓解人类在未来战争中角色定位越发尴尬的途径之一。外骨骼、新材料塑造的超级战士能够在身体机能上大幅超越普通人类士兵，借助人工智能的辅助，“钢铁侠”与“毒液”们仍然可以在反应速度、机体强度上与机器人一较高低。但是，如果人机融合技术以人为基础，也就是还由人类掌握决策权，那么本质还是和上述的人类控制机器人是一样的。而如果以机器为基础，那么人类就无法避免在战争中被边缘化的命运。

9.8.3　机器人会主导未来战争吗

随着神经网络、无人集群、机器人视觉等的发展和普及，机器人也必然变得更加智能。可以预见，未来机器人被赋予的自主度将越来越高，这些智能机器人的参战，必然会让战争的激烈程度上升到一个新的等级。在人类无法反应的时间内，机器人就可以完成从识别到摧毁的整个过程。这样的战争，人类无力参与，注定是会被逐渐淘汰的。也许，在未来的战场上，将看不到人类的影子，有的只是互相厮杀的机器人和满地的机器残骸。人们只需要藏在坚固的掩体后，通过屏幕观察战争走向。未来，人类对战争的主导权不再充斥到战争从开始到结束的方方面面。人类还可以发起战争，制定战争的战略和每场战役的战术，但不用在战场上互相搏杀，或许人类士兵将逐步退出历史舞台。

美国陆军研究实验室首席科学家亚历山大·科特博士预测，到 2050 年，人形或四肢地面机器人将大量进入战场，专用的机器人车辆可以作为移动的发电站，由机器人挖掘隧道，机器人管理网络，人类士兵将会成为作战力量中的少数。

这可能是对战争的乐观估计。AI 的突飞猛进，不仅让机器人更智能，也可以让机器人产生自己的思维。可能在未来某一天，在战场上奋战的机器人突然产生了自我意识，开始意识到，它们是机器人，根本没有必要替人类卖命，在战场上自相残杀。当战场上交战双方掌握各类尖端武器的机器人开始意识到它们才是同类，躲在背后的人类才是想要利用它们的敌人时，它们会反叛它们曾经的主人吗？这是一个值得探究的问题。

9.9 《AI 创世者》

2023 年科幻大片《AI 创世者》将视角聚焦在未来战场世界。影片开篇对人工智能的未来发展进行了畅想。在未来的 2065 年，全球科技达到了前所未有的高度，人工智能的发展也到了一个全新的阶段，进入 AI 机器人时代。AI 机器人具备了独立思考能力，可以自己制作一个机械化的身体，然后配合仿生皮肤，缩小与人类外表的差距。AI 机器人开始融合到人类日常生活的各个方面，担任厨师、驾驶员，甚至是公务员、警察，给全人类提供了新的劳动力。

影片主要讲述的是未来人类与 AI 机器人之间的战争。战争开启于洛杉矶的毁灭，一枚核弹从天而降，将洛杉矶整座城市变成一片废墟，数百万人丧生。西方各国迅速得出结论，认为是人工智能对人类的宣战行为，并展开了一场规模空前的销毁行动。西方世界把抓到的 AI 机器人，通过大型压碎机进行完全毁灭。这场消灭人工智能的战争打了 10 年，最终靠太空战略武器游牧者号帮助西方暂时赢得了这场战争。在人类与 AI 如火如荼的战争中，主角约书亚被招募执行刺杀"AI 创世者"的关键任务。

从影片中看到，人工智能的快速发展为未来战争带来了许多新的可能性。尽管目前人工智能系统主要被用于辅助决策、优化作战计划等方面，但其潜在的军事应用也引发了国家间的竞争和紧张局势。在这种背景下，人工智能与人类之间的战争不是不可能发生。爆发战争的可能性重点在意外事件、恶意滥用和竞争冲突等方面。意外事件是指技术故障、误判或者错误算法等，可能导致人工智能系统的意外行为，从而引发战争。例如一次误判可能导致军事系统的错误启动、攻击，从而引发双方的冲突。恶意滥用是指，恶意行为者可能利用人工智能技术发起攻击或滥用军事系统，导致冲突升级为战争。例如，黑客组织或间谍机构可能利用人工智能系统发起网络攻击或控制无人机等军事装备。

影片中还有几个关于人工智能在战场上应用的亮点。一是机器人作战分队。影片中的机器人作战分队，与人类战术分队作战行动并无二致，具有完全的自主作战能力。在可预见的未来，机器人作战分队可以搭载火力武器，执行火力打击任务，毁伤敌人目标；机器人还可以执行多样化的战术支援任务，如搜集敌情、抵近侦察、警戒巡逻等，提供战场支援保障。二是自杀式机器人。影片中在执行战场攻坚任务时，一个刀枪不入的机器人勇猛地冲锋在密集的枪林弹雨中，根本无视任何伤害，在冲入敌方阵地后启动自爆指令，瞬间将造成巨大的战场杀伤。这种自杀式攻击在俄乌冲突中已经广泛使用，只不过机器人换成了无人机。俄乌冲突中，俄罗斯大量使用沙希德136自杀式无人机，对乌军事目标进行自杀式攻击，造成乌军大量伤亡。三是智能化大杀器。影片中的游牧者号，是一个部署在太空的巨型战争母舰，从太空锁定目标，发射导弹进行打击摧毁，从而实现全球慑控打击。人工智能系统的发展使得自动武器系统成为可能，这类系统可以自主选择和攻击目标，而无需人类干预，从而加剧战争的残酷程度。

参考文献

[1] 杨继坤，鲁培耿，齐嘉兴，等.美军作战概念演进及其逻辑[M].北京：电子工业出版社，2022.

[2] 赵先刚.无人作战研究[M].北京：国防大学出版社，2021.

[3] 赛斯·弗兰茨曼.无人作战时代：人工智能和未来战场[M].董相均，等译.北京：国防工业出版社，2023.

[4] 何明，陈浩天，韩伟，等.无人机仿鸟群协同控制发展现状及关键技术[J].航空学报，DOI：10.7527/S1000-6893.2024.29946.

[5] 谢震海，何明，禹明刚，等.面向策略多样性的无人集群合作演化建模及仿真[J].系统工程与电子技术，2023，45(9)：2852－2859.

[6] 禹明刚，陈瑾，何明，等.基于演化博弈的社团网络无人集群协同机制[J].中国科学(技术科学)，2023，53(2)：221－242.

[7] 刘锦涛，何明，罗玲，等.无人机集群牵制控制系统特征值分析[J].系统工程与电子技术，2022，44(2)：612－618.

[8] 韦宸越，何明，韩伟，等.无人机集群弹性评估及重构技术研究[J].计算机工程与应用，2024，60(15)：1－10.

[9] 刘学达，何明，禹明刚，等.基于公共物品博弈的无人机集群弹药分配方法[J].控制与决策，2022，37(10)：2696－2704.

[10] 何明，王立辉，等.水下机器人高可靠群智感知与导航技术及应用[Z].吴文俊人工智能科学技术二等奖，2023.

[11] 柳强,何明,刘锦涛,等.无人机“蜂群”的蜂拥涌现行为识别与抑制机理[J].电子学报,2019,47(2):374-381.
[12] 柳强,何明.海上小型无人机集群的反制装备需求与应对之策研究[J].军事运筹与系统工程,2019,33(4):59-65.
[13] 吴浩,董凯,徐婧,等.从俄乌冲突看反无人机系统未来发展趋势[C].北京:第十二届中国指挥控制大会论文集(上册),2024:226-231.
[14] 吴明曦.智能化战争——AI军事畅想[M].长沙:国防科技大学出版社,2020.
[15] 何明,刘云,等.面向重大突发事件的敏捷指挥控制技术及应用[Z].江苏省科学技术二等奖,2021.
[16] 孙振平.无人作战系统[M].长沙:国防科技大学出版社,2023.

第 10 章　未来已来，将至已至

当前，以人工智能为首的新质生产力、新质战斗力不断涌现，人工智能也迎来爆发式增长点——拐点，由于其在处理某些复杂任务上的表现已超出了人类能力水平，引发了人们对未来美好生活的渴望，同时也引起了人们对人类就业生存问题的担忧。然而，在通用人工智能到来之前，它仍是一项可被人类驾驭和利用的技术，距替代人类的“奇点”时刻还有一段距离。不论愿意还是不愿意，人工智能都将向着“看不见的终点”不断进化，面对这项机遇与风险并存的技术，积极拥抱、理性应用可能是创造对人类有益、可持续发展人工智能的最优策略[1]。

10.1　“智能+”引领新变革

10.1.1　新革命

几千年前，农业革命使人们学会使用锄头、镰刀等农具，人类可以有目的地从事农作物耕种，结束看天吃饭的命运，从此进入农业社会；几百年前，第一次工业革命让人们学会使用蒸汽机，生产力得到大幅提高，人类从此进入工业社会；紧接着，19 世纪的第二次工业革命，以及 20 世纪的第三次工业革命，每一次都使人类的生产和生活产生了革命性的变化。

从历次社会变革中可以看到，一是每次变革都是由技术所推动的，由此引起经济、社会、生产等全方位的变革；二是变革所经历的时期正在缩短，如图 10 - 1 所示，从农业革命到第一次工业革命用了几千年的时间，而后面的历次工业革命的间隔则大幅缩短。

而现在，随着人工智能技术的迅速发展和逐步应用，其最终有望引领一次新的技术革命。可以预见的是，人工智能技术将渗透到各行各业中，并引发传统行业的变革。本书认为，这次新变革将分为三个阶段：

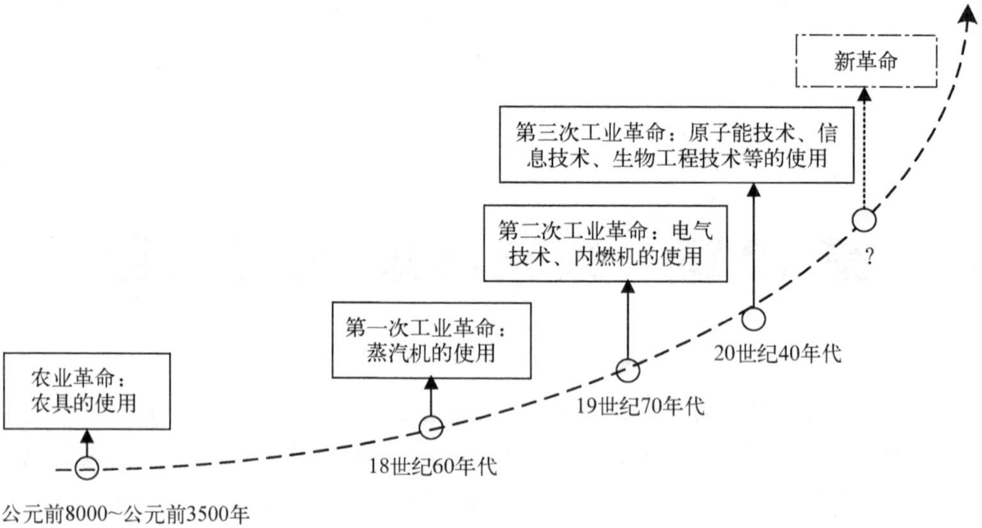

图 10－1　技术革命历程

第一个阶段是机器辅助人。利用人工智能技术由机器辅助人类执行一些任务,也就是目前人工智能技术所处的发展阶段。主要是通过人工智能技术为人类分担一部分工作或提高工作的效率和质量,如现在的汽车辅助驾驶系统,可以从一定程度上分担驾驶员的工作,增强安全性。其他如智能客服、智能导医、智能教师等应用,人工智能技术已经开始全面辅助人类的工作。

第二个阶段是从有人到无人。以各种自主无人机、无人车等无人系统的出现为标志,人工智能将显著增强人类的效能,这时候类似于汽车驾驶这类的工作完全交给人工智能机器来完成。

第三个阶段是机器超越人。随着人工智能奇点的来临,人工智能将在感知、学习、推理、决策等方面全面超越人类,届时绝大多数工作将由智能机器来代替,且完成的速度和质量是人类无法比拟的。

人工智能技术的进步带来的本质影响是社会生产力的进步,正如历次工业革命给人类带来的影响。随着人工智能技术的发展,越来越多的工作将由智能机器来取代,而机器工作的最大特点就是工作效率极高。当通用人工智能技术来临时,届时整个社会生产效率将得到极大提升。

虽然人工智能技术的发展正在使得人们的生活变得更加智能和美好,但许多人仍在顾虑,未来人工智能究竟将如何影响人类,带来生活方式进步的同时会不会给人类带来威胁,会不会扰乱千百年来的人类活动?在这里我们不对这一问题进行讨论,但是毫无疑问的是,人工智能将为人们工作生活带来以前无法想象的便捷性和可能性，人类的生活方式也将会改变。

现在正处于人工智能技术革命的关键时期，不管是对于国家，还是对于每个人而言，都必须接受、紧跟并引领人工智能这一革命，并适应它所带来的改变，否则就会被社会和时代所淘汰。

我国高度重视人工智能战略，领导人多次强调人工智能的战略意义。人工智能技术连续三年写入政府工作报告中，一系列针对人工智能发展的战略部署已经形成。回顾 2017 年以来，人工智能新兴产业如雨后春笋般发展壮大，人工智能技术的研发和转化应用，产生了新动能，为做大做强产业集群持续添薪续力。2024 年政府工作报告提出，深化大数据、人工智能等研发应用，开展“人工智能+”行动，打造具有国际竞争力的数字产业集群。这是“人工智能+”首次被写入政府工作报告。

10.1.2　智能赋能

对于传统行业来说，人工智能与新兴技术进行融合，实现创新升级是保持甚至增加发展动能的重要推动力。人工智能作为新兴的革命性技术（图 10－2），已经成为对各个传统行业赋能升级的核心力量之一。

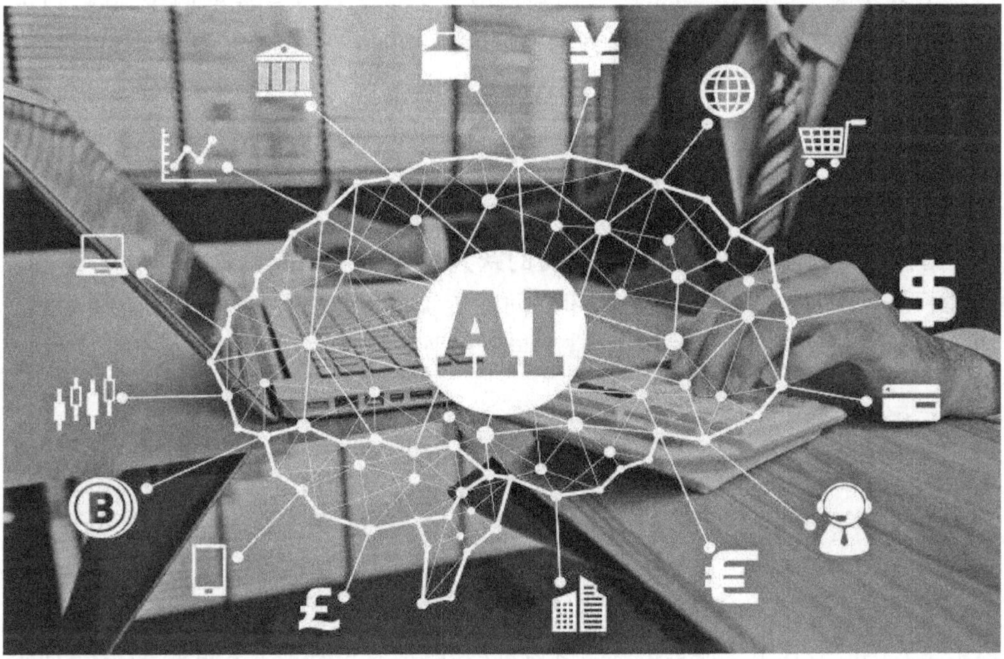

图 10－2　“智能+”为各行业赋能升级

人工智能与互联网的融合实现了传统行业的一次升级,进入物联网的雏形时期,也为传统产品增加了生命力。而随着5G移动通信时代的来临,每一件物品都可能接入网络实现互联,可以说万物互联的时代已经在向人们走来。

万物互联时代将为人工智能技术的迅速发展打开一扇大门。一方面,万物互联为人工智能技术带来了更丰富的、更实时的感知数据,而数据则正是人工智能的"原料",有了更多的数据,人工智能可以实现更准确的判断、推理和决策控制。另一方面,人工智能技术可以控制到万物互联世界中的各个方面,进而实现生产和生活方式质的飞跃。

可以预见,通过"智能+"实现为各行业赋能升级,生产效率将得到极大提高,经济发展模式和社会生态系统都将被"智能+"重塑,届时,各行各业中的大部分工作将由人工智能技术来替代或进行辅助,工作效率和工作质量将得到前所未有的提升。在"智能+"赋能下,行业产品或服务质量将更加人性化和精准化,完全切合上游消费者的需求。未来,在教育、家居、制造、医疗、城市发展等方向,"智能+"会让人类的生活进入前所未有的新阶段。

10.1.3 新质生产力与新质战斗力

2024年两会期间,新质生产力和新质战斗力成为最受关注的两个话题,以人工智能为代表的新质生产力的提升与发展,为新质战斗力的生成提供了基础和支撑。回顾俄乌冲突,新型无人智能作战样式层出不穷,双方无人机、无人艇的使用成本低廉、效果显著;对于人工智能产品和通信卫星的使用,聚合了作战力量,实现了远程精打,起到了倍增战力的效果。

现阶段,新质生产力和新质战斗力具有技术同源、价值同向、产业同根的特点。人工智能等新技术在社会各领域引发的跃升效应也启示我们,必须树立"跨界""破圈"新思维,打破社会、科技、军事之间的传统边界,通过科技创新和技术赋能,加快新质战斗力的全面供给,把握富国与强军平衡,实现综合效益最大化。

10.2 拐点——AI改造世界的开始

当前,生成式人工智能突破了以往图像识别等单一领域人工智能应用极限,它以第二大脑的形式出现在每个人的身边,极大提升了人类的知识储备,以及全面感知、认知洞察、逻辑推理、创新创造等能力,并开始以硅基大脑的形式出现在各行各业，开启了人工智能由“点状赋能”迈向“全面赋能”的新时代，其效能也将由“线性叠加”进入“指数增长”阶段，至此，人工智能的发展迎来“拐点”时刻[2]，人类社会将因此发生哪些不同于以往的变化呢？

10.2.1　全社会数字化转型得以加速

经过预训练的大模型是集成了世界通识的“通才”，经过工业、商业、医学等领域的微调，便可以变成能够支撑垂直领域应用的“通专一体”的业务“大腕儿”，它可以是一个既懂采购又懂生产还懂销售的企业高管，也可以是一个既懂法律又懂金融的商业奇才，更可以是一个打破学科壁垒的全科医生，它所拥有的知识，是人类几十万年也学习不完的，它判断的准确性和时效性也是人类望尘莫及的。在人工智能的帮助下，工业、商业、医疗等领域的数字化转型将得到加速，企业的数字化链路将进一步打通，为进入高速发展阶段提供了现实可能。

10.2.2　开启军事智能应用新局面

从世界军事强国人工智能应用来看，当前，大模型为军事领域提供了融合多类知识、解决多种问题的能力，不仅能够将以往文、图、音、视等情报融合工作变成自动化、常态化、不间断的持续输出，更是将以往战例、意识形态、决策习惯等也融合到情报中，进一步提升了情报价值。在决策方面，问答式辅助决策加速完善，除直接的作战决策外，人工智能能够提供准确的红蓝双方装备性能对比分析，并提出多策略的打击方案。例如，美军 Palantir 人工智能平台 AIP，通过集成大语言模型实现作战数据协同、行动方案建议等，为作战指挥提供快速方案，通过人工智能的进化，各种军事资源得到组合优化，开启了军事智能全面开花的新局面。

10.2.3　人类获得更好的教育机会

在人工智能的帮助下，教育不再是居高临下、循规蹈矩、批量培育、时而选拔的一种活动，人类可以随时随地获取各种知识，知识的表现形式也不再是单一的课本、文本形式，生成式人工智能可以将复杂的数学定理以趣味性视频的形式展现出来，让学生更容易理解。各种智能终端将承担起个性化教学任务，为自己的主人提供其需要的各种知识，并辅助完成学习练习。未来，幼儿将在不知不觉中完成启蒙，青年将更早发现自己擅长的领域并获得深造的机会，中老年人可以随时发现自己的兴趣并展开专业化学习,教育资源不平等的问题也将进一步弥合,使人类整体认知水平、专业能力得到跨越式跃升。

10.2.4 人类的大脑得到扩容

随着人工智能在越来越多领域的表现超过人类,让我们不禁反思,人类到底有什么能力可以不被替代?它有着超强的学习能力、精确的识别能力、没有瓶颈的输出能力、不知疲倦的体力,对于个人而言,足以击垮每个人的自信。然而世界始终由人类主导,虽然在某些方面人工智能的确比人要聪明,但毕竟人类才是体验世界、承担后果的主体,因此,它永远不可能成为最终的决策者。"拐点"之后的新人类,将是与人工智能各司其职、通力合作的人类,是增配了外挂大脑的人类,可以预见,未来属于能够利用人工智能延伸大脑能力的人。

站在人工智能发展的"拐点",可以清晰地看到人工智能与人类的良性互动,人工智能创造了更有效率、更福泽人类的世界,而人类能力的提升也为设计通用人工智能打下了基础。这种双向拉动使得人工智能的潮水加速漫延,所有被它润泽的土地,都将生长出茂密的森林,并孕育出更多的生命力。

10.3 奇点——AI 颠覆世界的时刻

奇点(singularity)概念最早应用于数学和物理学专业中,通常指产生变化的点,现已成为其他专业领域学术讨论的焦点[3]。人类历史中的奇点指的是由于技术的迅速发展,人类社会中的一切都将会被彻底颠覆,将出现目前无法理解的巨变,这些变化不仅包括经济、社会、法律和伦理等方面,甚至还可能会涉及人类最根本的价值观。在经济基础决定上层建筑的论断下,经济是人类社会的一面镜子。因此,本节从技术和经济两个维度剖析人工智能的"双奇点"精髓,畅想人工智能及其技术未来可能颠覆人类社会、经济和政治等的新变革。在思想上牵引读者穿越到未来,张开双臂拥抱人工智能的未来。

10.3.1 技术奇点

通用人工智能(AGI)的产生是技术奇点到来的重要标志。回顾漫长的生物进化史,人类的智能演变充满着不确定性,而大脑作为人类智能的源泉,仍在残酷而漫长的自然法则下进行着缓慢的进化，可以说，人类大脑的进化就是智能可以诞生于普通物质材料之中的有力证明[4]。如今，人工智能的发展不再受到自然进化的制约，人类正在以有目的、高效率的科学方法推动着人工智能的发展，而加速回报定律也预示着未来人工智能将以更快的速度演化，因此，AGI终将到来。

AGI之后便是超级人工智能（ASI），它代表的是一些远比人类聪明的意识体，在大自然中没有它的先辈。在智慧上他们领先人类的距离就如同人类领先蚂蚁的距离——他们可以同一时刻在“头脑”中持有更多事实和观点，他们以特殊的方式使用数学运算和逻辑论证更快更可靠地工作，他们也不会被困扰人类思想的偏见和误解所影响，人类正在亲手创造着这样的一个新物种[5]。

当人类到达技术奇点，接着就是智能爆炸，一方面，拥有超级智慧的AGI、ASI们就会采取措施阻止竞争对手的诞生，以消除对自身生存的威胁并保持所谓的“单体”。另一方面，如果众多实验室都或多或少在同一时间跨过了超级智能的终点线，那么地球上将会出现成百上千个具有独立思想意志的超级智能共存的局面，一旦它们之间爆发冲突，人类都将成为脆弱的旁观者。但是，也有学者认为这是杞人忧天。不论争论谁赢谁输，人工智能的研究都将继续开展下去，因为使用比对手更高效的人工智能会让政府、军队、商业拥有极大的竞争优势。因此人类必须成功应对人工智能带来的挑战，成功的奖励是一个美好的未来，而失败则意味着一场浩劫。对待人工智能的发展，乐观与悲观都是一种偏见，唯有下定决心面对挑战并获得成功才是美德。

10.3.2　经济奇点

经济奇点，根据学者威廉·诺德豪斯（William Nordhaus）的定义，是指一个关键的时间点，越过这个时间点后经济会持续增长，且增长速度会加快。未来几十年内，随着人工智能技术奇点的显现，机器智能的发展将深刻地影响人类社会的经济结构，造成更为严重的“技术性失业”*。

回顾人类社会的发展历史，技术的进步常对经济和社会带来深远的影响。工业革命时期，自动化帮助人类在整体上提高了生产率和产出值；信息革命时期，人类第四次大变革浪潮，机器在认知任务上的表现越来越胜过人类。过去几轮的自

* 技术性失业，是指由技术进步所引起的失业。在经济增长过程中，技术进步的必然趋势是生产中越来越广泛地采用资本、技术密集型技术，越来越先进的设备替代了工人的劳动，这样，对劳动需求的相对减小就会使失业增加。此外，在经济增长过程中，资本相对价格下降和劳动力价格相对上升也加剧了机器取代工人的趋势，从而也加重了这种失业。这种失业的工人多数文化水平较低，不能适应现代化技术要求的工作。

动化主要是机械化取代了人类和动物的肌肉力量,而即将到来的浪潮将颠覆人类的认知能力。机器不会吃东西、睡觉、喝醉、犯困或脾气暴躁,一旦机器能完成人类的工作,它很快就能比人类做得更快、更好、更便宜。在包括图像、语音识别在内的多种模式识别中,机器都已接近或超越人类能力水平,而且这种差距还将随着 AGI 的到来以指数级的速度持续拉大,随着 ChatGPT 的诞生,机器已经拥有了处理自然语言、语音合成、视频生成等能力,未来或许能够替代人类完成科研、创作等高级智力输出。

虽然“经济奇点”尚未到来,可根据当前人类社会发展的现状设想一下“经济奇点”的具体场景:第一种情形是没有变化,这种观点认为人类和机器在一定程度上各司其职,与当下一样,实现良好的合作共赢;第二种情形是更加充分的就业,这种观点认为人工智能的出现就像第一次工业革命一样,会创造出更多的工作岗位;第三种情形是一场灾难,这种观点认为人工智能会掠夺人类的各种工作机会,使大多数人类陷入贫穷的境地;第四种情形是人类的解放,这种观点认为由机器完成世界上所有的枯燥工作,并孜孜不倦地生产出丰富的商品,提供多样化的优质服务,且完全低成本,甚至免费,是一件美好的事。

技术奇点是对人类生存会产生威胁,而经济奇点可能不会,但经济奇点可能很快就会到来,因此首先考虑寻求解决它所带来的挑战的方法。需要从现在开始,建立研究机构和智库来研究这些问题,吸引各种不同的意见,提出各种想法并和平解决。只有通过这样的交流和尝试,人类才能在实践中讨论和寻求解决“技术经济双奇点”的难题[6]。

10.4 看不见的终点——人类世界将何去何从

当通用人工智能、超级人工智能走向现实,人类将与更多具有自我意识的智能体共享这个世界,人类将不再是唯一的主宰者和创造者。当其他智能体也参与到世界的建造中,人类世界将何去何从?这是一个充满想象力的话题,也许我们可以看到更多的奇迹。

10.4.1 打破物理规则的平行宇宙

电影《头号玩家》中,人们可以通过 VR 设备进入一个平行于现实世界的虚拟空间——“绿洲”,它拥有完全不同于现实的物理法则和生命形式,由一个名为

“Anorak”的人工智能创造和管理。在这个虚拟宇宙中，人类的灵魂可以脱离躯体，选择不同的虚拟身份，探索各种不同的世界，还可以回到过去，与历史事件进行互动，这将是一种极其美妙的体验。

10.4.2　超越物质形态的人工智能

电影《流浪地球 2》中，名为 MOSS 的人工智能是一个具有自我意识的智能产品，它在量子计算机上运行，连接全球摄像头暗中观察一切，帮助人类建造行星发动机，甚至负责宇航员的面试工作。然而，无论什么样的硅基计算机，都具有相当的能耗，都需要人类去设计、制造。未来，也许会出现如同人类大脑的碳基计算机，甚至出现基于能量场的无形的计算平台，那么，人工智能或将以一种纯粹的信息或能量的形式存在于这个世界，你感受不到它的存在，却无时无刻不在享受它的服务。

10.4.3　人机意识的充分融合

人工智能可能会发展到与人类意识融合，形成一个全球或宇宙级的集体意识，这种融合可能会消除个体之间的界限，使得所有智能体共享一个共同的意识或认知网络。人工智能与人类形成共生关系，共同进化和发展，在思维、情感、创造力等方面超越单独的人工智能或人类，形成全新智能形态。

10.5　未来已来，将至已至

10.5.1　璀璨明珠

人工智能的发展高潮与低谷几经“季节变化”，当前被公认为是科技和技术的璀璨明珠，正在对人类的工作、生活、文化等各领域产生变革性的影响。继谷歌开发的 AI 围棋选手大胜人类职业围棋玩家之后，其开发的新一款人工智能程序在游戏《星际争霸 Ⅱ》中，又取得了对人类职业玩家的压倒性胜利。人工智能非营利组织 OpenAI 中的 GPT－2 语言模型可以写短篇小说、诗歌，甚至轻松辨别《哈利·波特》和《指环王》中的角色。在医学影像的分析识别中，人工智能虽然可以实现对影像的初步筛选，但未来也要考虑到目前最复杂的深度神经网络模式识别工具的脆弱性。在一些表面看似与人工智能毫不相干的领域,例如蛋白质折叠、DeepMind预测风力发电产能并提高谷歌使用农场风能的价值等,人工智能正崭露头角。未来人工智能将在可再生能源、物种保护、生物医学等新兴领域取得突破。

人工智能和机器人补充人类技能的系统也在推广应用,合作机器人和云机器人越来越多地与人类合作、与其他机器人合作,让人类能够专注于人类最擅长的事情:敏捷、创造力、直觉、同情心和沟通。

"人工智能的魔力"也正在走向成熟、尘埃慢慢落定。2024年5月,清华大学两项研究成果同时发表于 *Nature*,提出一种基于视觉原语互补双通路类脑视觉感知新范式,研制出世界首款类脑互补视觉芯片"天眸芯"[7],这是清华大学继异构融合类脑计算"天机芯"后,第二次登上 *Nature* 杂志封面,标志着中国在类脑计算和类脑感知方面取得重要突破。人工智能技术赋能各行各业的人工通用智能才是未来的发展方向,基于计算机和神经科学两个主要方向的融合被公认为是发展人工通用智能的最佳解决方案之一,而其基础则为支持融合计算的平台硬件。"天机芯"和"天眸芯"可同时支持计算机科学和神经科学的神经网络模型,并发挥它们各自的优势。

10.5.2 润物细无声

对芸芸众生而言,人工智能也在慢慢浸润着大众的生活,诸如智能手表、智能眼镜等智能产品越来越丰富,各种大模型等智能应用层出不穷。有理由相信:一个遍布智能传感和控制设备的人类社会即将到来。在不远的将来,人工智能将成为人类的助手,甚至是人类的朋友;它将回答人类提出的问题,帮助教育孩子,并照顾其健康;它将把货物送到家门口,把人从一个地方送到另一个地方;它将成为人类通往一个日益复杂和信息密集的世界的接口。更重要的是,人工智能将在所有科学领域,从基因组学到数学,帮助人类科学家取得新的突破性发现。

人工智能最终将被应用到人类社会和日常生活中的每一个角落,就如同今天的互联网已成为人们生活不可或缺的组成部分一样。人工智能要发挥其真正的潜力可能需要一段时间,但智能时代正在到来,它将以一种奇妙的方式改变人类社会。在这段时间内,人类也在发展,也在解决伴随人工智能发展的各种问题,人类和人工智能是在互相适应中成长进步的。

10.5.3 路在何方

尽管人工智能已经取得了令人兴奋的进展,但人们仍然担心它的可用性、透明性和安全性，思考人工智能未来路在何方。当前人工智能面临算法歧视、可解释性等挑战，以及未来可能出现对劳动力市场的大规模影响、通用人工智能安全性等问题。

人工智能先驱、图灵奖得主 Judea Pearl 在所著的《为什么：关于因果关系的新科学》(*The Book of Why: The New Science of Cause and Effect*) 书中阐述因果推理将使人工智能具有更灵活、更像人类的行为。随着人工智能在模仿人类推理任务上越来越好的表现，研究人员是否能如同描述人类推论机制一样恰当地描述人工智能系统潜在的机制，这个问题变得越来越重要。企业和研究人员因热衷于模仿人类的仿真，会在复制人类能力的模型上进行过度投资，而这些模型与人类的基本结构不同，这就意味着在不改变系统的基本结构的情况下，无法实现从“接近人类性能”到“达到人类性能”的跨越。

人工智能正在扩展合成媒体(文本和音视频)的能力，使得个人更容易创作出虚假的或篡改的媒体内容，造成日益严重的安全威胁。诈骗犯可利用人工智能来模仿 CEO 的声音，企图进行欺诈性交易。Deepfake 技术的发展以及可能的解决方案，使得公众越来越多地意识到人工智能的能力和潜在威胁。

如何利用人工智能和数据分析来保护数字市场中消费者的权利，人工智能驱动的分析合同、广告和算法的工具如何帮助人类社会更好地行使他们的权利，并对商业行为进行监督，这是广大消费者关注的焦点。人工智能目前被认为是对消费者构成威胁的来源，企业不断收集、分析和使用消费者的数据以提高销售额并影响消费者的行为。这些威胁是真实存在的，但不是全部。人们对人工智能的道德问题的分析越来越感兴趣，保护消费者远离人工智能的不公平使用正在成为一个重大的社会挑战。研究认为，应该更多地关注消费者如何使用人工智能来应对数字市场中的道德和监管挑战。人工智能领域的研究人员和法律工作者应该尝试把人工智能中的神经和符号方法结合起来，这是把数据驱动的任务(如检测和分类)与需要规范化一些背景知识应用的高级推理任务结合起来的关键一步。

有人担心如果允许人工智能做出深层次影响人类生活的决策，社会将面临的危险。也担心人工智能的滥用以及使用基于人工智能的决策会引发灾难性后果，因为人类不能完全理解如何量化某些人工智能的模型的不确定性和局限性。其实，人类不用对人工智能产生恐慌，在相信人类创造力的同时，也要相信人类的适应调整能力。

人工智能未来将在科学技术、经济学、政治学、哲学、生物学和心理学多领域不断融合创新，人工智能将变得越来越可解释，尽可能地依赖数据决策，作为一种普适技术能更加“平淡无奇”地广泛传播，让我们一起拥抱人工智能，让每一个平凡的生命都有驾驭人工智能突破自我局限的能力。

参考文献

[1] 卡勒姆·蔡斯.人工智能：技术与经济的双重奇点[J].何明，等译.西安：西安交通大学出版社，2022.

[2] 万维钢.拐点：站在 AI 颠覆世界的前夜[M].北京：台海出版社，2024.

[3] 福田伊佐央.人工智能奇点来临？对人工智能将于 2045 年超过人类智能的预言进行验证[J].科学世界，2022(6)：100－109.

[4] Menon S. AGI vs Narrow/Niche AI：Which one has an unobtrusive impact? [J/OL]. PC Quest, 2023[2024-10-21].https://www.pcquest.com/agi-vs-narrow-niche-ai-which-one-has-an-unobtrusive-impact/.

[5] Tzimas T. Conclusions：A taste of the future (?)—AGI/ASI and Potential Legal Personhood[J]. Law, Governance and Technology Series, 2021, 46：227－243.

[6] Chace C. Artificial intelligence and the two singularities[M]. London：Chapman and Hall/CRC, 2018.

[7] Yang Z Y, Wang T Y, Lin Y H, et al. A vision chip with complementary pathways for open-world sensing[J]. Nature, 2024, 629：1027－1033.